Excelでわかる
数学の基礎（新版）

酒井 恒［著］
Sakai Hisashi

はじめに

やさしく勉強したい．数学もコンピュータも．学校関係者のみんなが頭を悩ませるところでしょう．

基本的な数学は，どんな実社会に出ても必要になります．

しかし数学は，関数が出てきたころから，特に考え方が難しくなります．なぜなら，単なる数字の計算から，何か別の世界の暗号のような話になってきて，具体的なイメージが掴みにくくなるからでしょう．確かに近代数学の発展は，抽象的な代数や関数を表現できたからです．しかし一般の人に数学をもっとわかりやすくするためには，もう一度原点に戻って，具体的な数字の計算から解説した方がよいのではないでしょうか．

一方，コンピュータは，昔は電子計算機といっていたくらいですから，計算は得意なはずです．しかも今は，小さくて，軽くて，早くて，使いやすくなりました．

数学は本来，式変形を行って厳密に正しい答を求めるのが正攻法です．これを解析法といいます．しかし解き方のわからない多くの非線形方程式や微分方程式には，答えの数値を近似的に計算する方法が取られました．これを数値計算法といい，古くから数学の一分野として確立されていました．ただし，この方法は膨大な計算を必要とするため，手計算ではおのずと限界がありました．それが近年のコンピュータの出現によって，数値計算が実用的になり，様々な分野で使われるようになってきました．もともとコンピュータは大砲の弾道計算をするためのものであったし，関数電卓で計算されている方法もほとんどが数値計算です．

数値計算の特徴は，原理が簡単であることです．難しい関数も各種の係数を変えて，何回でも計算しなおすことができます．そのため係数にどのような働きがあるのか一目瞭然です．微分や積分，微分方程式などの複雑な処理も，ほとんど定義のまま計算できます．つまり数学の原理そのものの理解のために，コンピュータを使った数値計算法を用いることが可能となりました．

コンピュータで数学の計算を行うには，Mathematica，Derive，MATLAB など専用ソフトがあります．しかし，これらのソフトは計算を行って答えを出すのが目的なので，途中の考え方はわからなくてもできるようになっています．これでは，数学の考え方の勉強にはなりません．また従来，数値計算の演習用に用いられてきた逐次処理型のプログラム（FORTRAN，C など）は，プログラムの習得に多くの時間を費やさねばならず，数学本来の学習時間を圧迫します．

そこで事務処理用の表計算ソフトを使い，最低限の関数を用いて，数学の計算をやってみることにしました．これなら面倒な計算はコンピュータにやらせて，数学の考え方を自分で勉強することができます．しかも簡単に美しいグラフが作れて，計算結果をすぐに確かめることができます．これで数学とコンピュータの操作が同時に勉強できれば，一石二鳥です．

表計算ソフトは，Microsoft 社の Excel 2010（以後 Excel）を使って説明しています．Excel は，いまやパソコンでは最も普及している表計算ソフトで，数式計算もかなりできます．本書では，Excel のマクロプログラムは使わずに，数式だけで処理するようにしています．プログラムを使わず，簡単な数式のみで可能ということは，本を読んですぐそのとおりに実行でき，その動作原理も理解しやすいことを示しています．また Excel のバージョンが変わっても，ほとんどそのまま計算できます．さらに他の表計算ソフトを使用するときにも，簡単に同じ計算ができるはずです．

本書ではコンピュータの基本的な操作の解説は省いています．Windows や MAC のような OS の操作には触れていませんし，ファイル操作も印刷方法も解説していません．せっかく作った表やグラフを残したい人は，他のコンピュータの解説書も参考にしてください．

ちなみに数学の内容は，各種関数の計算や数列からはじまり，微分や積分，統計と確率，ベクトルや行列などの，高等教育で広く用いられる基礎的な数学全般を解説しています．また，テイラー展開やフーリエ級数展開，微分方程式等の，理工系の高等数学の基礎に役立つ内容も載せています．具体的なイメージがわくように，表やグラフの図は，かなり多くしました．しかも読者が自分でも同じ表やグラフが描けるように，表計算の操作の説明はかなり丁寧に行ったつもりです．

さらに進んだ数値計算の応用に関しては，本書の続編である同じく日本理工出版会発行の「Excel でわかる応用数学」を参考にしてください．

最後に出版の機会を与えていただいた（株）日本理工出版会に心から感謝申し上げます．

2012 年 11 月

酒井　恒

目　　次

1.　計　　算

2.　1 次関数

3.　数　　列

4.　基本的な関数の計算とグラフ

5.　媒介変数を持つ関数

6.　2変数の関数（3Dグラフ）

7.　方程式の解

8.　微　　分

9.　積　　分

10. テイラー展開

11. フーリエ級数展開

12. 微分方程式

13. 確率と統計

14. ベクトルと行列

1. 計　　　算

1.1 Excel の表

Excel では横の並びを**行（レコード）**，縦の並びを**列（フィールド）**と呼び，ますす目を**セル**といいます．セル番地は列の番号（A，B，C）と行の番号（1，2，3）で表されています．A1 セルとは A 列目で 1 行目のセル番地です．

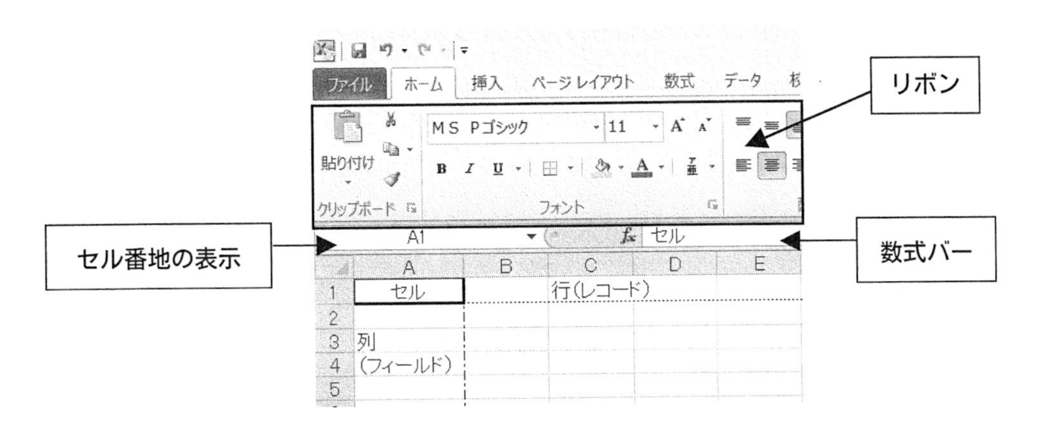

セルの中には数字や文字を入れることができ，いろいろな式を計算することができます．セルの選択はマウスでクリックして行い，左上には現在選択されているセル番地が表示されます．数式バーにはセルの内容が表示され，セルの内容を修正したいときには，ここで行います．ちなみに本書では，Excel に入力する文字や，選択するメニューを，かぎかっこ「　」で表します．

1.2 文字の入力

個別の文字の，フォント修飾の設定は次のように行います．Excel では通常 MSP ゴシックで文字が表示されます．あるセルに「変数 x1」と入力します．(x1 は半角英数文字) 数式バーに同じ文字が表示されているので，そこでマウスをドラッグして「x」だけを選択します．マウスの右クリックで「セルの書式」を開くと，フォントの設定ができます．

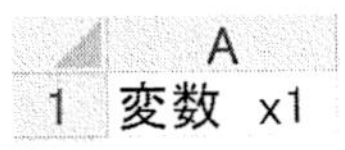

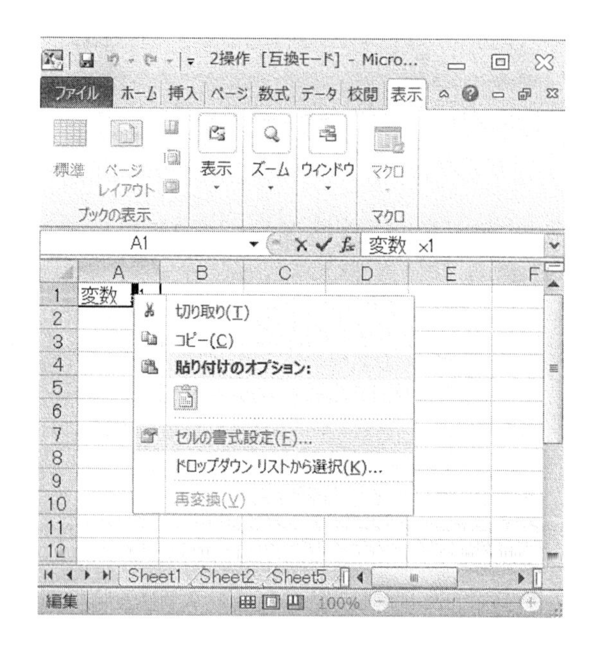

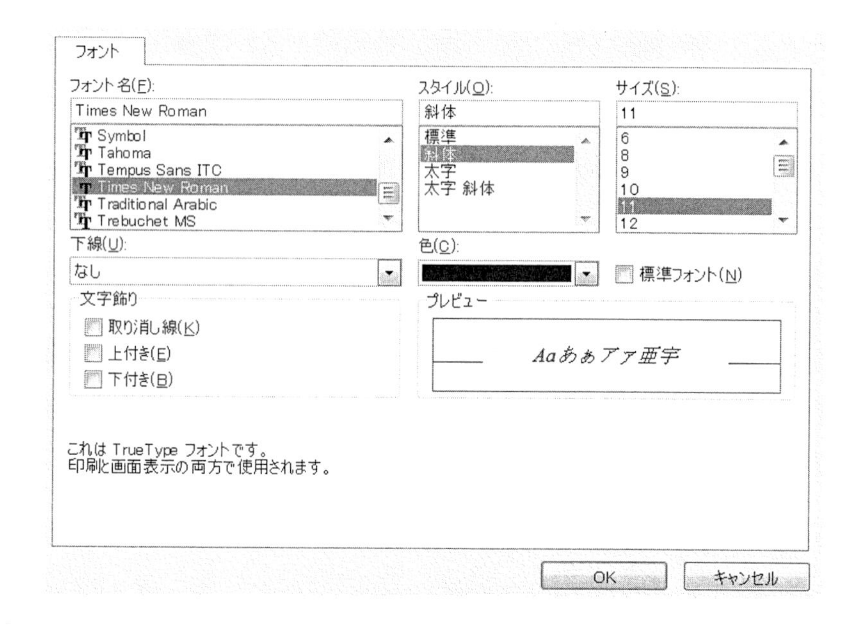

フォント名を「Times New Roman」にしてスタイルを「斜体」に設定すると，通常の数式で用いる x などが表示されます．同様にして「1」だけを「下付き」や「上付き」にすることもできます．このようにして次のような表示ができます．

1.3　数値の入力

Excel において，数値は通常の整数や小数表示以外に，**浮動小数点表示**することができます．これは例えば次のような数字の表現です．

2.365E＋12

これは我々が日常使う数学では 2.365×10^{12} を表します．2.365 の部分を**仮数部**，＋12 の部分を**指数部**といいます．Excel の演算精度は仮数部で 15 桁，指数部の計算範囲は＋308 から－307 程度, データの数も行数にして 65536 行を取り扱えます．これならば普通の科学計算でも，まず不足することはないでしょう．

Excel では列の幅によって表示が異なります．列の幅が小さいと，小数点以下の適当なところが四捨五入して表示されます．例えば次のような数値を入れたセルがあったとします．

	A
1	1.444444444
2	1.555555556

	A
1	1.44
2	1.56

列の幅が狭いと，4 以下の場合は切り捨てられ，5 以上の場合は切り上げられます．ただしこれは表示のみで，内部に記憶されている数値は変わりません．セルの幅を変えるには，「ホーム」リボンの「セル」グループの中の，「書式」メニューの「列の幅」を選択して，数値を入力するか，直接マウスで列の名前の間をドラッグして調整することができます．

また少数点以下の表示桁数を調整するには，セルを選択してマウスの右クリックで「セルの書式」を開きます．「表示形式」の「数値」を選んで，「小数点以下の桁数」に桁数を入力してください．

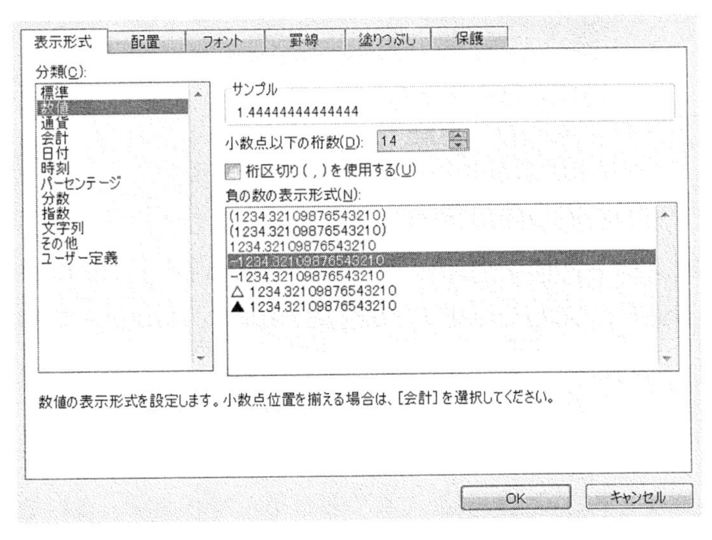

ただし繰り返しますが，これは表示の調整のみで，内部では常に 15 桁で計算されています．

1.4　オートフィル

同じセルをたくさん作る場合や，連続した数値を入力するとき，または同じ計算をたくさん行うときに便利な方法がこの**オートフィル**です．具体的には次のように操作します．

(1)　同じ値をたくさん入力する場合

まず先頭のセル（例えば A1）に一つだけ入力します．例では x と入れています．Enter を押して確定します．選択セルは一つ下のセルへ行きます．再びセル A1 をクリックして選択します．セル A1 の右下のフィルハンドル に，マウスポインタを置きます．マウスポインタの形が＋に変わります．セル A5 までドラッグ（マウスの左ボタンを押したまま動かす）します．ドラッグの途中で，ポップヒントが出てきます．ボタンを離すと，セル A2 と A3，A4，A5 に同じ x が自動的に入力されました．

	A	B
1	x	
2		
3		
4		
5		

	A	B
1	x	
2		
3		
4		
5		

	A	B
1	x	
2	x	
3	x	
4	x	
5	x	

これがオートフィル機能です．

(2)　連続するデータを入力する場合

連続するデータを入力する場合にも，オートフィル機能は便利です．
例えば，次のように曜日や時間などを入力する場合にもオートフィルは使えます．

	A	B	C	D	E	F	G
1	月曜日	火曜日	水曜日	木曜日	金曜日	土曜日	日曜日
2	1:00	2:00	3:00	4:00	5:00	6:00	7:00
3	1月1日	1月2日	1月3日	1月4日	1月5日	1月6日	1月7日
4	1月	2月	3月	4月	5月	6月	7月
5	x_1	x_2	x_3	x_4	x_5	x_6	x_7

また一定の間隔で連続した数値を入力することもできます．A1 セルに「1」を，

A2 セルに「1.2」を入力します．A1 と A2 セルをドラッグして両方選択します．A2 セルの右下のフィルハンドル にマウスポインタを置きます．マウスポインタの形が＋に変わります．そのまま A6 セルまでドラッグします．ドラッグの途中で，ポップヒントが出てきます．1 から 2 まで，0.2 ずつの連続した数値を入力することができました．

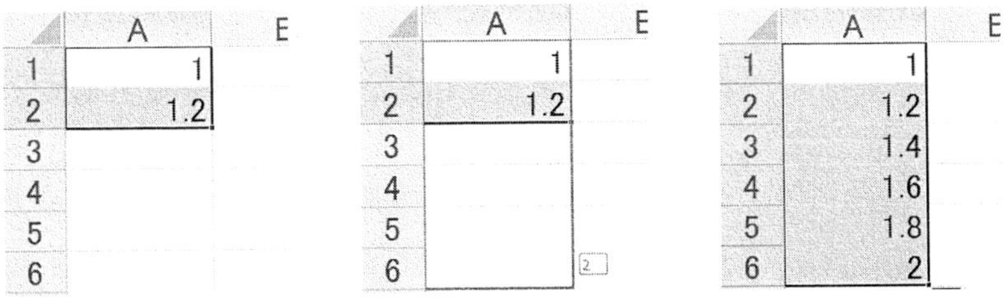

	A	E
1	1	
2	1.2	
3		
4		
5		
6		

	A	E
1	1	
2	1.2	
3		
4		
5		
6		2

	A	E
1	1	
2	1.2	
3	1.4	
4	1.6	
5	1.8	
6	2	

この方法は 0.1 や 10 のような任意の間隔で可能です．

1.5　数値の計算

Excel で計算したいときは，数式を入れます．A1 セルの中にまず直接入力モードで「＝」を入力します．先頭に「＝」があれば数式が計算されて，計算結果のみが表示されます．例えば「＝3＊(1＋4)^2/5」と入力して Enter を押すと，セルの中には「15」という計算結果のみが表示されます．

	A
1	=3*(1+4)^2/5

	A
1	15

A1　fx =3*(1+4)^2/5

	A	B	C	D	E
1	15				

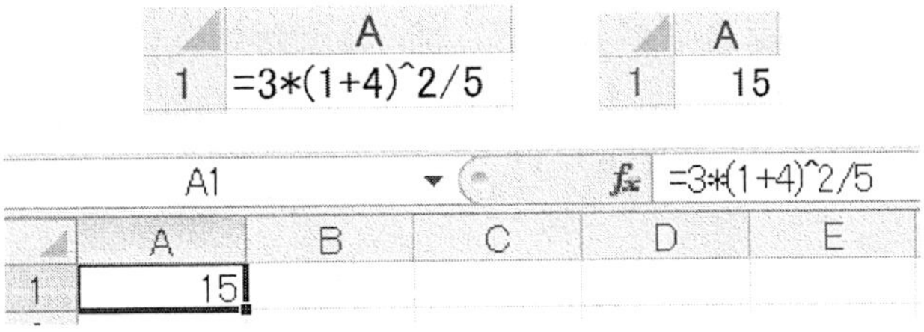

このとき A1 セルを選択すると上の数式バーには計算が表示されて，A1 セルの中には数値はなく，数式が入っていることがわかります．数式の書き方は，一般的な数学とほとんど同じです．四則演算などは次のように書きます．

＋（プラス）　：　足し算（加法）

－（マイナス）　：　引き算（減法）

＊（アスタリスク）　：　掛け算（乗法）

／（スラッシュ）　：　割り算（除法）

＾（ハット）　：　累乗（べき乗）

計算の優先順序は，累乗，乗除，加減で，同じ優先順序では左から計算されます．かっこは小かっこ（　）のみが使えますが，複数のかっこを重ねてもかまいません．

気をつけなければいけないのは，掛け算をするときは，必ず＊をつけることです．つまり上の式は「＝3(1＋4)^2/5」とするとエラーを起こします．また数式は半角英数文字を用いてください．日本語の全角文字は思わぬエラーを引き起こします．

練習問題

次の式を Excel で計算してみましょう．

(1) $\dfrac{4.1(2.6-2.1)}{3.5}$　(2) $\dfrac{2.8}{3.5-1.8}$　(3) $\dfrac{35.28+41.75}{21.21-15.53}$　(4) $\dfrac{1}{99}$　(5) $\dfrac{1}{999}$

$1/99=0.01010101\cdots=0.\dot{0}\dot{1}$ のように，小数点以下に繰り返し数字が現れる小数を，**循環小数**といいます．

1.6 セルの計算

数値の代わりにセル番地を使って計算することもできます．A1 セルに「15」，A2 セルに「21」を入れておきます．そして A3 セルに「＝A1＋A2」と入力し，Enter を押します．するとセルの内容を使って計算が行われ，A3 セルには「36」という数字が表示されます．計算式の書き方は，前の 1.5 節数値の計算と同様です．

	A
1	15
2	21
3	=A1+A2

	A
1	15
2	21
3	36

セル番地を入れるときは，マウスで対象のセルをクリックしても自動的に入ります．

練習問題

Excel で次のような表を作り，式の変形が成り立つことを確かめましょう．

	A	B
1	$a=$	107
2	$b=$	286
3	$(a+b)^2=$	=(B1+B2)^2
4	$a^2+2ab+b^2=$	
5	$(a-b)^2=$	
6	$a^2-2ab+b^2=$	
7	$(a+b)(a-b)=$	
8	$a^2-b^2=$	
9	$(a+b)^3=$	
10	$a^3+3a^2b+3ab^2+b^3=$	
11	$(a-b)^3=$	
12	$a^3-3a^2b+3ab^2-b^3=$	
13	$(a+b)(a^2-ab+b^2)=$	
14	$a^3+b^3=$	
15	$(a-b)(a^2+ab+b^2)=$	
16	$a^3-b^3=$	

	A	B
1	$a=$	107
2	$b=$	286
3	$(a+b)^2=$	154449
4	$a^2+2ab+b^2=$	154449
5	$(a-b)^2=$	32041
6	$a^2-2ab+b^2=$	32041
7	$(a+b)(a-b)=$	-70347
8	$a^2-b^2=$	-70347
9	$(a+b)^3=$	60698457
10	$a^3+3a^2b+3ab^2+b^3=$	60698457
11	$(a-b)^3=$	-5735339
12	$a^3-3a^2b+3ab^2-b^3=$	-5735339
13	$(a+b)(a^2-ab+b^2)=$	24618699
14	$a^3+b^3=$	24618699
15	$(a-b)(a^2+ab+b^2)=$	-22168613
16	$a^3-b^3=$	-22168613

1.7　関数の計算

セル A3 をクリックし，「=SUM(A1:A2)」と入力し，Enter を押します．

	A
1	15
2	21
3	=SUM(A1:A2)

	A
1	15
2	21
3	36

SUM 関数は和を計算する関数です．これは，SUM コマンドが自動的に行うものなので，前の 1.6 節セルの計算の結果と同じであることから，正しいことを確認できます．関数の名前は大文字でも小文字でも計算できます．関数の後には（　）をつけて**引数**（関数計算の対象となる数）を指定します．引数は数値でもセル番地でもかまいません．（　）の中の：は両側のセル番号の間を連続して計算することを示しています．二つ以上の引数を指定する場合は，「,」（カンマ）で区切ります．

他にも以下のような数学的な関数が多数用意されています．

INT：引数を超えない整数にする．
MOD：余りを計算する．
ABS：絶対値（－の値を＋にする．）
SIN，COS，TAN：三角関数の sin，cos，tan，と同じ（ただし角度はラジアン）
EXP：底が e の指数関数
LOG10：常用対数（10 を底とする対数）
LOG：対数
LN：自然対数（eを底とする対数）
PI：円周率の値を与える．かっこ（　）は要るが引数は要らない．
SQRT：平方根
DEGREES：ラジアン表示の角度を degree（度数）表示に変える．
RADIANS：degree（度数）表示の角度をラジアン表示に変える．
FACT：階乗
PERMUT：順列の場合の数の計算
COMBIN：組合せの場合の数の計算
RAND：0 以上で 1 より小さい乱数を発生する．かっこ（　）は要るが引数は要らない．
COUNTIF：条件に合ったセルの数を計算
AVERAGE：平均
VARP：分散
STDEVP：標準偏差
BINOMDIST：二項分布
NORMDIST：正規分布またはその累積分布関数
TRANSPOSE：行列の行と列を入れ替えて転置行列を作る．使い方が少し難しい．
MMULT：行列と行列の掛け算．使い方が少し難しい．
MINVERSE：逆行列の計算．使い方が少し難しい．
MDETERM：行列式の値を求める．

「数式」リボンの中には，関数が分類して入っています．

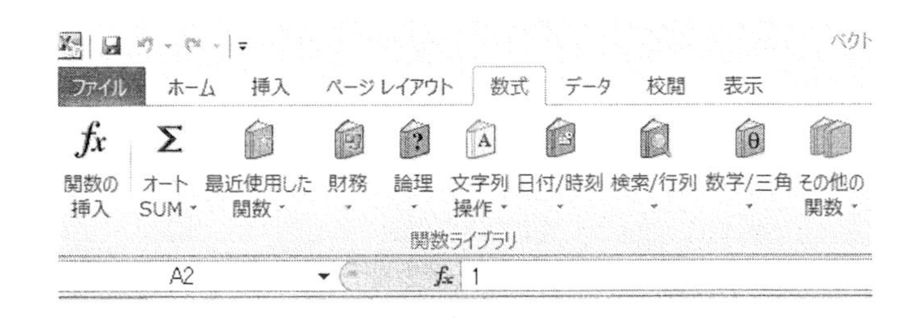

「関数の挿入」ボタンを押すと，次のようなダイアログボックスが表れて，関数の一覧や説明が見られます．また使用目的によって検索をすることができます．数式バー横の関数の貼り付けボタン fx を押してもかまいません．

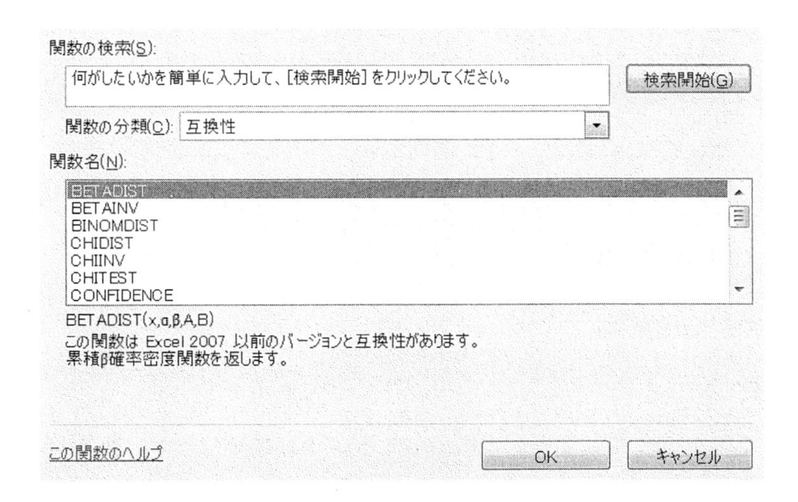

関数の使用法については，4 章以降で詳しく解説します．

2. 1 次関数

二つの変数 x と y があって，x の値を定めると，それに対応して y の値がただ一つに定まるとき，y は x の**関数**であるといいます．このとき x を**独立変数**，y を**従属変数**といいます．関数は一般に次の形で表されます．

$$y=f(x)$$

$f(x)$が x の一次式のとき，この関数は**1 次関数**と呼ばれます．従って 1 次関数は次の式で表されます．

$$y=ax+b$$

ただし a と b は定数です．

ここでは 1 次関数の計算と，グラフの詳しい作成方法を説明します．

2.1 Excel で計算

Excel で次の 1 次関数

$$y=2x-3$$

の表を作ってみましょう．A1 セルに「x」を，B1 セルに「y」を入れます．これは**列見出し（フィールド名）**といって列のデータのラベルになるものです．

A2 から A7 まで 0 から 5 まで 1 ずつの数字を入れます．オートフィル機能を使うと便利です（1.4 節参照）．

オートフィル機能を使って，関数表を作成します．関数の引数にセル番地を指定した場合，オートフィルすれば，自動的に参照セルの番地をずらして貼り付けてくれます．B2 セルには「＝2＊A2－3」の数式を入力します． Enter を押して確定した後，もう一度 B2 セルを選択します．セルの右下のフィルハンドル にマウスポインタを置きます．マウスポインタが，＋に変わります．B7 セルまでドラッグします．

ここでフィルハンドルをダブルクリックするだけでも，左に数値のあるところまで，数式をコピー，貼り付けしてくれます．

	A	B
1	x	y
2	0	=2*A2-3
3	1	
4	2	
5	3	
6	4	
7	5	

	A	B
1	x	y
2	0	−3
3	1	
4	2	
5	3	
6	4	
7	5	

	A	B
1	x	y
2	0	−3
3	1	−1
4	2	1
5	3	3
6	4	5
7	5	7

これで x を 0 から 5 まで変えたときの，1 次関数を計算することができました．

セル番地をただ単に A1，A2 のように指定すると，これは**相対番地指定**という形になります．このような番地を含む数式をコピーすると，貼り付けられた場所に合わせて番地もずれていきます．セル番地の指定の方法には他に，コピーしても変わらない絶対番地指定もありますが，これについては後述します（6 章参照）．

2.2　グ　ラ　フ

Excel のグラフ機能はかなり強力で，多くの種類のグラフが作成できます．しかも元の計算（表）を変更すると，自動的に連動するようになっています．これによって書き直さなくても，すぐに計算結果を画面で見ることができます．

グラフを作成するためにはまず，データ（表）を選択しておきます．表の中のセルを一つ選択しておけば，隣り合ってデータの入っているセルはすべて一つの表とみなされます．逆に二つ以上のセルを選択しているときは選択されたセルのみが使われるので注意してください．

「挿入」リボンの「グラフ」の中の，「散布図（平滑線）」を選びます．数学で用いるグラフはほとんどが散布図です．これは x と y というように，二つの変数の値を横軸と縦軸で表すためです．計算誤差はほとんどの場合無視できるので，点のない，なめらかな線でグラフを描くと都合がよいでしょう．

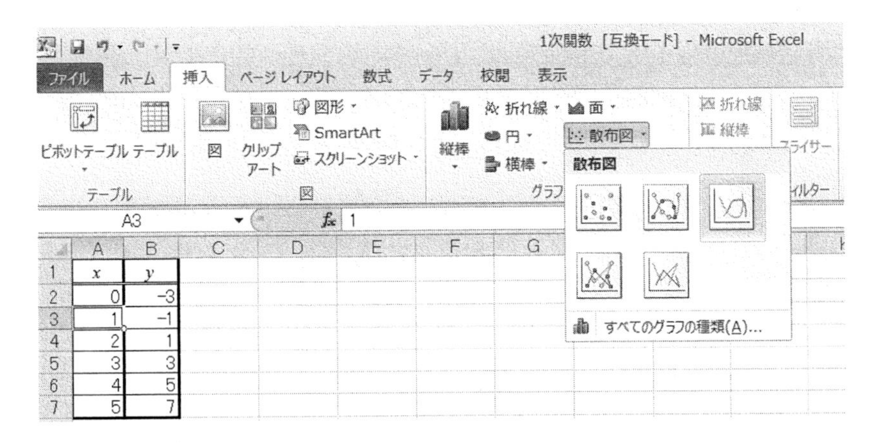

(1) デザイン

グラフの位置や大きさを調整します．グラフを選択した状態では「デザイン」リボンと「レイアウト」リボン，「書式」リボンが表れます．「デザイン」リボンで，「グラフのレイアウト」の中の好みのグラフを選びます．またグラフの線の色を選ぶこともできます．

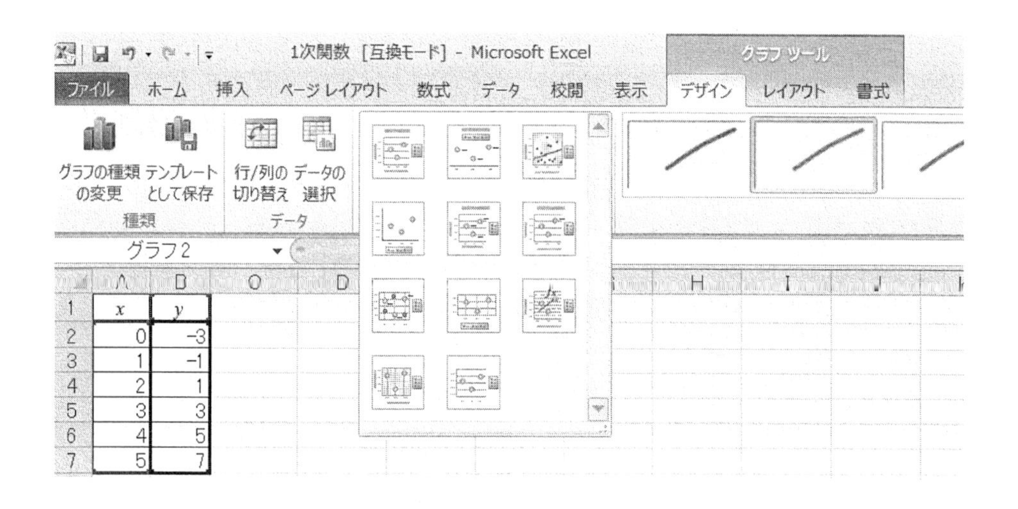

(2) ラベル

「レイアウト」リボンで，「グラフのタイトル」の「グラフの上」を選んで，「$y=2x-3$」と入れます．

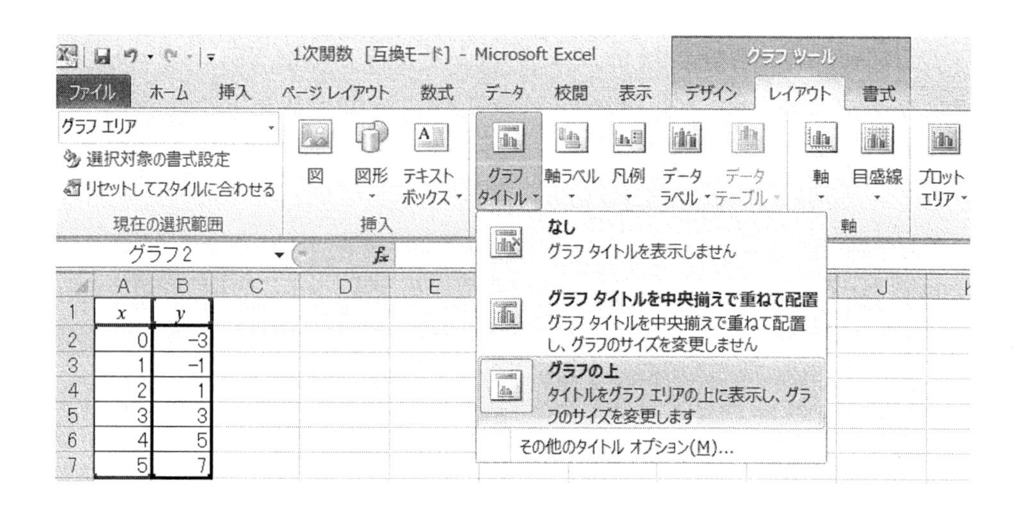

「軸ラベル」の「主横軸ラベル」の「主横軸ラベルを横軸の下に配置」を選び，「x」を入れます．

また「軸ラベル」の「主縦軸ラベル」の「軸ラベルの回転」を選び，「y」を入れます．

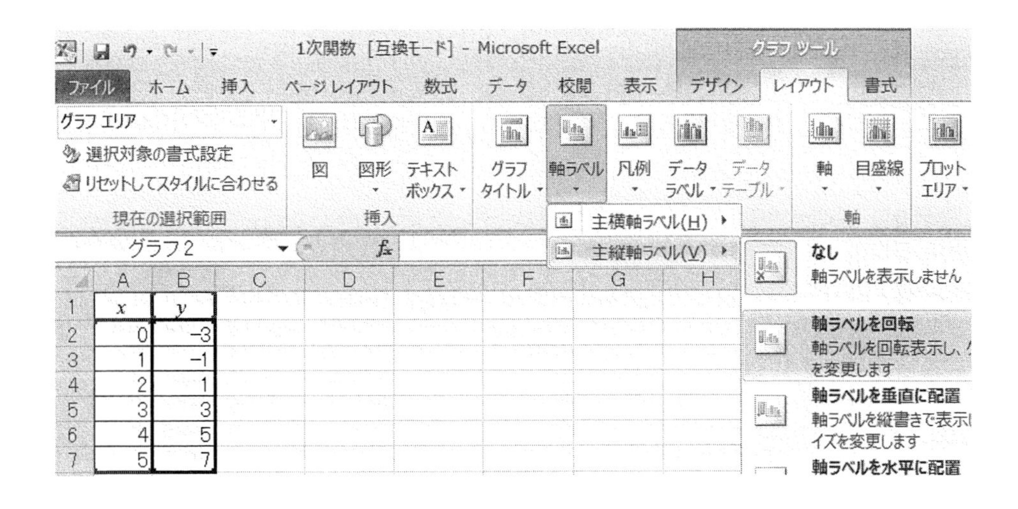

「凡例」は「なし」にします．

これで次のようなグラフになります．

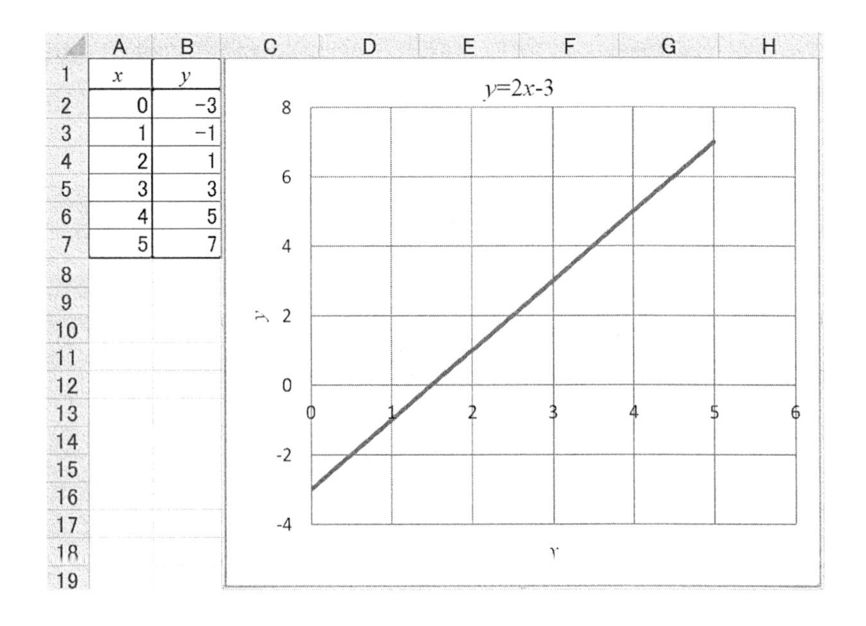

(3) 軸の設定

「レイアウト」リボンで,「主横軸」の「その他の主横軸オプション」を選びます.グラフの横軸付近でダブルクリックしてもかまいません.

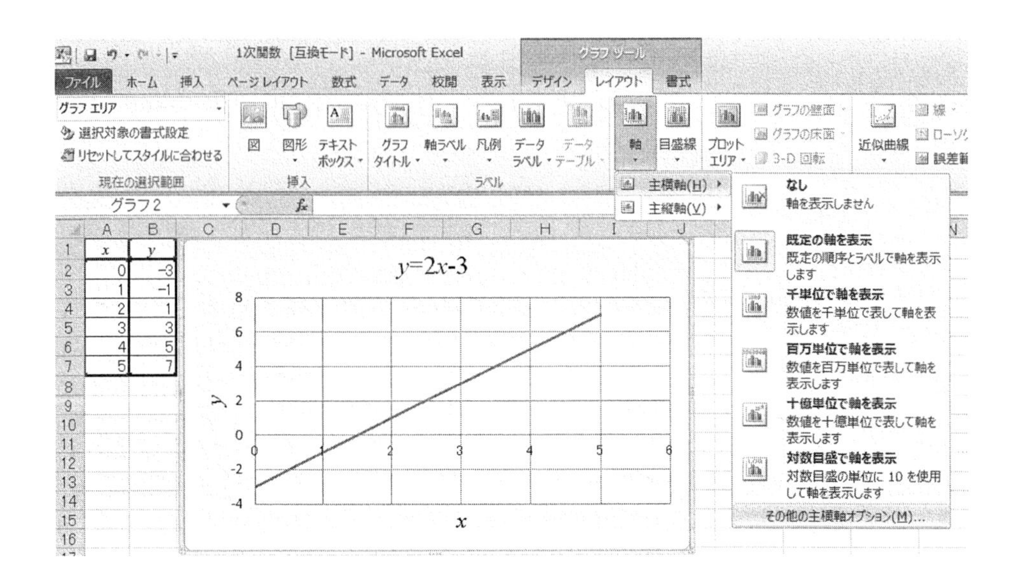

グラフが途中で途切れないように,「軸のオプション」で「最小値」を「0」に,「最大値」を「5」にします.また横軸はグラフの中にあるので,「目盛の種類」,「補助目盛の種類」ともに「交差」にします.

「線のスタイル」で幅を広げておくと,軸が目立ちます.

軸のオプション
表示形式
塗りつぶし
線の色
線のスタイル
影
光彩とぼかし
3-D 書式
配置

軸のオプション
最小値:　自動(A)　固定(F)　0.0
最大値:　自動(U)　固定(I)　5.0
目盛間隔:　自動(T)　固定(X)　1.0
補助目盛間隔:　自動(O)　固定(E)　0.2
軸を反転する(V)
対数目盛を表示する(L)　基数(B):　10
表示単位(U):　なし
表示単位のラベルをグラフに表示する(S)
目盛の種類(J):　交差
補助目盛の種類(I):　交差
軸ラベル(A):　軸の下/左
縦軸との交点:
自動(O)
軸の値(E):　0.0
軸の最大値(M)
閉じる

同様に「レイアウト」リボンで,「主縦軸」の「その他の主縦軸オプション」を選びます．グラフの縦軸付近でダブルクリックしてもかまいません．

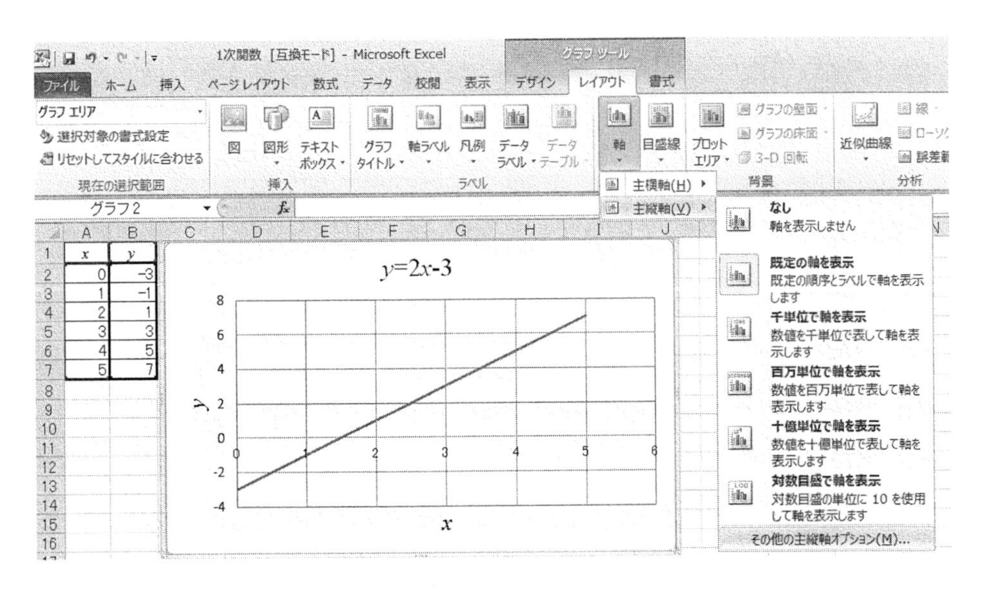

「軸のオプション」で「最小値」を「−3」に,「最大値」を「7」にします．また縦軸はグラフの左端にあるので,「目盛の種類」,「補助目盛の種類」ともに「内向き」にします．

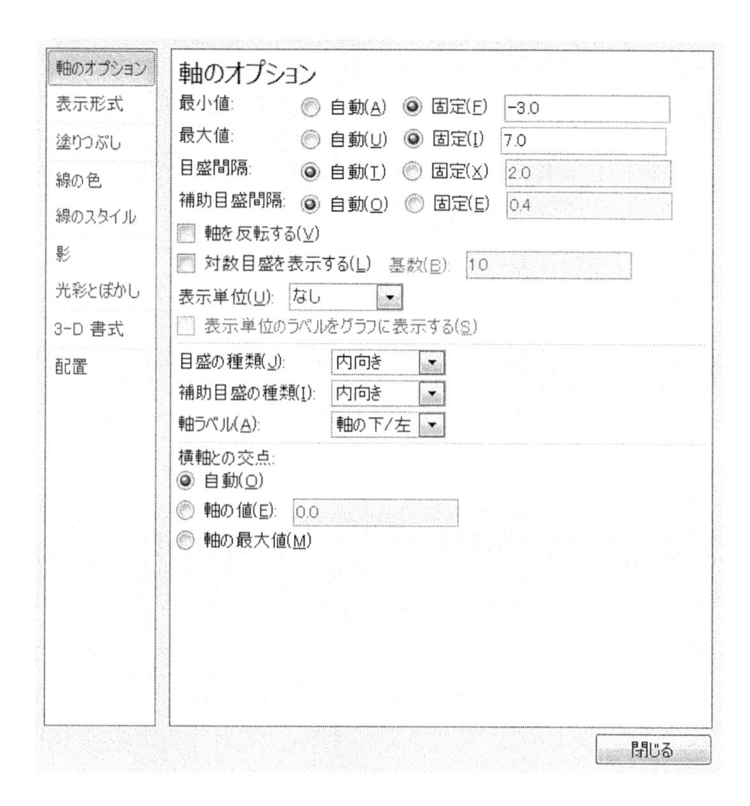

「線のスタイル」で幅を広げておくと，軸が目立ちます．これでグラフが完成です．

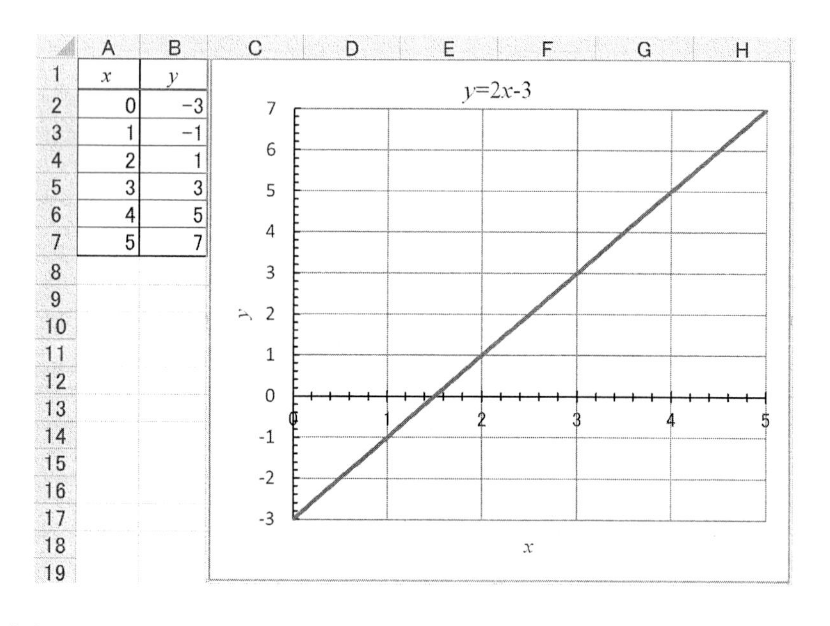

x が 1 増加すれば，y は a 増加するので，このグラフでは y は 2 ずつ増えています．また $x=0$ のとき $y=b$ なので，このグラフでは y 軸との交点は，-3 になっています．

2.3 1次方程式

方程式は一般に次の形で表されます．

$$f(x)=0$$

$f(x)$がxの1次式のとき，この関数は**1次方程式**と呼ばれます．従って1次方程式は次の式で表されます．

$$ax+b=0$$

ただしaとbは定数です．次のようにxの値が求まります．

$$x=\frac{-b}{a}$$

このような式変形を，**方程式を解く**といい，求められたxの値を**解**といいます．ただし$a=0$で$b\neq 0$のとき，xは計算できず，この方程式は解くことができません．これを**不能**といいます．一方，$a=0$かつ$b=0$のとき，xはどのような値でも方程式は成り立つため，xの値を特定することはできません．これを**不定**といい，このような方程式を**恒等式**といいます．

前の2.1節の1次関数の，yを0とした1次方程式を解くとします．

$$2x-3=0$$

$$x=1.5$$

これは2.1節の1次関数のグラフの，x軸との交点が求める解の値になります．2.2節のグラフの目盛を拡大すると，$y=0$の点が$x=1.5$であることがわかります．

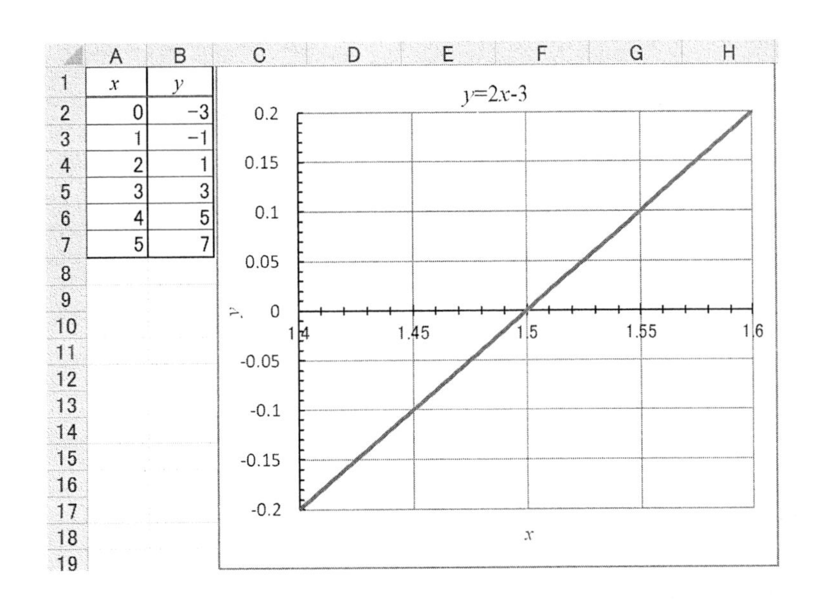

この値は，式で求めた解と一致しています．

2.4 1 次 不 等 式

不等式は一般に次の形で表されます．

$f(x)>0$　{ $f(x)$ は0より大きい（ $f(x)=0$ は含まない)}

$f(x)\geqq 0$　{ $f(x)$ は0以上である（ $f(x)=0$ は含まれる)}

$f(x)<0$　{ $f(x)$ は0より小さい（ $f(x)=0$ は含まない)}

$f(x)\leqq 0$　{ $f(x)$ は0以下である（ $f(x)=0$ は含まれる)}

$f(x)\neq 0$　{ $f(x)$ は0以外である.}

$f(x)$が x の 1 次式のとき，この関数は**1 次不等式**と呼ばれます．1 次不等式の 1 例は次の式で表されます．

$$ax+b>0$$

この式を解くには，次のように式変形します．

$$ax>-b$$

$$x>\frac{-b}{a}$$

これで x の値の範囲が求まります．このような式変形を，**不等式を解く**といいます．つまり不等式でも 2.3 節の方程式と同様に移項できます．ただし両辺に負の数を掛けた場合は，不等号の向きが逆転します．つまり上の式の両辺に－を掛けると次のようになります．

$$-x<\frac{b}{a}$$

2.1 節の 1 次関数と同じ $y=f(x)=2x-3$ の 1 次不等式を解くとします．2.2 節で作った Excel のグラフからもわかるように

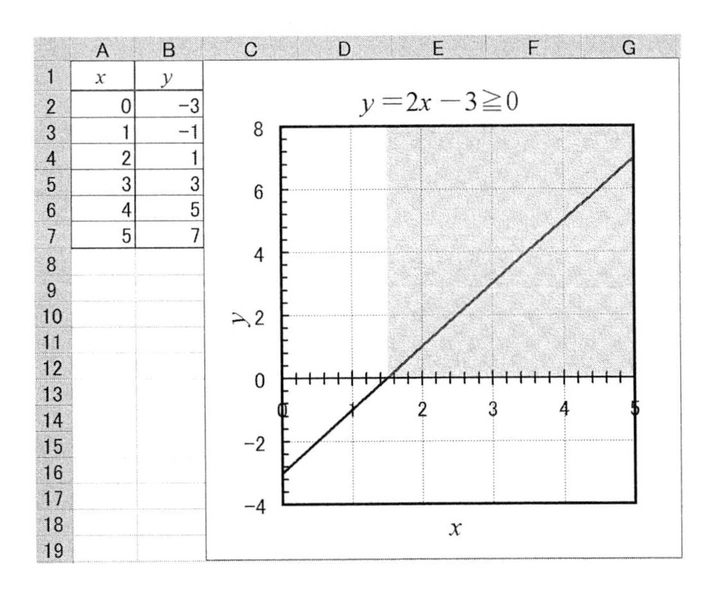

$y = f(x) = 2x - 3 > 0$ ならば $x > 1.5$

$y = f(x) = 2x - 3 \geqq 0$ ならば $x \geqq 1.5$

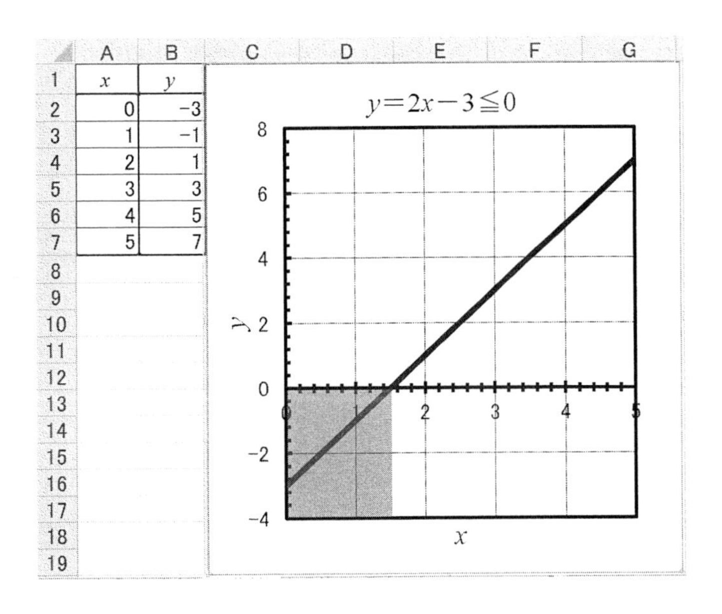

$y = f(x) = 2x - 3 < 0$ ならば $x < 1.5$

$y = f(x) = 2x - 3 \leqq 0$ ならば $x \leqq 1.5$

これは不等式を式変形で解いた結果と一致しています．

練習問題

次の関数のグラフを Excel で作りましょう．ただし x の範囲は，-10 から 10 の間を 1 ずつ計算してグラフにします．

(1)　$y=3x-1$
(2)　$y=(x+2)-(2x-3)$
(3)　$y=\dfrac{-x-1}{2}$
(4)　$y=\dfrac{x^2+4x+4}{x+2}$
(5)　$y=\dfrac{x^2-1}{x+1}$
(6)　$y=\dfrac{x^3+1}{x^2-x+1}$

次の 2 点を通る 1 次関数のグラフを Excel で作りましょう．ただし x の範囲は，-10 から 10 の間を 1 ずつ計算してグラフにします．

(1)　(0,5),　(3,0)
(2)　(1,1),　(2,−1)
(3)　(−1,0),　(0,1)
(4)　(2,5),　(3,4)
(5)　(−3,5),　(1,1)
(6)　(−5,4),　(−3,3)

次の関数の x 軸との交点を求め，1 次方程式の解を求めましょう．

(1)　$3x-12=0$
(2)　$\dfrac{x^2-5x+6}{x-2}=0$
(3)　$\dfrac{2x^2+x-3}{2x+3}=0$
(4)　$\dfrac{x^3-8}{x^2+2x+4}=0$
(5)　$\dfrac{3x^2+5x+2}{x+1}=0$
(6)　$\dfrac{2x^2+7x+3}{2x+1}=0$

次の 1 次不等式の解を，グラフから求めましょう

(1)　$3x-1>0$
(2)　$x-3<0$
(3)　$x+2<-1$
(4)　$-x+6>0$
(5)　$2-4x<3$
(6)　$\dfrac{x^2-x-6}{x+2}<0$

2.5 分 数 関 数

分数関数の一番簡単な例として，$y=1/x$ を Excel で計算してみましょう．このグラフは $x=0$ 付近で y の変化が大きいため，表計算では案外描きづらいものです．そこで x の値を，不等間隔で計算します．ただし $x=0$ では計算できないため，Excel でも#DIV/0!のエラーメッセージが出て計算できません．Excel のグラフウィザードは，エラーで計算結果が出ないときも，0 の値としてプロットするので，おかしなグラフになってしまいます．　そこで $x=0$ で計算をしないようにします．

まず A 列に，$x=-10$ から -5，-2，-1 と入れます．次に -0.9 から 0.9 は 0.1

ずつ入れます．そして再び $x=1$ から 2，5，10 と入れます．

$y=1/x$ をＢ列に計算するために，B2 セルに「$=1/\mathrm{A2}$」の数式を入れてオートフィルします．ただし $x=0$ ではエラーが出るので，数式を消しておきます．図も描くと次のようになります．

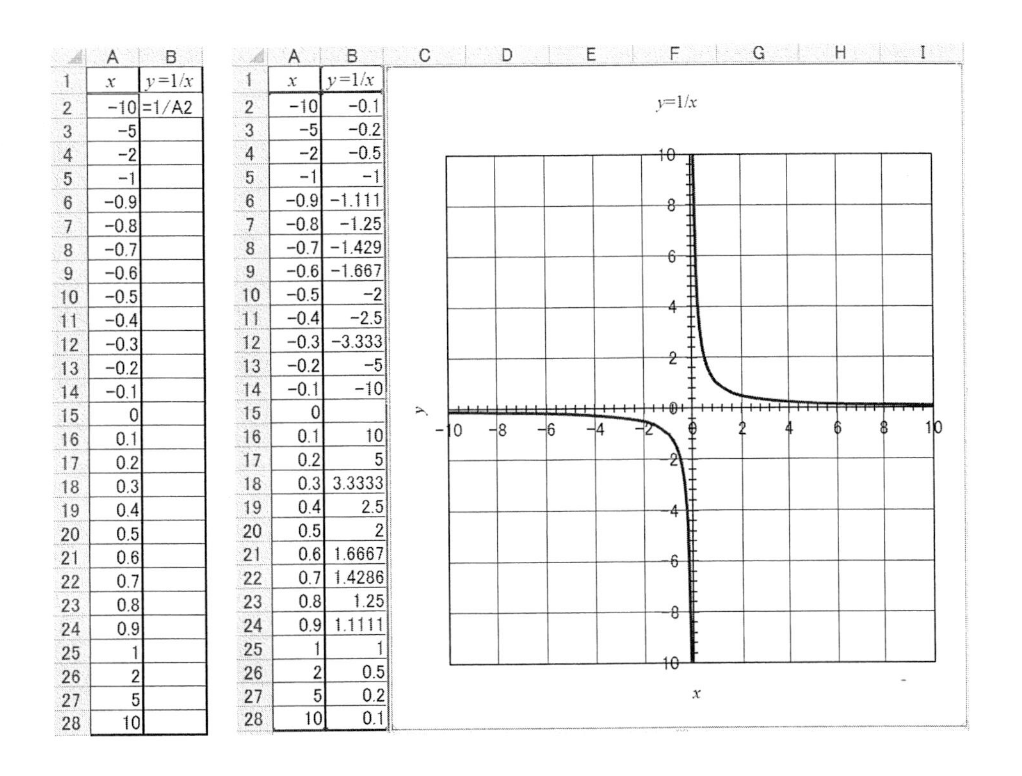

	A	B
1	x	$y=1/x$
2	-10	=1/A2
3	-5	
4	-2	
5	-1	
6	-0.9	
7	-0.8	
8	-0.7	
9	-0.6	
10	-0.5	
11	-0.4	
12	-0.3	
13	-0.2	
14	-0.1	
15	0	
16	0.1	
17	0.2	
18	0.3	
19	0.4	
20	0.5	
21	0.6	
22	0.7	
23	0.8	
24	0.9	
25	1	
26	2	
27	5	
28	10	

	A	B
1	x	$y=1/x$
2	-10	-0.1
3	-5	-0.2
4	-2	-0.5
5	-1	-1
6	-0.9	-1.111
7	-0.8	-1.25
8	-0.7	-1.429
9	-0.6	-1.667
10	-0.5	-2
11	-0.4	-2.5
12	-0.3	-3.333
13	-0.2	-5
14	-0.1	-10
15	0	
16	0.1	10
17	0.2	5
18	0.3	3.3333
19	0.4	2.5
20	0.5	2
21	0.6	1.6667
22	0.7	1.4286
23	0.8	1.25
24	0.9	1.1111
25	1	1
26	2	0.5
27	5	0.2
28	10	0.1

負の方から $x=0$ に近づくと，y は $-\infty$ になっています．逆に正の x を 0 に近づけると，y は $+\infty$ になります．結局 $x=0$ ではどのような値になるかまったく定まりません．つまり計算を行ってはいけないことになります．グラフは $x=0$ と $y=0$ の軸に限りなく近づいているように見えます．このような曲線を**双曲線**といい，このときの x 軸，y 軸を**漸近線**といいます．

さらに複雑な例として次のような分数関数のグラフを作ってみましょう．

$$y=\frac{1}{x-2}+4$$

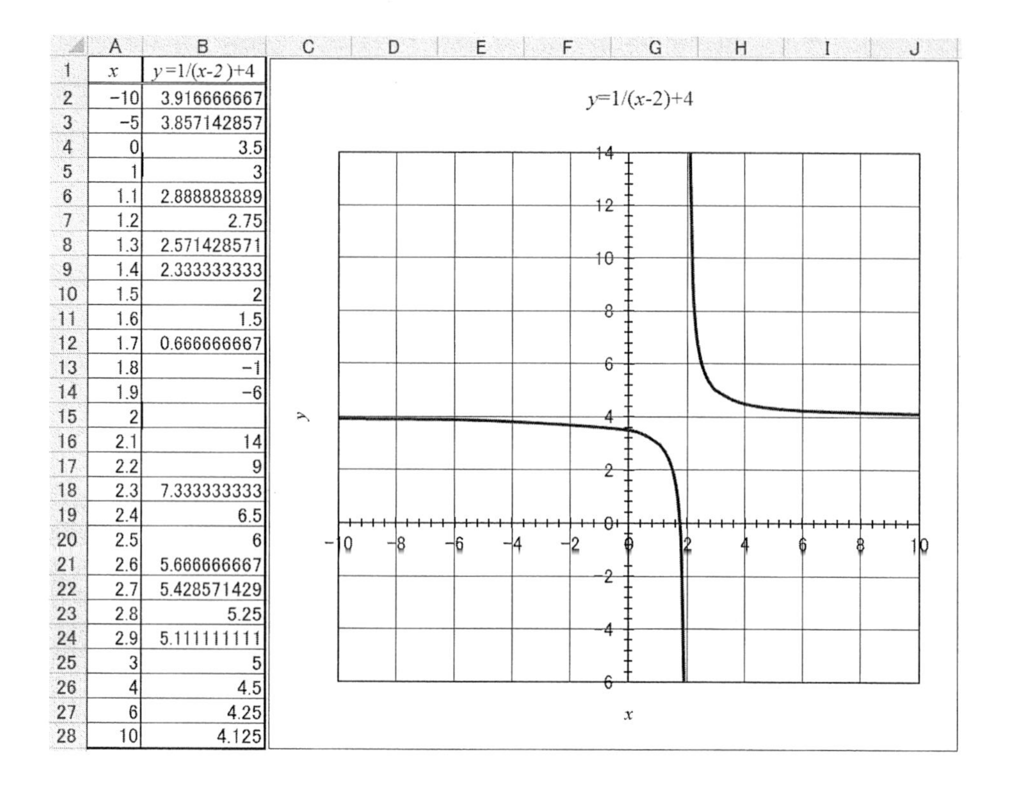

	A	B
1	x	y=1/(x-2)+4
2	−10	3.916666667
3	−5	3.857142857
4	0	3.5
5	1	3
6	1.1	2.888888889
7	1.2	2.75
8	1.3	2.571428571
9	1.4	2.333333333
10	1.5	2
11	1.6	1.5
12	1.7	0.666666667
13	1.8	−1
14	1.9	−6
15	2	
16	2.1	14
17	2.2	9
18	2.3	7.333333333
19	2.4	6.5
20	2.5	6
21	2.6	5.666666667
22	2.7	5.428571429
23	2.8	5.25
24	2.9	5.111111111
25	3	5
26	4	4.5
27	6	4.25
28	10	4.125

グラフ から双曲線は，x=2，y=4 に漸近線があることがわかります．

このことから次の双曲線は，x=p，y=q に漸近線があることがわかります．

$$y=\frac{a}{x-p}+q$$

練習問題

次の分数関数の漸近線を求め，Excel でグラフを作りましょう．

(1) $y=\dfrac{-2}{x-1}+1$　　(2) $y=\dfrac{-2x+1}{x+1}$　　(3) $y=\dfrac{-x-1}{x+2}$　　(4) $y=\dfrac{2x-3}{x-2}$

3. 数　　列

数列とは，数を決まった法則に従って，1 列に並べたものです．数列の各数を**項**，項の数を**項数**，項数が無限のものを**無限数列**，有限のものを**有限数列**といいます．

有限数列は表計算で取り扱いやすいので，Excel で計算してグラフにしてみましょう．

3.1 等 差 数 列

$$a_1,\ a_1+d,\ a_1+2d,\ a_1+3d,\ a_1+4d,\ \cdots,\ a_1+(n-1)\,d$$

のように一定の差で並んだ数列を**等差数列**といいます．ここで a_1 は 1 番目の項で**初項**といい，d は定数で**公差**といいます．

n 番目の項 a_n は，次の式で表すことができます．

$$a_n=a_1+(n-1)\,d \tag{3.1}$$

第 n 項までの**等差数列の和** S_n は次のようになります．

$$S_n=a_1+(a_1+dk)+\cdots+\{a_1+(n-2)\,d\}+\{a_1+(n-1)\,d\}=\sum_{k=0}^{n-1}\ (a_1+\quad d)$$

Σの記号は，k の値を 1 ずつ変えながら，数式の値を足していくことを示しています．k の始めの値はΣの下に，終わりの値はΣの上に表示されます．

もう一つの S_n を，順番を逆にして並べ，各々足すと，次のようになります．

$$\begin{array}{rl}
 & S_n=\quad a_1 \quad + \quad (a_1+d) \quad +\cdots+ \quad \{a_1+(n-2)d\}+\{a_1+(n-1)d\} \\
+ & S_n=\quad \{a_1+(n-1)d\}+\{a_1+(n-2)d\} \quad +\cdots+ \quad (a_1+d) \quad + \quad a_1 \\
\hline
 & 2S_n=\{2a_1+(n-1)d\}+\{2a_1+(n-1)d\}+\cdots+\{2a_1+(n-1)d\}+\{2a_1+(n-1)d\}
\end{array}$$

$2a_1+(n-1)\,d$ が n 個足されるので

$$2S_n=n\{2a_1+(n-1)\,d\}$$

$$S_n=(n^2d+2a_1n-nd)\,/2 \tag{3.2}$$

つまり等差数列の各項は n の 1 乗で表されますが，等差数列の和は n の 2 乗で表されます．19 までの奇数の数列（つまり初項が 1 で，公差が 2，項数 10 の数列）

を Excel で作ります．

A1 セルに「奇数の数列」という名前を入れておき，A2 セルに初項の「1」を入力します．次に A3 セルに「＝A2＋2」の数式を入力します．Enter を押して確定します．その後，再び A3 セルを選択し，オートフィル（1.4 節参照）で A11 セルまで同じ数式をコピーします．

	A	B
1	奇数の数列	奇数の和
2	1	
3	=A2+2	
4		
5		
6		
7		
8		
9		
10		
11		

	A	B
1	奇数の数列	奇数の和
2	1	
3	3	
4		
5		
6		
7		
8		
9		
10		
11		

	A	B
1	奇数の数列	奇数の和
2	1	
3	3	
4	5	
5	7	
6	9	
7	11	
8	13	
9	15	
10	17	
11	19	

等差数列は，別の方法でも作ることができます．Excel で等差数列を作るのは，オートフィルを使えばごく簡単です．A2 セルに「1」，A3 セルに「3」を入力します．A2 と A3 セルを両方選択します．A3 セルの右下のフィルハンドルにマウスポインタを置きます．マウスポインタの形が＋に変わります．そのまま A11 セルまでドラッグします．ドラッグの途中で，ポップヒントが出てきます．

	A	B
1	奇数の数列	奇数の和
2	1	
3	3	
4		
5		
6		
7		
8		
9		
10		
11		

	A	B
1	奇数の数列	奇数の和
2	1	
3	3	
4		
5		
6		
7		
8		
9		
10		19
11		

	A	B
1	奇数の数列	奇数の和
2	1	
3	3	
4	5	
5	7	
6	9	
7	11	
8	13	
9	15	
10	17	
11	19	

数列の和も表計算ソフトでは簡単に計算できます．B2 に A2 セルの値の「1」を入力します．

B3 セルに「＝B2＋A3」の数式を入力します．B3 を選択してオートフィルを行い，B11 セルまで数式をコピーします．

	A	B
1	奇数の数列	奇数の和
2	1	1
3	3	=B2+A3
4	5	
5	7	
6	9	
7	11	
8	13	
9	15	
10	17	
11	19	

	A	B
1	奇数の数列	奇数の和
2	1	1
3	3	4
4	5	
5	7	
6	9	
7	11	
8	13	
9	15	
10	17	
11	19	

	A	B
1	奇数の数列	奇数の和
2	1	1
3	3	4
4	5	9
5	7	16
6	9	25
7	11	36
8	13	49
9	15	64
10	17	81
11	19	100

「挿入」リボンの「縦棒」の「3－D縦棒」で，グラフ表示するとこのようになります．

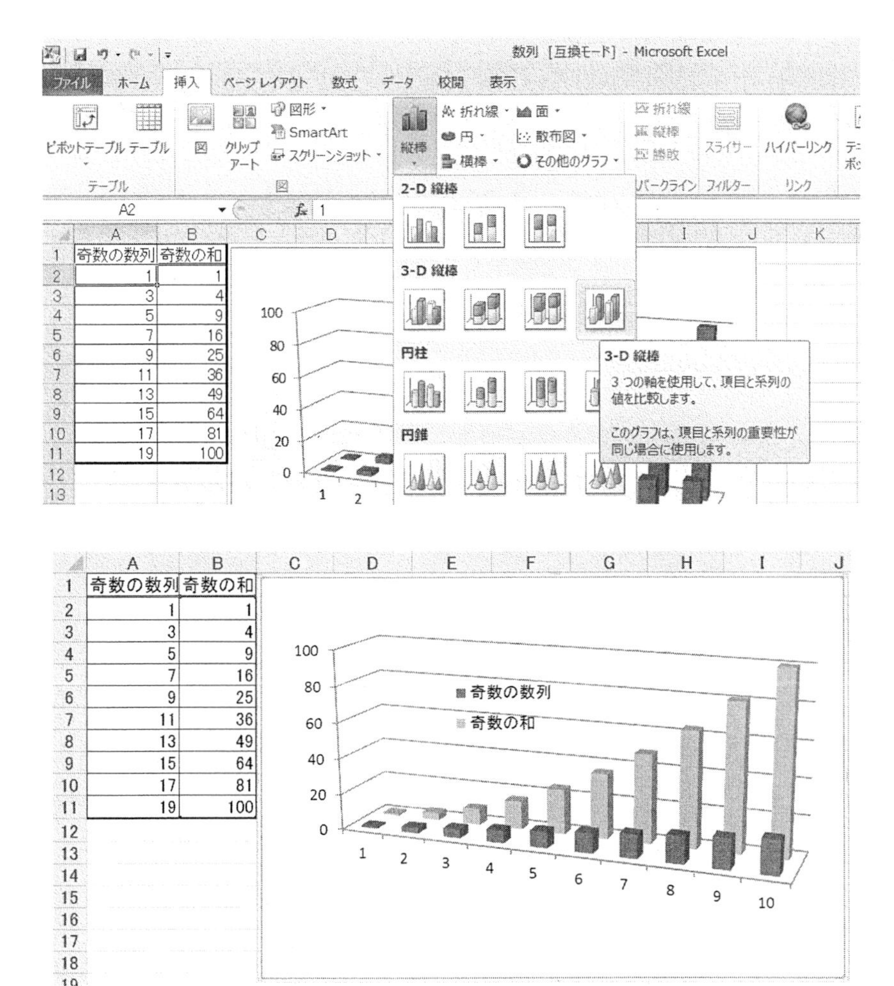

数列の和が急激に増加していることがわかります．ちなみに初項 a_1 が 1 で，公差 d が 2 ならば，(3.1) 式より数列は次の式で表されます．

$$a_n=a_1+(n-1)d=1+2(n-1)=2n-1$$

数列の和は（3.2）式より

$$S_n=(n^2d+2a_1n-nd)/2=(2n^2+2n-2n)/2=n^2$$

となります．

等差数列の逆数の数列は**調和数列**といいます．例えば次のような数列です．

$$1\quad \frac{1}{2}\quad \frac{1}{3}\quad \frac{1}{4}\quad \frac{1}{5}\quad \cdots$$

練習問題

初項が 0 で公差が 2 の偶数の数列を Excel で作ってみましょう．またその和も計算してグラフにしてみましょう

3.2 等 比 数 列

次のように一定の比で並んだ数列を**等比数列**といいます．

$$a_1,\ a_1r,\ a_1r^2,\ a_1r^3,\ \cdots,\ a_1r^{n-1}$$

従って，n 番目の項は次の式で表されます．

$$a_n=a_1r^{n-1}=a_1r^n/r \tag{3.3}$$

ここで r は定数で**公比**といいます．つまり等比数列は指数で表されます．

n 番目の項 a_n と，次の $n+1$ 番目の項 a_{n+1} の間には次の関係があります．

$$a_{n+1}=a_nr$$

第 n 項までの等比数列の和 S_n は，次のようになります．

$$S_n=a_1+a_1r+a_1r^2+a_1r^3+\ \cdots\ +a_1r^{n-1}=\sum_{k=0}^{n-1}(a_1r^k)$$

この式の両辺に r を掛けると

$$rS_n=a_1r+a_1r^2+a_1r^3+\ \cdots\ +a_1r^{n-1}+a_1r^n=\sum_{k=1}^{n}(a_1r^k)$$

二つの式の差をとると

$$rS_n-S_n=a_1r^n-a_1$$

すなわち

$$S_n=\frac{a_1r^n-a_1}{r-1}=a_1\frac{r^n-1}{r-1} \tag{3.4}$$

つまり等比数列も，その和も，ほとんど同じ指数 r^n の形で表されることがわかります．

初項が 1 で公比が 2 の等比数列を項数 10 作ります．

A2 セルに初項の「1」を入力します．次に A3 セルに「＝A2＊2」の数式を入力します．

Enter を押して確定したあと，A3 セルを選択し，オートフィルで A11 セルまで同じ数式をコピーします．

	A	B
1	等比数列	数列の和
2	1	
3	=A2*2	
4		
5		
6		
7		
8		
9		
10		
11		

	A	B
1	等比数列	数列の和
2	1	
3	2	
4		
5		
6		
7		
8		
9		
10		
11		

	A	B
1	等比数列	数列の和
2	1	
3	2	
4	4	
5	8	
6	16	
7	32	
8	64	
9	128	
10	256	
11	512	

数列の和も表計算ソフトでは簡単に計算できます．B2 セルに「1」を入力します．B3 セルに「＝A3＋B2」の数式を入力します．B3 セルを選択してオートフィルを行い，B11 セルまで数式をコピーします．

	A	B
1	等比数列	数列の和
2	1	1
3	2	=A3+B2
4	4	
5	8	
6	16	
7	32	
8	64	
9	128	
10	256	
11	512	

	A	B
1	等比数列	数列の和
2	1	1
3	2	3
4	4	
5	8	
6	16	
7	32	
8	64	
9	128	
10	256	
11	512	

	A	B
1	等比数列	数列の和
2	1	1
3	2	3
4	4	7
5	8	15
6	16	31
7	32	63
8	64	127
9	128	255
10	256	511
11	512	1023

3D 縦棒グラフで表示すると次のようになります．

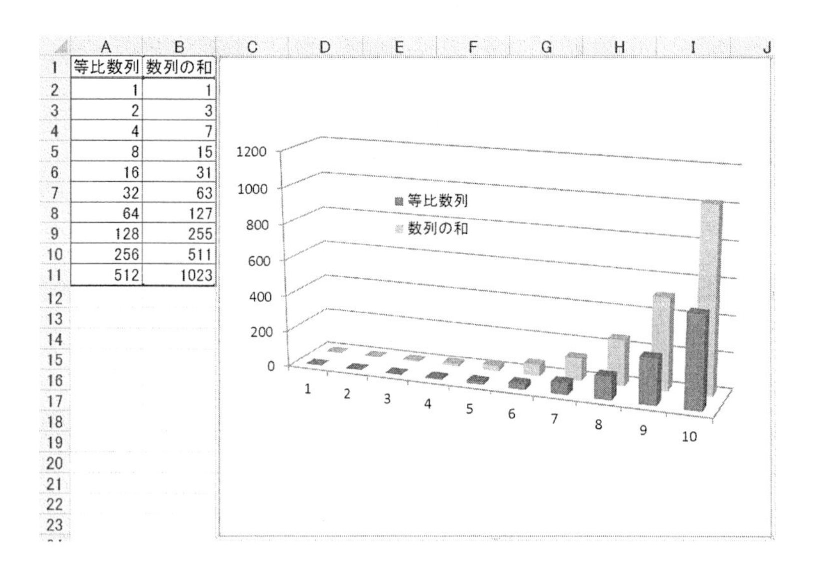

等比数列	数列の和
1	1
2	3
4	7
8	15
16	31
32	63
64	127
128	255
256	511
512	1023

等差数列のときよりも，等比数列は急激に増加していることがわかります．また，等比数列の和は，元の等比数列とほとんど同じ形をしていることもわかります．

（3.3）式で上の等比数列を表すと，初項が 1，公比 $r=2$ より

$$a_n=2^{n-1}=2^n/2$$

となります．同じく等比数列の和（3.4）式を計算すると

$$S_n=2^n-1$$

となり，どちらも同じ指数 2^n の関数で表されることがわかります．

公比 r が 1 より小さい正の数の等比数列は，項数が大きくなるにつれ，逆に小さくなって 0 に近づきます．

例えば初項が 1 で，公比 $r=0.8$ ならば，次のようになります．

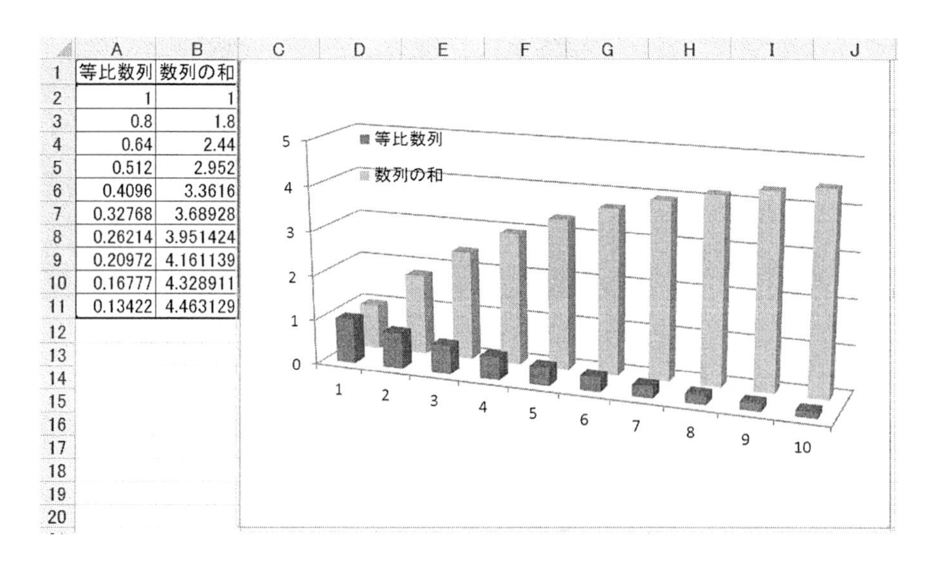

等比数列	数列の和
1	1
0.8	1.8
0.64	2.44
0.512	2.952
0.4096	3.3616
0.32768	3.68928
0.26214	3.951424
0.20972	4.161139
0.16777	4.328911
0.13422	4.463129

(3.3) 式で上の等比数列を表すと，初項が 1，公比 $r=0.8$ より

$$a_n=0.8^{n-1}$$

となります．同じく等比数列の和 (3.4) 式を計算すると

$$S_n=\ (0.8^n-1)\,/\,(0.8-1)$$

となり，n が大きくなると指数 0.8^n は 0 に近づくので，S_n は 5 に近づきます．

公比 r が 0 より小さい負の場合，等比数列は正負に振動します．初項が 1 で，公比 $r=-1$ のときは次のようになります．

$$a_n=(-1)^{n-1}$$

同じく等比数列の和 (3.4) 式を計算すると

$$S_n=\ \{(-1)^n-1\}\,/\,(-2)$$

となり，グラフは次のようになります．

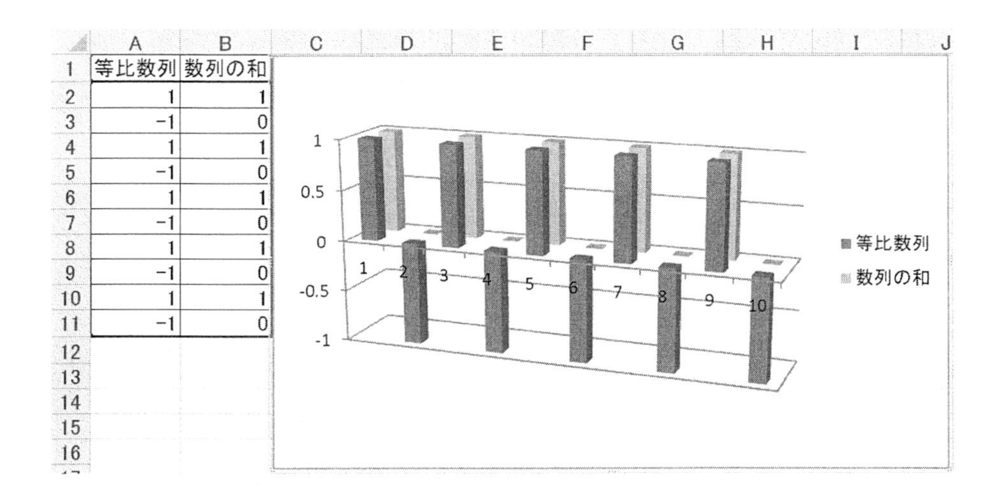

	A	B
1	等比数列	数列の和
2	1	1
3	-1	0
4	1	1
5	-1	0
6	1	1
7	-1	0
8	1	1
9	-1	0
10	1	1
11	-1	0

数列の隣り合った項の差をとったものを**階差数列**といいます．等比数列の階差数列は，次のようになります．

$$b_n=a_{n+1}-a_n=r\,a_n-a_n=(r-1)\,a_n=(r-1)\,a_1r^{n-1}$$

練習問題

(1) 初項が 1 で公比 3 の等比数列とその和を Excel で計算し，数列もその和も 3 の n 乗で表されることを示しましょう．

(2) 公比が−1 より小さいとき ($r<-1$)，等比数列の振動が大きくなります．公比が−1 と 0 の間ならば ($0>r>-1$)，等比数列の振動は小さくなります．Excel でこれを計算してみましょう．

(3) 10 万円借りて利子が月 2%のとき，10 年後に返済しなければならない総額を計算してみてください．初項は 100 000 で，公比は 1.02 の等比数列です．そして 12 ケ月×10 年の 120 項目の値が答になります．ものすごい金額になることがわかります．

(4) 各人が 5 人の会員を集めると儲かる会があったとします（ねずみ講という違法集団です）．会員はまた新たな会員を探しますから，公比 5 の等比数列の和になります．12 項目で日本の人口くらいになることを計算して確かめましょう．

4. 基本的な関数の計算とグラフ

x を変数とする関数 $y=f\ (x)$ の様々な種類を，Excel で計算して，グラフを描いてみましょう．

x を A 列に，$f\ (x)$ を計算したものを B 列に一覧にして表を作ります．またグラフウィザードの散布図を使って，グラフを作ります．

4.1 べき関数

y が x の 2 次や 3 次の式で表される関数を計算してグラフにします. 最も簡単な 2 次関数 $y=x^2$ を，x が -2 から 2 まで，0.2 ずつ計算します．

A1 セルに x と列見出し（フィールド名）をつけます．A2 セルに「-2」，A3 セルに「-1.8」を入力し，オートフィルで x の数列を作成します（1.4 節参照）.

B1 セルには 2 次関数の見出し（これは計算式ではない）をつけます．B2 セルに「＝A2^2」の数式を入力し，隣の A2 セルの値の 2 次を計算します．

この数式をオートフィルで引き伸ばしてコピーすれば，2 次関数表のできあがりです．

	A
1	x
2	−2
3	−1.8
4	
5	
6	
7	
8	
9	
10	
11	
12	
13	
14	
15	
16	
17	
18	
19	
20	
21	
22	

	A	B
1	x	y=
2	−2	
3	−1.8	
4		
5		
6		
7		
8		
9		
10		
11		
12		
13		
14		
15		
16		
17		
18		
19		
20		2
21		
22		

	A	B
1	x	$y=x^2$
2	−2	=A2^2
3	−1.8	
4	−1.6	
5	−1.4	
6	−1.2	
7	−1	
8	−0.8	
9	−0.6	
10	−0.4	
11	−0.2	
12	0	
13	0.2	
14	0.4	
15	0.6	
16	0.8	
17	1	
18	1.2	
19	1.4	
20	1.6	
21	1.8	
22	2	

	A	B
1	x	$y=x^2$
2	−2	4
3	−1.8	
4	−1.6	
5	−1.4	
6	−1.2	
7	−1	
8	−0.8	
9	−0.6	
10	−0.4	
11	−0.2	
12	0	
13	0.2	
14	0.4	
15	0.6	
16	0.8	
17	1	
18	1.2	
19	1.4	
20	1.6	
21	1.8	
22	2	

同様にして 3 次関数も計算できます．C 列に $y=x^3$ の値を計算します．C2 セルに「＝A2^3」の数式を入力し，この数式をオートフィルで引き伸ばしてコピーすれば，3 次関数表のできあがりです．

	A	B	C
1	x	$y=x^2$	$y=x^3$
2	−2	4	=A2^3
3	−1.8	3.24	
4	−1.6	2.56	
5	−1.4	1.96	
6	−1.2	1.44	
7	−1	1	
8	−0.8	0.64	
9	−0.6	0.36	
10	−0.4	0.16	
11	−0.2	0.04	
12	0	0	
13	0.2	0.04	
14	0.4	0.16	
15	0.6	0.36	
16	0.8	0.64	
17	1	1	
18	1.2	1.44	
19	1.4	1.96	
20	1.6	2.56	
21	1.8	3.24	
22	2	4	

	A	B	C
1	x	$y=x^2$	$y=x^3$
2	−2	4	−8
3	−1.8	3.24	
4	−1.6	2.56	
5	−1.4	1.96	
6	−1.2	1.44	
7	−1	1	
8	−0.8	0.64	
9	−0.6	0.36	
10	−0.4	0.16	
11	−0.2	0.04	
12	0	0	
13	0.2	0.04	
14	0.4	0.16	
15	0.6	0.36	
16	0.8	0.64	
17	1	1	
18	1.2	1.44	
19	1.4	1.96	
20	1.6	2.56	
21	1.8	3.24	
22	2	4	

	A	B	C
1	x	$y=x^2$	$y=x^3$
2	−2	4	−8
3	−1.8	3.24	−5.832
4	−1.6	2.56	−4.096
5	−1.4	1.96	−2.744
6	−1.2	1.44	−1.728
7	−1	1	−1
8	−0.8	0.64	−0.512
9	−0.6	0.36	−0.216
10	−0.4	0.16	−0.064
11	−0.2	0.04	−0.008
12	0	0	0
13	0.2	0.04	0.008
14	0.4	0.16	0.064
15	0.6	0.36	0.216
16	0.8	0.64	0.512
17	1	1	1
18	1.2	1.44	1.728
19	1.4	1.96	2.744
20	1.6	2.56	4.096
21	1.8	3.24	5.832
22	2	4	8

計算ができたので，グラフを描いてみましょう（2 章参照）．

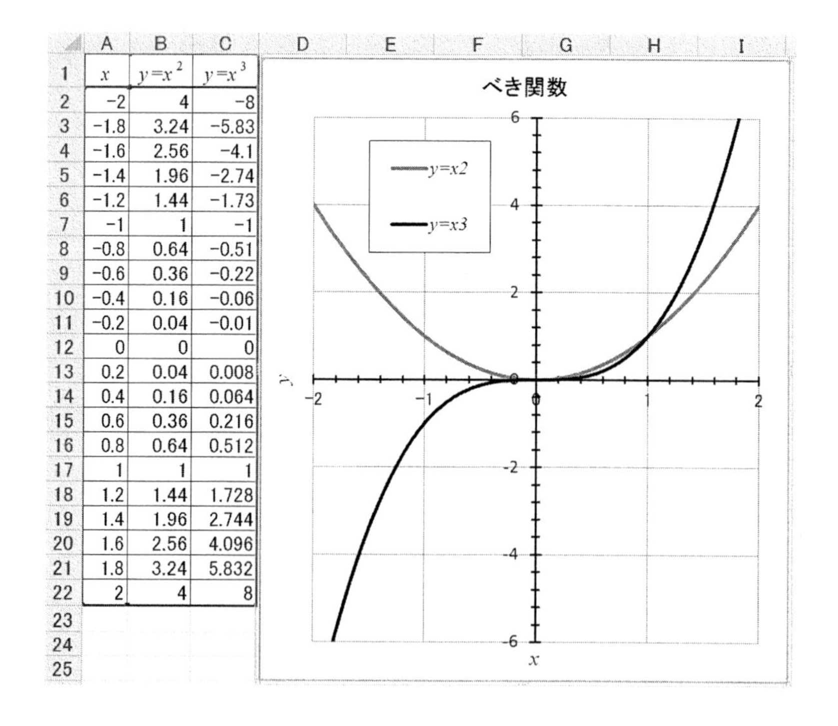

	A	B	C
1	x	$y=x^2$	$y=x^3$
2	−2	4	−8
3	−1.8	3.24	−5.83
4	−1.6	2.56	−4.1
5	−1.4	1.96	−2.74
6	−1.2	1.44	−1.73
7	−1	1	−1
8	−0.8	0.64	−0.51
9	−0.6	0.36	−0.22
10	−0.4	0.16	−0.06
11	−0.2	0.04	−0.01
12	0	0	0
13	0.2	0.04	0.008
14	0.4	0.16	0.064
15	0.6	0.36	0.216
16	0.8	0.64	0.512
17	1	1	1
18	1.2	1.44	1.728
19	1.4	1.96	2.744
20	1.6	2.56	4.096
21	1.8	3.24	5.832
22	2	4	8

$y=x^2$のようにy軸を中心として左右対称の形をした関数を**偶関数**といいます．一方$y=x^3$のように原点を中心にして，180°回転しても変わらない形をした関数を**奇関数**といいます．

ここで2次関数の**頂点**（最大または最小の点）や，x軸，y軸との交点を，グラフから見てみましょう．2次関数の例として

$$y=x^2-4x+3$$

の頂点を求めます．

xを0から4まで0.1ずつ，Excelで上の式を計算してグラフを描くと，次のようになります．

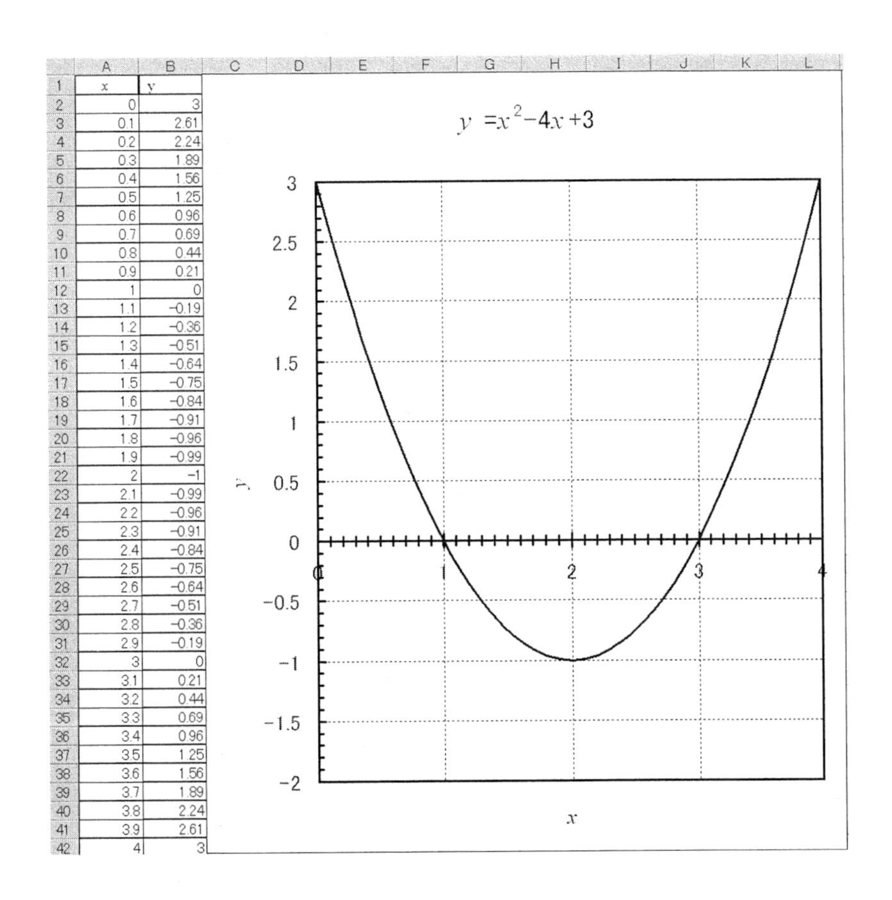

	A	B
1	x	y
2	0	3
3	0.1	2.61
4	0.2	2.24
5	0.3	1.89
6	0.4	1.56
7	0.5	1.25
8	0.6	0.96
9	0.7	0.69
10	0.8	0.44
11	0.9	0.21
12	1	0
13	1.1	-0.19
14	1.2	-0.36
15	1.3	-0.51
16	1.4	-0.64
17	1.5	-0.75
18	1.6	-0.84
19	1.7	-0.91
20	1.8	-0.96
21	1.9	-0.99
22	2	-1
23	2.1	-0.99
24	2.2	-0.96
25	2.3	-0.91
26	2.4	-0.84
27	2.5	-0.75
28	2.6	-0.64
29	2.7	-0.51
30	2.8	-0.36
31	2.9	-0.19
32	3	0
33	3.1	0.21
34	3.2	0.44
35	3.3	0.69
36	3.4	0.96
37	3.5	1.25
38	3.6	1.56
39	3.7	1.89
40	3.8	2.24
41	3.9	2.61
42	4	3

$x=2$，$y=-1$に頂点があることがわかります．またx軸との交点は$x=1$，3であり，y軸との交点は$y=3$です．

2次関数を変形すると

$$y=(x-2)^2-1$$

ですから，$x=2$のとき（　）の中は0になって，yは最小値−1になるはずです．

また右辺を因数分解すると次のようになります．

$$y=(x-1)(x-3)$$

従って $y=0$ のときは，$x=1$ と $x=3$ の二つの場合なので，x 軸との交点は 1 と 3 になります．これらの結果はグラフと一致しています．

一般の 2 次関数を次のようにおきます．

$$y=ax^2+bx+c$$

これを次のように変形します．

$$y=ax^2+bx+c=a\left(x^2+\frac{b}{a}x+\frac{c}{a}\right)$$

$$=a\left\{\left(x+\frac{b}{2a}\right)^2-\left(\frac{b}{2a}\right)^2+\frac{c}{a}\right\}=a\left(x+\frac{b}{2a}\right)^2-\frac{b^2-4ac}{4a}$$

x が $-b/2a$ のとき最小（または最大，a の正負に依存する）となり，そのときの y の値は $-(b^2-4ac)/4a$ となります．このように頂点の値がわかるように 2 次関数を変形したものを**2 次関数の標準形**といいます．

x が 0 のときは $y=c$ なので，y 軸との交点は c であることは直ちにわかります．

$y=0$ のとき 2 次関数の標準形は次のようになります．

$$a\left(x+\frac{b}{2a}\right)^2-\frac{b^2-4ac}{4a}=0$$

$$\left(x+\frac{b}{2a}\right)^2=\frac{b^2-4ac}{4a^2}$$

両辺の平方根をとります．

$$x+\frac{b}{2a}=\pm\frac{\sqrt{b^2-4ac}}{2a}$$

$$x=\frac{-b\pm\sqrt{b^2-4ac}}{2a}$$

これが x 軸との交点の値になり，y が 0 のときの，x の値になります．

つまり 2 次方程式

$$ax^2+bx+c=0$$

の**解の公式**になります．

$\sqrt{\ }$ の中は**判別式** D と呼び，正，0，負の各々の場合によって次のように場合分けします．

① 判別式 $D=b^2-4ac$ が 0 より大きい場合，x 軸との交点は二つの実数になります．

② 判別式 $D=b^2-4ac$ が 0 と等しい場合，x 軸との交点は一つの実数になります．これを**接する**といいます．

③ 判別式 $D=b^2-4ac$ が 0 より小さい場合，x 軸との交点を持ちません．

練習問題

(1) x^4 や x^6 が偶関数であることをグラフを描いて確かめましょう．

(2) x^5 や x^7 が奇関数であることをグラフを描いて確かめましょう．

(3) 2 次関数 $y=-2x^2-8x-3$ の頂点や，x 軸，y 軸との交点を $-4<x<0$ のグラフを描いて求めましょう．

4.2 三角関数

(1) sin と cos 関数

$x=0°$ から 360° まで 20° ごとに角度を変えて sin 関数と cos 関数を計算します．ただし Excel の三角関数は，（　）の中の引数がラジアンなので，度数をラジアンに変換する必要があります．

A 列に角度を 0° から 360° まで 20° ごとに入力します．これをラジアンに変換するには次の式を用います．

ラジアン＝角度/180×π

これは 180° が，ラジアンでは π になることを利用しています．他に RADIANS 関数でこの変換を行うことができます．逆にラジアンを角度（degree）に変換するには DEGREES 関数が用意されています．

B2 セルに「＝A2/180＊PI()」の数式を入れて，オートフィルします．

これで角度がラジアン表示になったので，B 列を使って sin 関数を計算します．C2 に「＝SIN(B2)」の数式を入力して，オートフィルでコピーして貼り付けます．

	A	B	C
1	角度	ラジアン	
2	0	=A2/180*PI()	
3	20		
4	40		
5	60		
6	80		
7	100		
8	120		
9	140		
10	160		
11	180		
12	200		
13	220		
14	240		
15	260		
16	280		
17	300		
18	320		
19	340		
20	360		

	A	B	C
1	角度	ラジアン	y=sin x
2	0	0	=SIN(B2)
3	20	0.34907	
4	40	0.69813	
5	60	1.0472	
6	80	1.39626	
7	100	1.74533	
8	120	2.0944	
9	140	2.44346	
10	160	2.79253	
11	180	3.14159	
12	200	3.49066	
13	220	3.83972	
14	240	4.18879	
15	260	4.53786	
16	280	4.88692	
17	300	5.23599	
18	320	5.58505	
19	340	5.93412	
20	360	6.28319	

ついでにcos関数も計算します．D2セルに「＝COS(B2)」の数式を入力して，オートフィルで，コピーして貼り付けます．

	A	B	C	D
1	角度	ラジアン	y=sin x	y=cos x
2	0	0	0	=COS(B2)
3	20	0.34907	0.34202	
4	40	0.69813	0.64279	
5	60	1.0472	0.86603	
6	80	1.39626	0.98481	
7	100	1.74533	0.98481	
8	120	2.0944	0.86603	
9	140	2.44346	0.64279	
10	160	2.79253	0.34202	
11	180	3.14159	1.2E−16	
12	200	3.49066	−0.342	
13	220	3.83972	−0.6428	
14	240	4.18879	−0.866	
15	260	4.53786	−0.9848	
16	280	4.88692	−0.9848	
17	300	5.23599	−0.866	
18	320	5.58505	−0.6428	
19	340	5.93412	−0.342	
20	360	6.28319	−2E−16	

	A	B	C	D
1	角度	ラジアン	y=sin x	y=cos x
2	0	0	0	1
3	20	0.34907	0.34202	0.93969
4	40	0.69813	0.64279	0.76604
5	60	1.0472	0.86603	0.5
6	80	1.39626	0.98481	0.17365
7	100	1.74533	0.98481	−0.1736
8	120	2.0944	0.86603	−0.5
9	140	2.44346	0.64279	−0.766
10	160	2.79253	0.34202	−0.9397
11	180	3.14159	1.2E−16	−1
12	200	3.49066	−0.342	−0.9397
13	220	3.83972	−0.6428	−0.766
14	240	4.18879	−0.866	−0.5
15	260	4.53786	−0.9848	−0.1736
16	280	4.88692	−0.9848	0.17365
17	300	5.23599	−0.866	0.5
18	320	5.58505	−0.6428	0.76604
19	340	5.93412	−0.342	0.93969
20	360	6.28319	−2E−16	1

角度とsin関数とcos関数をグラフにするときには，AとCとD列のデータを選択してグラフを作成すると，あとが簡単になります．

このように表の一部だけを使ってグラフを作るときは，グラフを選ぶ前にグラフで使う範囲を選択しておくと便利です．離れた部分を選択するときは Ctrl（コントロール）キーを押しながらドラッグして選択するとよいでしょう．

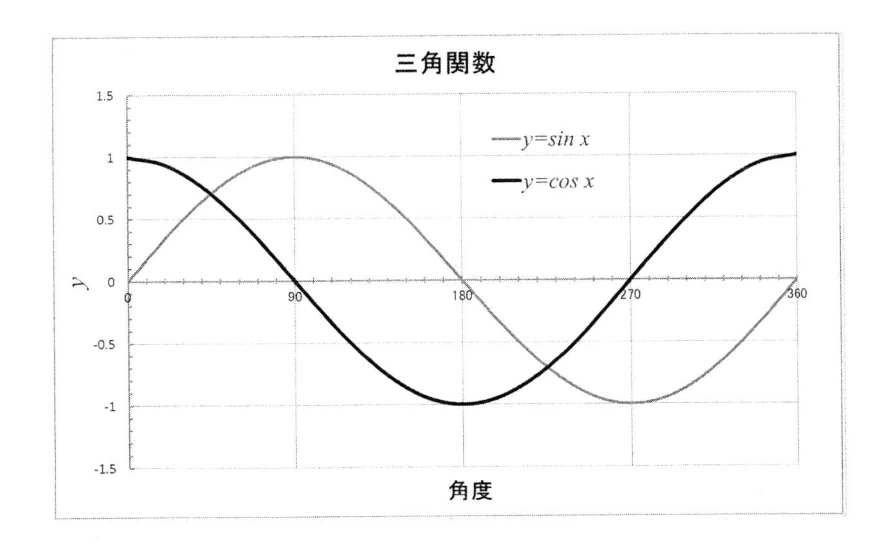

グラフは図のように最小は−1から最大1の間を，360°ごとに増減を繰り返す形になります．

cos 関数も sin 関数もほとんど同じ形をしていますが，横に（つまり x 方向に）90°ずれていることがわかります．すなわち

$$\cos x = \sin(x + 90^\circ)$$

の関係があります．

(2)　tan 関数

tan 関数は**不連続点**（無限大になる点）があるため，あまり表計算には向きません．

例えば tan90°は小さいほうから近づくと，正の無限大になります．tan89.9°は約573です．しかし大きい方から近づくと，負の無限大になります．tan90.1°は−573です．

tan90°と tan270°は理論的には計算できず，Excel で無理に計算しようとするとおかしな値が出てきます．しかし計算区間を限って行えば，tan 関数も計算できます．

A 列に角度を 10°ずつ，0°から 360°まで入れます．

B 列に角度のラジアンを計算します．

C2 セルに「＝TAN(B2)」の数式を入れてオートフィルします．

	A	B	C
1	角度	ラジアン	y=tan x
2	0	0	=TAN(B2)

しかし 90° と 270° のところの，tan の計算は消しておきます．グラフを作ると次のようになります．

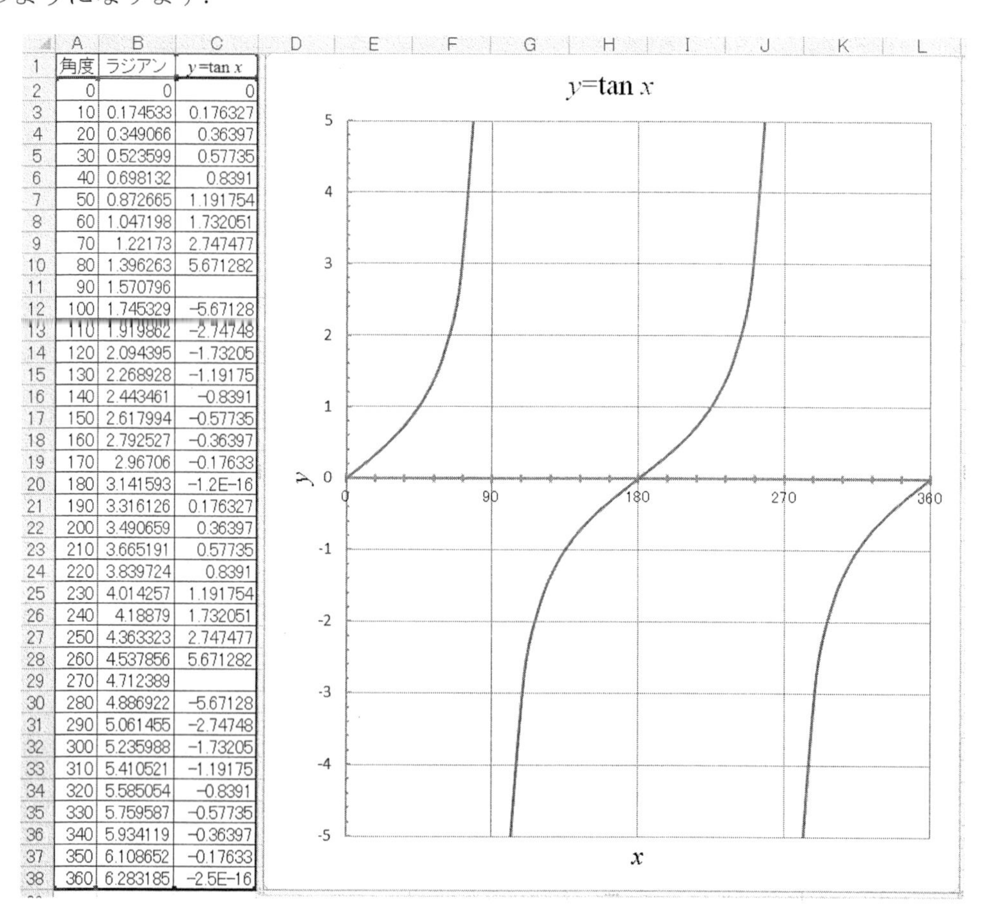

	A	B	C
1	角度	ラジアン	y=tan x
2	0	0	0
3	10	0.174533	0.176327
4	20	0.349066	0.36397
5	30	0.523599	0.57735
6	40	0.698132	0.8391
7	50	0.872665	1.191754
8	60	1.047198	1.732051
9	70	1.22173	2.747477
10	80	1.396263	5.671282
11	90	1.570796	
12	100	1.745329	−5.67128
13	110	1.919862	−2.74748
14	120	2.094395	−1.73205
15	130	2.268928	−1.19175
16	140	2.443461	−0.8391
17	150	2.617994	−0.57735
18	160	2.792527	−0.36397
19	170	2.96706	−0.17633
20	180	3.141593	−1.2E−16
21	190	3.316126	0.176327
22	200	3.490659	0.36397
23	210	3.665191	0.57735
24	220	3.839724	0.8391
25	230	4.014257	1.191754
26	240	4.18879	1.732051
27	250	4.363323	2.747477
28	260	4.537856	5.671282
29	270	4.712389	
30	280	4.886922	−5.67128
31	290	5.061455	−2.74748
32	300	5.235988	−1.73205
33	310	5.410521	−1.19175
34	320	5.585054	−0.8391
35	330	5.759587	−0.57735
36	340	5.934119	−0.36397
37	350	6.108652	−0.17633
38	360	6.283185	−2.5E−16

(3)　振幅と周波数

時間 t が -0.5 から 3.2（＝約 π）（s：秒）の間で，0.1s ごとに，次のような関数を計算してみることにしましょう．

$$y=1.5\sin(2t+1)$$

Excel の数式では次のようになります．

「＝1.5＊SIN(2＊A2+1)」

	A	B	C
1	t	1.5sin(2t+1)	
2	−0.5	=1.5*SIN(2*A2+1)	

グラフは次のようになります．

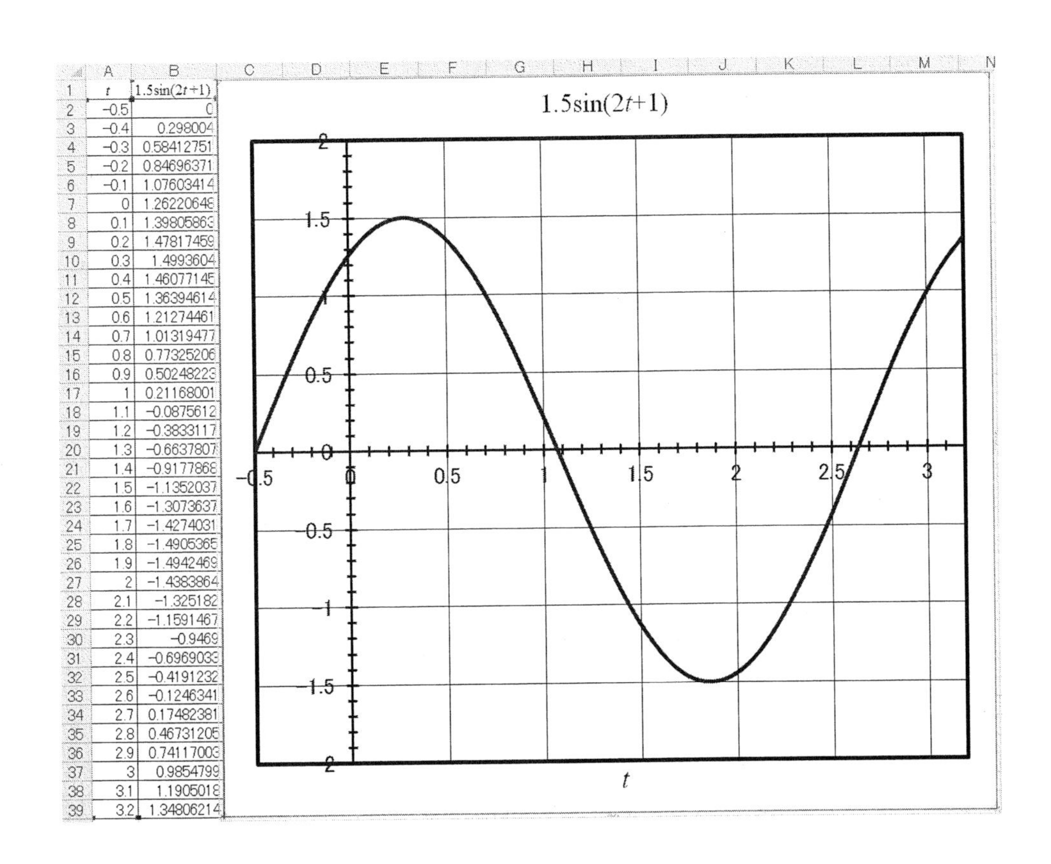

	A	B
1	t	1.5sin(2t+1)
2	−0.5	0
3	−0.4	0.298004
4	−0.3	0.58412751
5	−0.2	0.84696371
6	−0.1	1.07603414
7	0	1.26220648
8	0.1	1.39805863
9	0.2	1.47817459
10	0.3	1.4993604
11	0.4	1.46077145
12	0.5	1.36394614
13	0.6	1.21274461
14	0.7	1.01319477
15	0.8	0.77325206
16	0.9	0.50248223
17	1	0.21168001
18	1.1	−0.0875612
19	1.2	−0.3833117
20	1.3	−0.6637807
21	1.4	−0.9177868
22	1.5	−1.1352037
23	1.6	−1.3073637
24	1.7	−1.4274031
25	1.8	−1.4905365
26	1.9	−1.4942469
27	2	−1.4383864
28	2.1	−1.325182
29	2.2	−1.1591467
30	2.3	−0.9469
31	2.4	−0.6969033
32	2.5	−0.4191232
33	2.6	−0.1246341
34	2.7	0.17482381
35	2.8	0.46731205
36	2.9	0.74117003
37	3	0.9854799
38	3.1	1.1905018
39	3.2	1.34806214

グラフの形を見ると最大が 1.5，最小が−1.5 です．横は 2π の半分で 1 周期（言い換えると波の数，つまり周波数は 2 倍）です．そして横方向には左へ 1 ラジアン (t=1/2 = 0.5s) ずれていることがわかります．

一般に正弦波（sin 関数）が

$$y=A\sin(\omega t+\phi)$$

の形で表されるとき，A は最大値（または異符号の最小値）を表し，**振幅**といいます．ω は単位時間あたりに進む角度を表し，**角周波数**（または**角速度**）といい，ϕ は時間 0 でどれだけ角度がずれているかを示し，**位相角**といいます．

練習問題

(1) $\sin x + \cos x$ の関数を，x が 0° から 360° まで 15° ごとに計算して，$\sqrt{2}\sin(x+45°)$ になることを確かめましょう．三角関数どうしの足し算や引き算は，ほとんどの場合，三角関数になります．

(2) $\sin x \cos x$ を，x が 0° から 360° まで 20° ごとに計算して，$\sin 2x/2$ になることを確かめましょう．三角関数どうしの掛け算は，ほとんどの場合，三角関数になります．しかし次の(3)と(4)のような場合は，完全な三角関数だけにはなりません．

(3) $\sin^2 x$ と $(1-\cos 2x)/2$ の二つの関数を，x が 0° から 360° まで 20° ごとに計算して，同じになることを確かめましょう．まったく同じ三角関数を掛け算した場合，定数が出てきます．

(4) $\cos^2 x$ と $(1+\cos 2x)/2$ の二つの関数を，x が 0° から 360° まで 20° ごとに計算して，同じになることを確かめましょう．

(5) $\sin^2 x + \cos^2 x$ を，x が 0° から 360° まで 20° ごとに計算して，常に 1 になることを確認しましょう．

4.3 指数関数

指数関数 $y=10^x$ を計算します．-2 から 2 まで 0.2 ずつ x を変えて計算します．まず A 列の値を「-2」から「2」まで入力します．次に B2 に「=10^A2」の数式を入力して，オートフィルします．

	A	B
1	x	$y=10^x$
2	-2	=10^A2
3	-1.8	
4	-1.6	
5	-1.4	
6	-1.2	
7	-1	
8	-0.8	
9	-0.6	
10	-0.4	
11	-0.2	
12	0	
13	0.2	
14	0.4	
15	0.6	
16	0.8	
17	1	
18	1.2	
19	1.4	
20	1.6	
21	1.8	
22	2	

	A	B
1	x	$y=10^x$
2	-2	0.01
3	-1.8	
4	-1.6	
5	-1.4	
6	-1.2	
7	-1	
8	-0.8	
9	-0.6	
10	-0.4	
11	-0.2	
12	0	
13	0.2	
14	0.4	
15	0.6	
16	0.8	
17	1	
18	1.2	
19	1.4	
20	1.6	
21	1.8	
22	2	

	A	B
1	x	$y=10^x$
2	-2	0.01
3	-1.8	0.01585
4	-1.6	0.02512
5	-1.4	0.03981
6	-1.2	0.0631
7	-1	0.1
8	-0.8	0.15849
9	-0.6	0.25119
10	-0.4	0.39811
11	-0.2	0.63096
12	0	1
13	0.2	1.58489
14	0.4	2.51189
15	0.6	3.98107
16	0.8	6.30957
17	1	10
18	1.2	15.8489
19	1.4	25.1189
20	1.6	39.8107
21	1.8	63.0957
22	2	100

グラフは次のようになります．

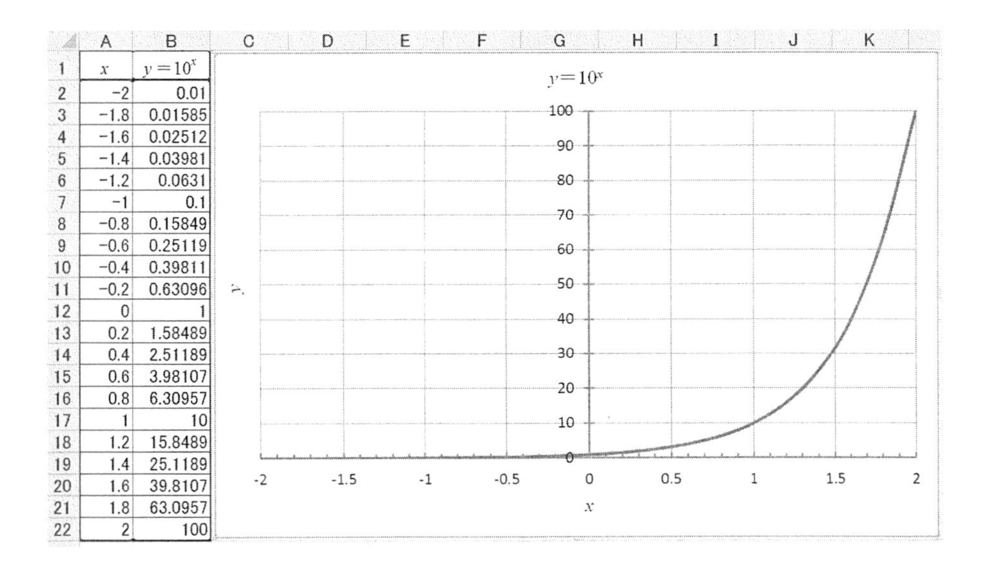

	A	B
1	x	$y=10^x$
2	-2	0.01
3	-1.8	0.01585
4	-1.6	0.02512
5	-1.4	0.03981
6	-1.2	0.0631
7	-1	0.1
8	-0.8	0.15849
9	-0.6	0.25119
10	-0.4	0.39811
11	-0.2	0.63096
12	0	1
13	0.2	1.58489
14	0.4	2.51189
15	0.6	3.98107
16	0.8	6.30957
17	1	10
18	1.2	15.8489
19	1.4	25.1189
20	1.6	39.8107
21	1.8	63.0957
22	2	100

$x=0$ のとき，つまり 10^0 は 1 になります．これはどんな数でも 0 乗すれば 1 になるからです．

$x=1$ のときは 10，$x=2$ のときは 100 と，x が正の部分では指数関数は急激に増加します．反対に x が 0 より小さいときは，x が -1，-2 となるに従って，0.1，0.01 と 0 に近づいていきます．しかし指数関数が 0 や負になることは，x が実数の範囲ではありません．

このことから指数関数の逆関数である $\log_{10}x$ の x には，0 や負の数を入れてはいけないことがわかります（Excel でもエラーを発生します）．

ここで縦軸を**対数目盛**にして，**片対数グラフ**を作ります．対数目盛とは，10 を底とする対数で値を表したものです．

縦軸の目盛をダブルクリックして，軸の書式設定ダイアログボックスを表示させ，「軸のオプション」タブをクリックします．

軸のオプション
表示形式
塗りつぶし
線の色
線のスタイル
影
光彩とぼかし
3-D 書式
配置

軸のオプション
最小値: 自動(A) 固定(F) 0.01
最大値: 自動(U) 固定(I) 100.0
目盛間隔: 自動(T) 固定(X) 10.0
補助目盛間隔: 自動(O) 固定(E) 10.0
軸を反転する(V)
対数目盛を表示する(L) 基数(B): 10
表示単位(U): なし
表示単位のラベルをグラフに表示する(S)
目盛の種類(J): 交差
補助目盛の種類(I): 交差
軸ラベル(A): 軸の下/左
横軸との交点:
自動(O)
軸の値(E): 1.0
軸の最大値(M)
閉じる

「対数目盛を表示する(L)」にチェックを入れます．最小値「0.01」に，最大値を「100」にします．これは，対数目盛は必ず 0 より大きく（0 もいけない）なければならないからです．また対数目盛は 10 のべき乗しか選べません．これらの設定は自動でも構いません．あとは OK をクリックします．

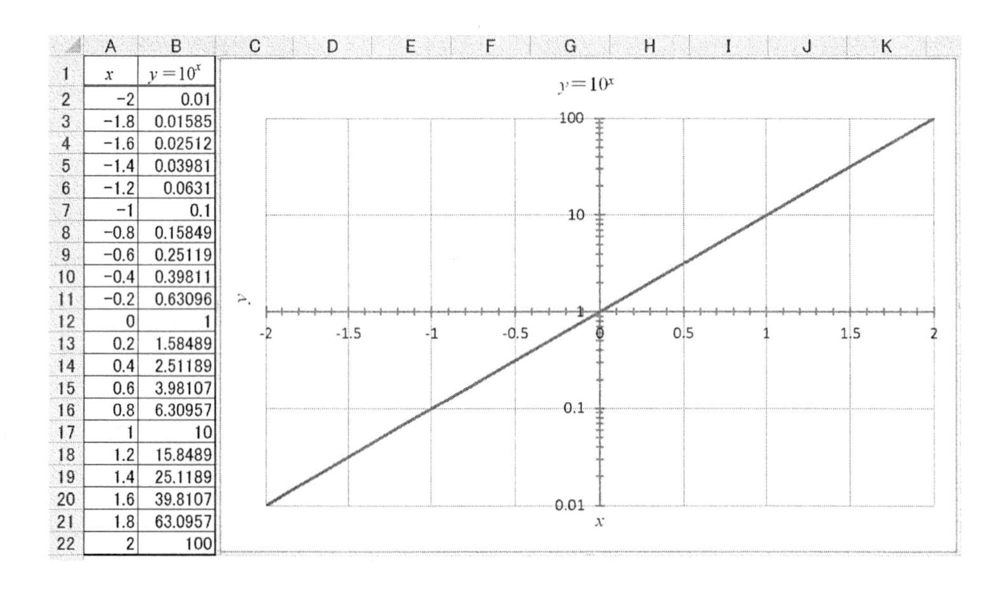

	A	B
1	x	$y=10^x$
2	-2	0.01
3	-1.8	0.01585
4	-1.6	0.02512
5	-1.4	0.03981
6	-1.2	0.0631
7	-1	0.1
8	-0.8	0.15849
9	-0.6	0.25119
10	-0.4	0.39811
11	-0.2	0.63096
12	0	1
13	0.2	1.58489
14	0.4	2.51189
15	0.6	3.98107
16	0.8	6.30957
17	1	10
18	1.2	15.8489
19	1.4	25.1189
20	1.6	39.8107
21	1.8	63.0957
22	2	100

片対数グラフでは，指数関数は直線となります．これは $y=10^x$ の対数 $\log_{10} y$ を計算すると

$$\log_{10} y=\log_{10} 10^x=x$$

となって，x の 1 次関数となることからわかります（4.4 節参照）.

もっと複雑な指数関数 $y=a(10^{bx})$の，$\log y$ を計算すると

$$\log_{10} y=\log_{10} a+bx$$

となります．このことから，$y=a(10^{bx})$を片対数グラフで表せば，$x=0$ のときの y 軸との交点が a を表し，直線の傾きが b を表すことになります.

$y=3(10^{2x})$を片対数グラフで表したものが次のグラフです.

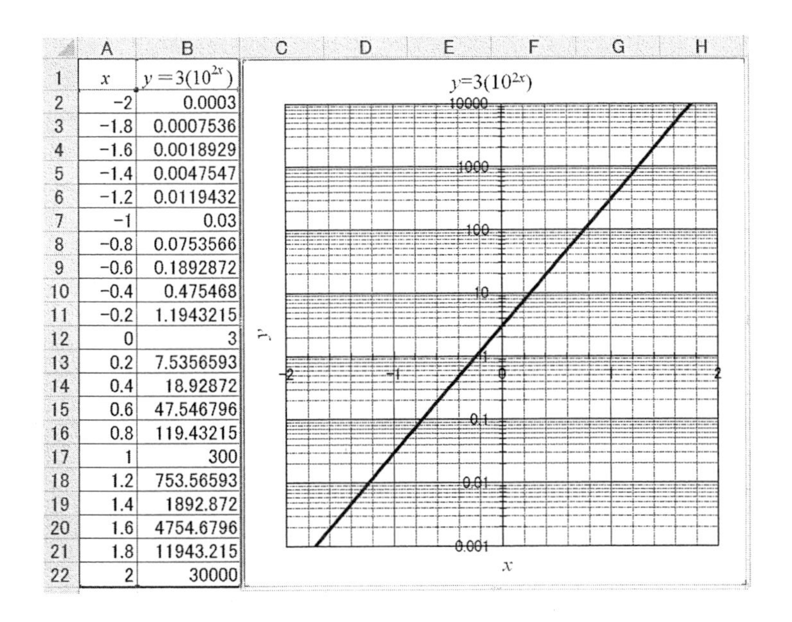

	A	B
1	x	$y=3(10^{2x})$
2	-2	0.0003
3	-1.8	0.0007536
4	-1.6	0.0018929
5	-1.4	0.0047547
6	-1.2	0.0119432
7	-1	0.03
8	-0.8	0.0753566
9	-0.6	0.1892872
10	-0.4	0.475468
11	-0.2	1.1943215
12	0	3
13	0.2	7.5356593
14	0.4	18.92872
15	0.6	47.546796
16	0.8	119.43215
17	1	300
18	1.2	753.56593
19	1.4	1892.872
20	1.6	4754.6796
21	1.8	11943.215
22	2	30000

y 軸との交点が 3 です．そして，x が 1 増加するごとに，y が 100 倍（つまり前のグラフに対して傾きは倍）になっていることがわかります.

練習問題

(1)　二つの指数関数，$2^{2x}2^{3x}$ と 2^{5x} を，-2 から 2 まで 0.2 ずつ x を変えて計算して，同じになることを確かめましょう．指数関数には $a^m a^n=a^{m+n}$ の関係があります．これは m と n が，x の関数でも成り立ちます.

(2)　二つの指数関数，$(3^x)^2$ と 3^{2x} を，-2 から 2 まで 0.2 ずつ x を変えて計算して，同じになることを確かめましょう．一般に$(a^m)^n=a^{mn}$ の関係があります.

(3)　二つの指数関数，2^x3^x と 6^x を，-2 から 2 まで 0.2 ずつ x を変えて計算して，同じになることを確かめましょう．一般に $a^n\ b^n=(ab)^n$ の関係があります.

4.4 対数関数と平方根

対数関数 $\log_{10}x$ は，指数関数の**逆関数**（x と y が入れ替わった関数）ですから，x が 0 以下（0 を含む）では定義できません（Excel も計算できません．前節参照）．平方根も負の数は計算できません．

そこで x が正のところで，$\log_{10}x$ を計算し，x が 0 以上のところで平方根を計算することにします．

数学では底を表示しない log は**自然対数**（8.2 節参照）を表しますが，Excel の関数では**常用対数**（つまり $\log_{10}$）を表します．底が e の対数は LN 関数で計算します．

A 列に x の値を 0 から 2 まで 0.1 ずつ入力します．B 列には平方根を計算するため，B2 セルに「＝SQRT(A2)」を入力します．そして B2 セルを選択してオートフィルすれば平方根の関数を計算できます．

C 列には常用対数関数を計算します．0 の対数は計算できないため，C3 セルに「＝LOG(A3)」を入力します．そして C3 セルを選択して，オートフィルすれば対数関数を計算できます．

	A	B
1	x	$y=\sqrt{x}$
2	0	=SQRT(A2)
3	0.1	
4	0.2	
5	0.3	
6	0.4	
7	0.5	
8	0.6	
9	0.7	
10	0.8	
11	0.9	
12	1	
13	1.1	
14	1.2	
15	1.3	
16	1.4	
17	1.5	
18	1.6	
19	1.7	
20	1.8	
21	1.9	
22	2	

	A	B	C
1	x	$y=\sqrt{x}$	$y=\log_{10}x$
2	0	0	
3	0.1	0.31622777	=LOG(A3)
4	0.2	0.4472136	
5	0.3	0.54772256	
6	0.4	0.63245553	
7	0.5	0.70710678	
8	0.6	0.77459667	
9	0.7	0.83666003	
10	0.8	0.89442719	
11	0.9	0.9486833	
12	1	1	
13	1.1	1.04880885	
14	1.2	1.09544512	
15	1.3	1.14017543	
16	1.4	1.18321596	
17	1.5	1.22474487	
18	1.6	1.26491106	
19	1.7	1.30384048	
20	1.8	1.34164079	
21	1.9	1.37840488	
22	2	1.41421356	

	A	B	C
1	x	$y=\sqrt{x}$	$y=\log_{10}x$
2	0	0	
3	0.1	0.31622777	-1
4	0.2	0.4472136	-0.69897
5	0.3	0.54772256	-0.52288
6	0.4	0.63245553	-0.39794
7	0.5	0.70710678	-0.30103
8	0.6	0.77459667	-0.22185
9	0.7	0.83666003	-0.1549
10	0.8	0.89442719	-0.09691
11	0.9	0.9486833	-0.04576
12	1	1	0
13	1.1	1.04880885	0.041393
14	1.2	1.09544512	0.079181
15	1.3	1.14017543	0.113943
16	1.4	1.18321596	0.146128
17	1.5	1.22474487	0.176091
18	1.6	1.26491106	0.20412
19	1.7	1.30384048	0.230449
20	1.8	1.34164079	0.255273
21	1.9	1.37840488	0.278754
22	2	1.41421356	0.30103

グラフは次のような形となります．

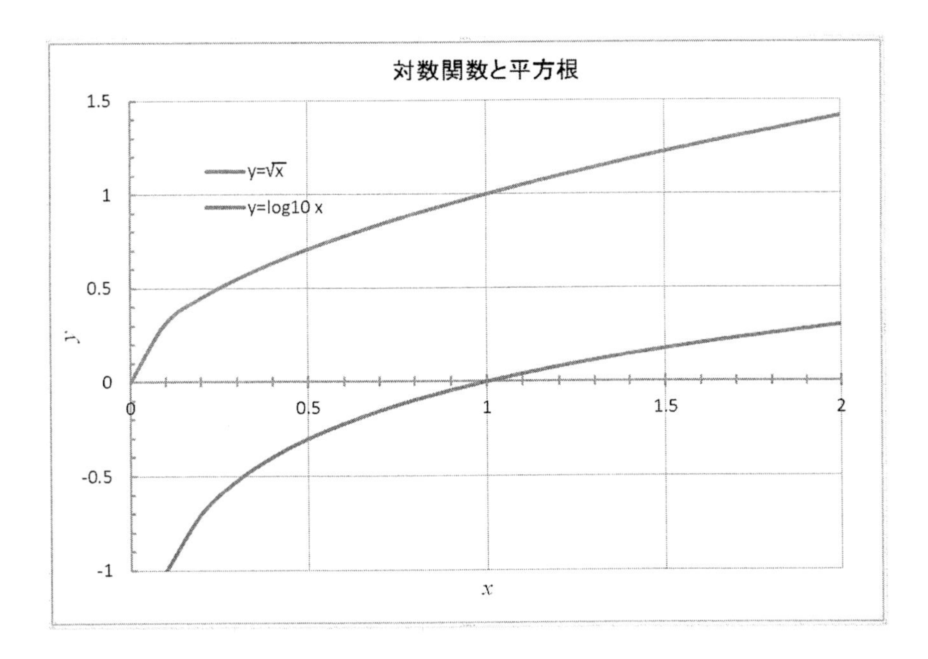

x が 1 のときは底がどのような値であろうと，対数は 0 になります．これは 0 乗すればどんな数でも 1 になるからです．x が 0.1 になるときは 10^{-1} ですから，$\log_{10}0.1$ は－1 になります．

練習問題

(1) $x\sqrt{x}$ と，$\sqrt{x^3}$ を，x が 0 から 2 まで 0.1 ずつ計算して，同じになることを確かめましょう．一般に $\sqrt{ab}=\sqrt{a}\sqrt{b}$ の関係があります．

(2) $\log_{10}2x^2$ と $\log_{10}2x+\log_{10}x$ を，x が 0.1 から 2 まで 0.1 ずつ計算して，同じになることを確かめましょう．一般に $\log_a MN=\log_a M+\log_a N$ の関係があります．
これは $a^m a^n=a^{m+n}$ の関係に，$a^m=M$，$a^n=N$ として，両辺の対数を計算すると，$\log_a MN=m+n=\log_a M+\log_a N$ となって，確かめられます．

(3) $\log_{10}(x/2)$ と $\log_{10}x^2-\log_{10}2x$ を，x が 0.1 から 2 まで 0.1 ずつ計算して，同じになることを確かめましょう．一般に $\log_a(M/N)=\log_a M-\log_a N$ の関係があります．これは $a^m/a^n=a^{m-n}$ の関係に，$a^m=M$，$a^n=N$ として，両辺の対数を計算すると，$\log_a(M/N)=m-n=\log_a M-\log_a N$ となって，確かめられます．

(4) $\log_{10}x^2$ と $2\log_{10}x$ を，x が 0.1 から 2 まで 0.1 ずつ計算して，同じになることを確かめましょう．一般に $\log_a M^n=n\log_a M$ の関係があります．これは$(a^m)^n=a^{mn}$ の関係に，$a^m=M$ として，両辺の対数を計算すると，$\log_a M^n=mn=n\log_a M$ となって，確かめられます．

(5) $\log_2 x$（Excel では＝LOG（A2，2））と $\log_{10}x/\log_{10}2$ を，x が 0.1 から 2 まで 0.1 ずつ計算して，同じになることを確かめましょう．一般に $\log_a c=\log_b c/\log_b a$ の関係があります．これは次のようにして証明できます．$c=a^n$ として，両辺の b を底とする対数を計算すると，$\log_b c=\log_b a^n=n\log_b a$ となり，よって $n=\log_b c/\log_b a$ となります．これと $n=\log_a c$ から上の関係となります．

5.　媒介変数を持つ関数

二つの関数 x と y が同一の変数 t で表されるとき，この t を**媒介変数**といいます．媒介変数を使った表示により，楕円，サイクロイド曲線，リサージュ曲線のような複雑な曲線を，簡単に描くことができます．

5.1　楕　円　曲　線

x と y が

$$\begin{cases} x=a\sin t \\ y=b\cos t \end{cases} \tag{5.1}$$

で表される曲線は，a と b が等しいときは円，異なるときは楕円です．つまり x 方向の半径は a，y 方向の半径は b で表されます．これは三角関数が周期関数であることを考えれば，すぐわかります．t を消去するために，上の式を変形して次の形にします．

$$\begin{cases} \sin t=\dfrac{x}{a} \\ \cos t=\dfrac{y}{b} \end{cases}$$

上の式を $\sin^2 t+\cos^2 t=1$（4.2 節 練習問題(5)参照）に代入して

$$\frac{x^2}{a^2}+\frac{y^2}{b^2}=1 \tag{5.2}$$

となり，この二組の式はまったく同等です．

しかし，媒介変数を用いた方がはるかにわかりやすい表現方法です．（5.1）式の表現を，**媒介変数表示**といいます．それに対して（5.2）式の形で表す方法を**陰関数表示**といいます．

Excel で，$a=3$，$b=2$ のときの楕円を描くには，次のように行います．

まず A 列に t を 0 から 6.3（約 2π）まで 0.3 ごとに入れます．次に B2 セルに「＝3＊SIN(A2)」を，C2 セルに「＝2＊COS(A2)」の数式を入れます．

	A	B
1	t	x
2	0	=3*SIN(A2)

	A	B	C
1	t	x	y
2	0	0	=2*COS(A2)

そしてB2とC2セルを同時に選択し，オートフィルでt=6.3まで計算させます．

	A	B	C
1	t	x	y
2	0	0	2
3	0.3		
4	0.6		
5	0.9		
6	1.2		
7	1.5		
8	1.8		
9	2.1		
10	2.4		
11	2.7		
12	3		
13	3.3		
14	3.6		
15	3.9		
16	4.2		
17	4.5		
18	4.8		
19	5.1		
20	5.4		
21	5.7		
22	6		
23	6.3		

	A	B	C
1	t	x	y
2	0	0	2
3	0.3	0.88656	1.91067
4	0.6	1.69393	1.65067
5	0.9	2.34998	1.24322
6	1.2	2.79612	0.72472
7	1.5	2.99248	0.14147
8	1.8	2.92154	−0.4544
9	2.1	2.58963	−1.0097
10	2.4	2.02639	−1.4748
11	2.7	1.28214	−1.8081
12	3	0.42336	−1.98
13	3.3	−0.4732	−1.975
14	3.6	−1.3276	−1.7935
15	3.9	−2.0633	−1.4519
16	4.2	−2.6147	−0.9805
17	4.5	−2.9326	−0.4216
18	4.8	−2.9885	0.175
19	5.1	−2.7774	0.75596
20	5.4	−2.3183	1.26939
21	5.7	−1.6521	1.66943
22	6	−0.8382	1.92034
23	6.3	0.05044	1.99972

xとyのセル（つまりB列とC列）のみを選択してグラフを描けば，次のような曲線が得られます．

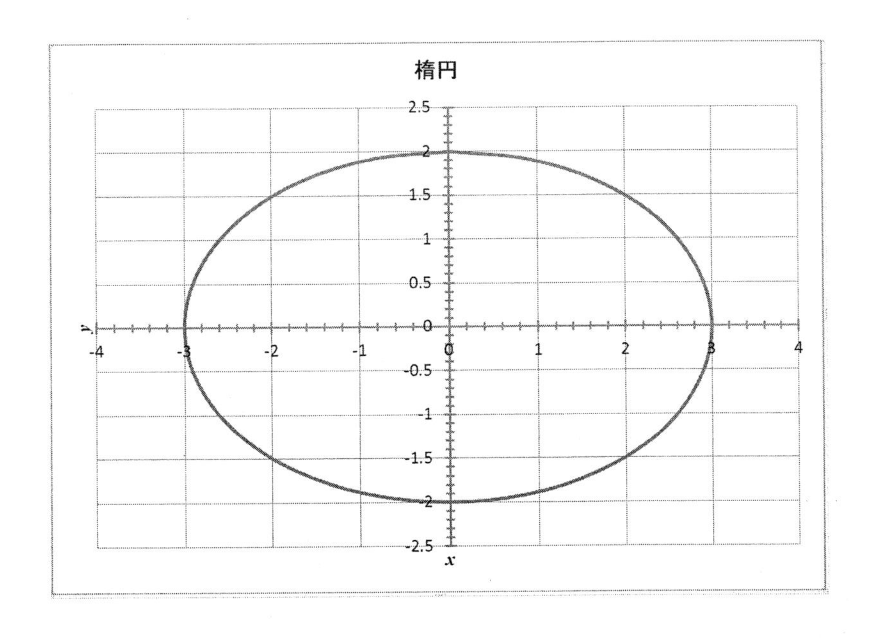

5.2 サイクロイド曲線

$$\begin{cases} x=a(t-\sin t) \\ y=a(1-\cos t) \end{cases}$$

で表される曲線を**サイクロイド曲線**といいます．これは車のハンドルを一定の速度で角度を増減したときにできる曲線で，道路のカーブなどに使われます．Excel で，$a=1$ のときのサイクロイド曲線を描くには，次のように行います．

まず A 列に t を 0 から 6.3（約 2π）まで 0.3 ごとに入れます．

次に B2 セルに「＝A2－SIN(A2)」を，C2 セルに「＝1－COS(A2)」の数式を入れます．

	A	B
1	t	x
2	0	=A2-SIN(A2)

	A	B	C
1	t	x	y
2	0	0	=1-COS(A2)

そして B2 と C2 セルを同時に選択し，オートフィルで $t=6.3$ まで計算させます．

グラフを描けば，次のような曲線が得られます．

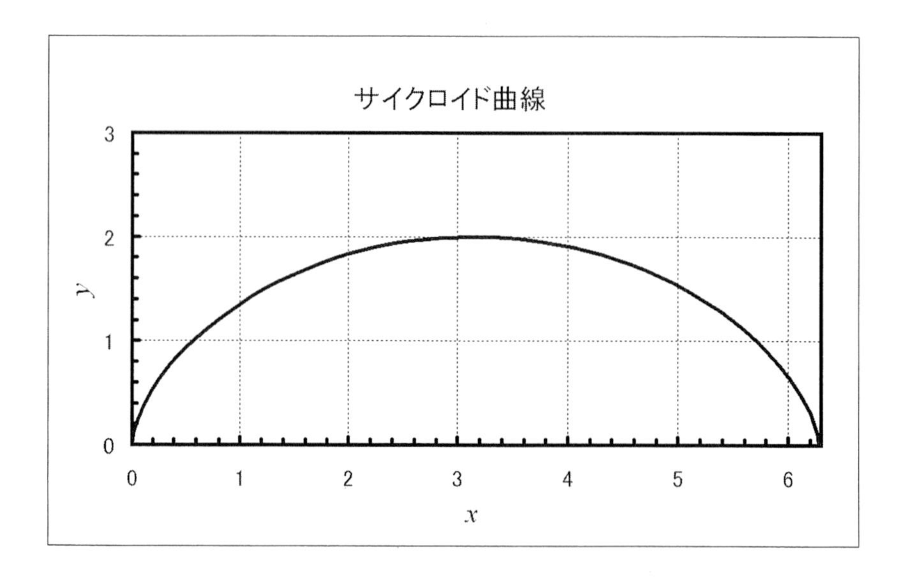

5.3　アルキメデスの渦巻き

$$\begin{cases} x=\dfrac{t}{2}\sin t \\ y=\dfrac{t}{2}\cos t \end{cases}$$

で表す曲線は次のようになります.

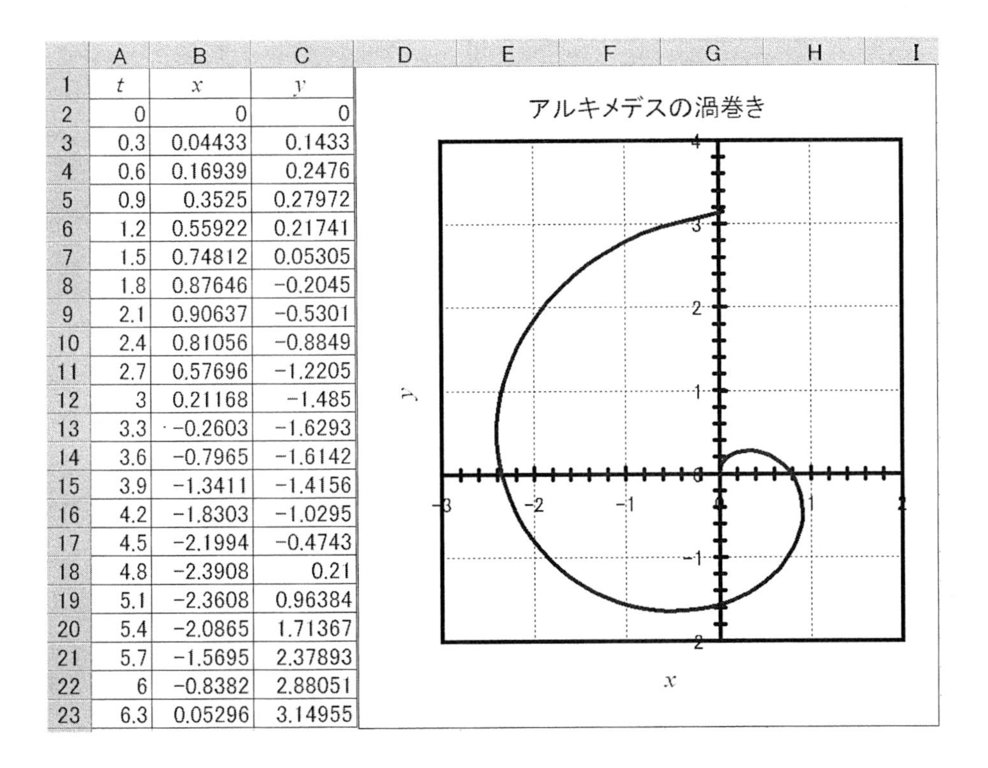

	A	B	C
1	t	x	y
2	0	0	0
3	0.3	0.04433	0.1433
4	0.6	0.16939	0.2476
5	0.9	0.3525	0.27972
6	1.2	0.55922	0.21741
7	1.5	0.74812	0.05305
8	1.8	0.87646	−0.2045
9	2.1	0.90637	−0.5301
10	2.4	0.81056	−0.8849
11	2.7	0.57696	−1.2205
12	3	0.21168	−1.485
13	3.3	−0.2603	−1.6293
14	3.6	−0.7965	−1.6142
15	3.9	−1.3411	−1.4156
16	4.2	−1.8303	−1.0295
17	4.5	−2.1994	−0.4743
18	4.8	−2.3908	0.21
19	5.1	−2.3608	0.96384
20	5.4	−2.0865	1.71367
21	5.7	−1.5695	2.37893
22	6	−0.8382	2.88051
23	6.3	0.05296	3.14955

5.4　リサージュ曲線

$$\begin{cases} x=\sin \omega_1 t \\ y=\cos \omega_2 t \end{cases}$$

で表される曲線は ω_1 や ω_2 によって様々に変化します. これは**リサージュ曲線**と呼ばれ二つの波の周波数特性を調べるときなどに用いられます.

Excel で t を 0 から 6.3 まで 0.1 ずつ変えて, $x=\sin 5t$, $y=\cos 3t$ でこの曲線を描くと次のようになります.

5. 媒介変数を持つ関数

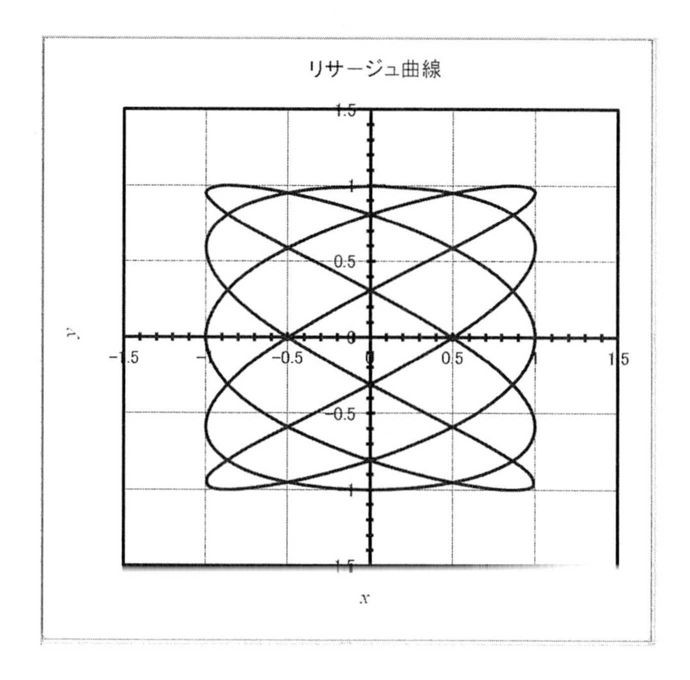

練習問題

(1) アルキメデスの渦巻きを t を 0 から 12.6 まで 0.2 ずつ変化させて計算し，グラフを描いてみましょう．

(2) $x=\sin t$，$y=\cos 2t$ でリサージュ曲線を描いてみましょう．

(3) $x=(1+\cos t)\cos t$，$y=(1+\cos t)\sin t$ で表される図形を描いてみましょう．これは**カージオイド（心臓形）**といわれる曲線です．

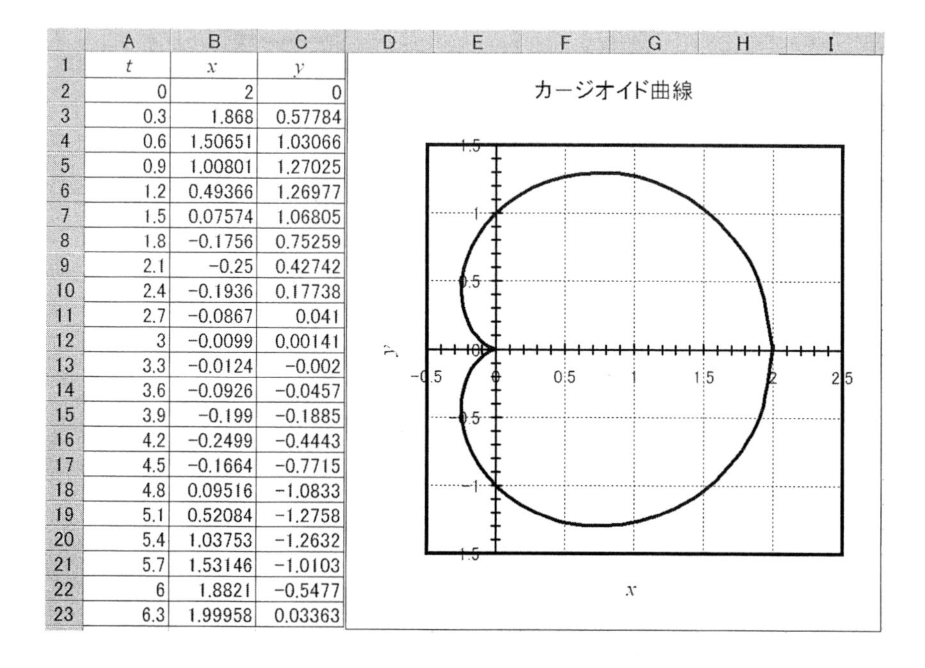

	A	B	C
1	t	x	y
2	0	2	0
3	0.3	1.868	0.57784
4	0.6	1.50651	1.03066
5	0.9	1.00801	1.27025
6	1.2	0.49366	1.26977
7	1.5	0.07574	1.06805
8	1.8	−0.1756	0.75259
9	2.1	−0.25	0.42742
10	2.4	−0.1936	0.17738
11	2.7	−0.0867	0.041
12	3	−0.0099	0.00141
13	3.3	−0.0124	−0.002
14	3.6	−0.0926	−0.0457
15	3.9	−0.199	−0.1885
16	4.2	−0.2499	−0.4443
17	4.5	−0.1664	−0.7715
18	4.8	0.09516	−1.0833
19	5.1	0.52084	−1.2758
20	5.4	1.03753	−1.2632
21	5.7	1.53146	−1.0103
22	6	1.8821	−0.5477
23	6.3	1.99958	0.03363

(4)　$x=\cos^3 t$，$y=\sin^3 t$ で表される図形を描いてみましょう．これは**アステロイド**といわれる曲線です．

	A	B	C
1	t	x	y
2	0	1	0
3	0.3	0.8719	0.02581
4	0.6	0.5622	0.18002
5	0.9	0.24019	0.48065
6	1.2	0.04758	0.80966
7	1.5	0.00035	0.9925
8	1.8	−0.0117	0.92358
9	2.1	−0.1287	0.6432
10	2.4	−0.401	0.30818
11	2.7	−0.7389	0.07806
12	3	−0.9703	0.00281
13	3.3	−0.9629	−0.0039
14	3.6	−0.7212	−0.0867
15	3.9	−0.3826	−0.3253
16	4.2	−0.1178	−0.6621
17	4.5	−0.0094	−0.9341
18	4.8	0.00067	−0.9885
19	5.1	0.054	−0.7935
20	5.4	0.25568	−0.4615
21	5.7	0.58158	−0.167
22	6	0.88521	−0.0218
23	6.3	0.99958	4.8E−06

アステロイド曲線

(5)　t を 0 から 6.3 まで 0.1 ずつ変えて，$x=\sin 4t \cos t$，$y=\sin 4t \sin t$ で表される図形を描いてみましょう．これは**正葉曲線**といわれる図形です．

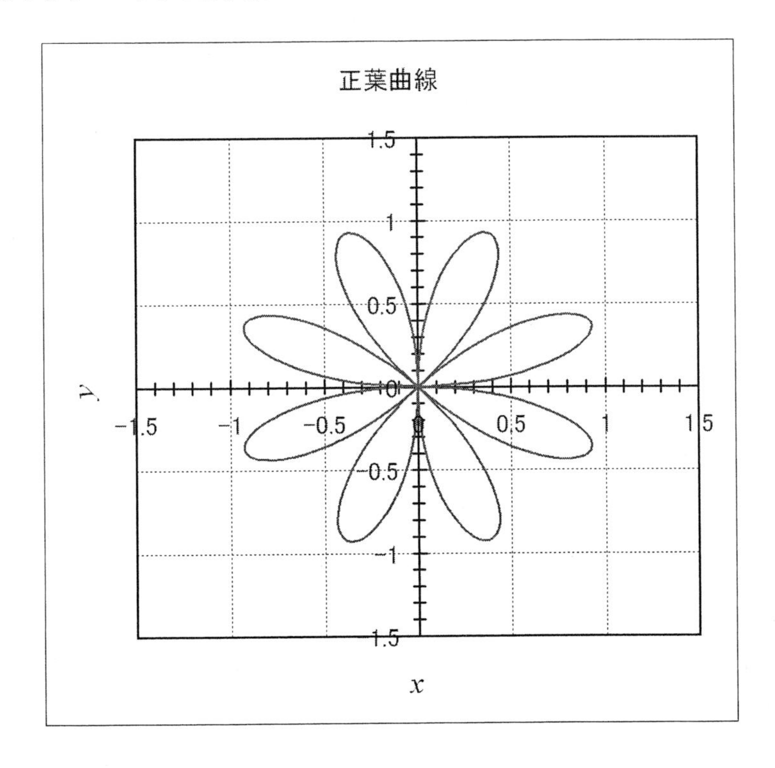

5. 媒介変数を持つ関数

(6)　角度の媒介変数 t を 0 から 6.283 まで 0.001 ずつ変えて，x には「＝COS(A2)＋COS(100＊A2)」，y には「＝SIN(A2)＋SIN(100＊A2)」の数式を入れます．これは円の中心を円運動させながら，100 倍の速度で円を描いていることに相当し，次のような美しいグラフになります．

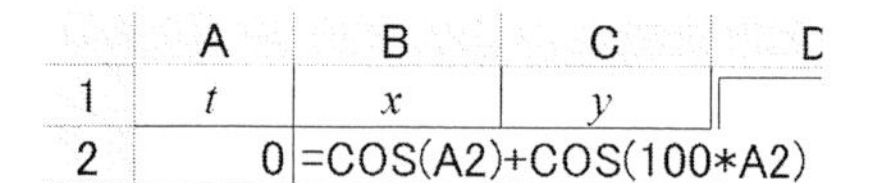

	A	B	C	D
1	t	x	y	
2	0	=COS(A2)+COS(100*A2)		

	A	B	C	D
1	t	x	y	
2	0	2	=SIN(A2)+SIN(100*A2)	

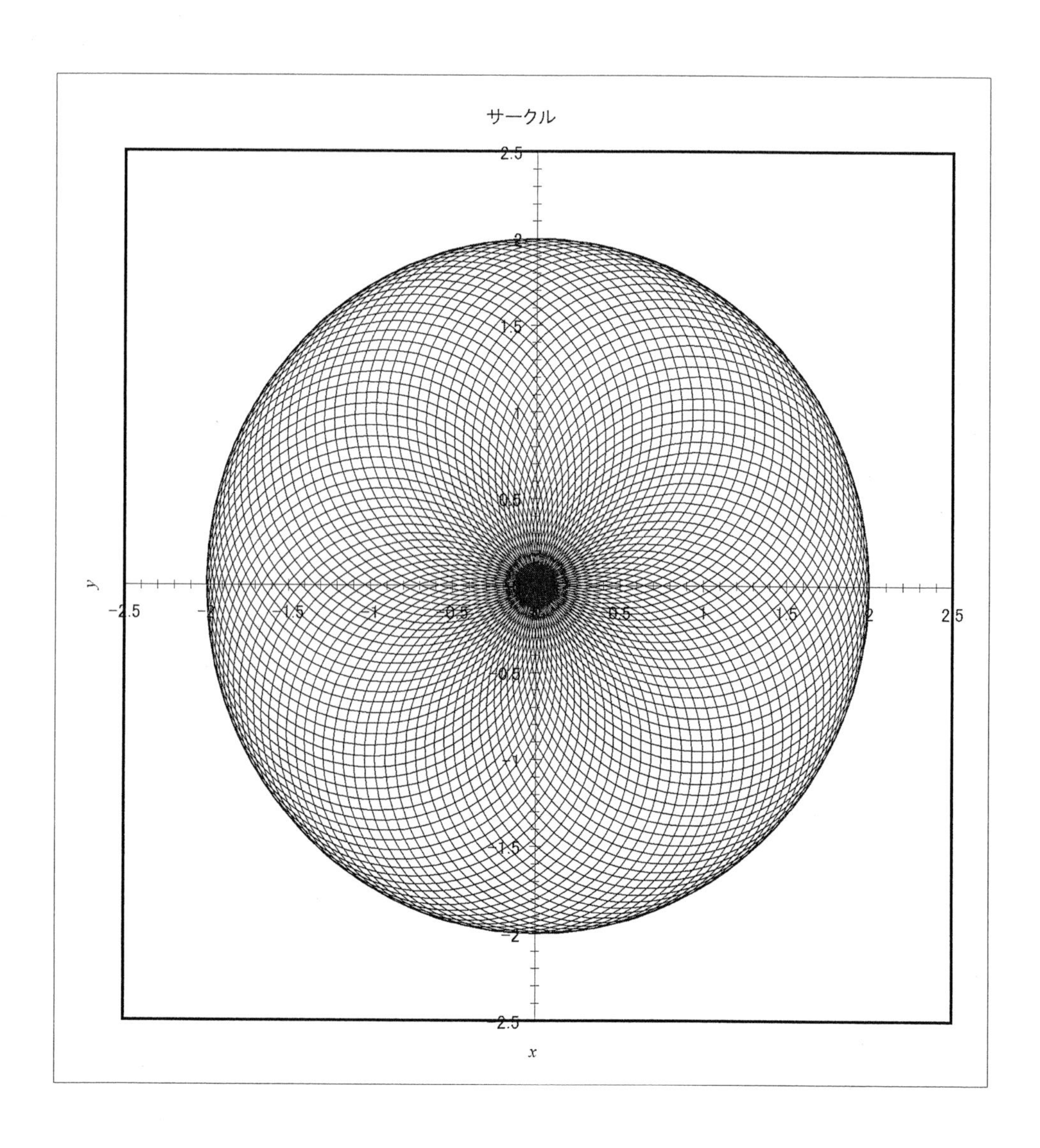

(7)　角度の媒介変数 t を 0 から 3.142 まで 0.001 ずつ変えて，x には「＝COS(A2)＊COS(100＊A2)」，y には「＝SIN(A2)＊SIN(100＊A2)」の数式を入れます．これは次のような美しいグラフになります．

	A	B	C	D
1	t	x	y	
2	0	=COS(A2)*COS(100*A2)		

	A	B	C	D
1	t	x	y	
2	0	1	=SIN(A2)*SIN(100*A2)	

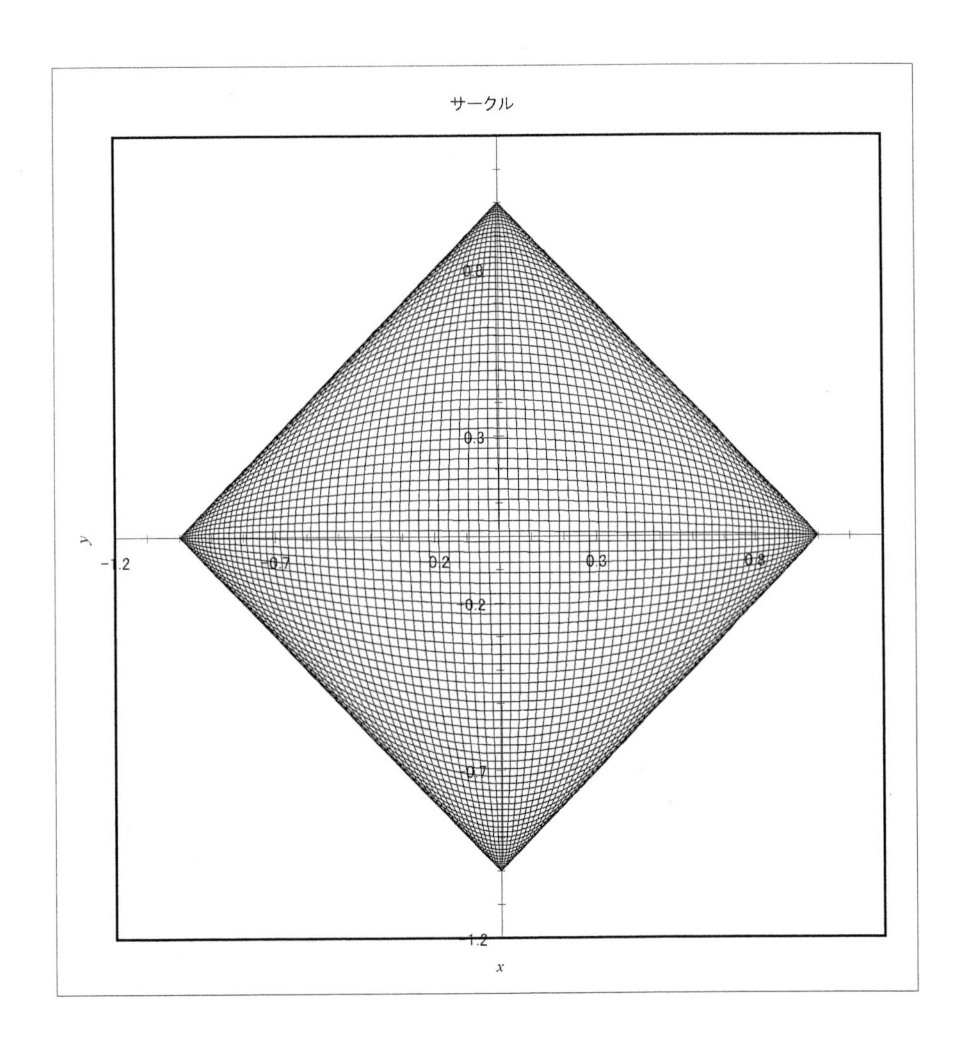

6.　2変数の関数（3D グラフ）

二つの変数を持つ関数は

$$z=f(x,\ y)$$

で表されます．

これは2次元のグラフでは表せないので，x，y，z の三つの変数を表す立体の3次元（3D）グラフが必要になります．

Excel にも 3D グラフは数種類，用意されています．しかし，3D グラフは正確な値が読み取れないこともあって，派手ですが，あまり数学的な重要性はありません．それでも 2 変数の関数がどのようなものかというイメージをつかむ助けにはなります．

2 変数の関数を計算するには，ほかにはない少しコツが要ります．それが**絶対番地指定**です．

6.1　$z=xy$ のグラフ

	A	B	C	D	E	F	G	H	I	J	K	L	M	N	O	P	Q	R	S	T
1		−9	−8	−7	−6	−5	−4	−3	−2	−1	0	1	2	3	4	5	6	7	8	9
2	−9																			
3	−8																			
4	−7																			
5	−6																			
6	−5																			
7	−4																			
8	−3																			
9	−2																			
10	−1																			
11	0																			
12	1																			
13	2																			
14	3																			
15	4																			
16	5																			
17	6																			
18	7																			
19	8																			
20	9																			

図のようにまず縦方向に x の値，横方向に y の値を変化させて入れます．

1行目の B1 セルから右端の T1 セルまで，−9 から 9 まで 1 ずつ y の値を入れます．

また A 列には A2 セルから A20 セルまで，縦へ−9 から 9 まで 1 ずつ x の値を入れます．この表の中へ z の値を計算するようにします．

x，y の値と，z の値を区別するため，ほかと違う罫線を引いておくとわかりやすいでしょう．

B2 セルに「＝$A2＊B$1」の数式を入れます．$とは**固定番地**という意味です．オートフィルで貼り付けても，$のすぐあとの記号は変わりません．つまり$A2 とは，A は変わらず，2 は変化するという意味です．これは A 列を示すので，x の値を表します．

同様に B$1 は，B は変化するが 1 は変化しません．従って，第 1 行の y の値を表します．

	A	B	C	D	E
1		−9	−8	−7	−6
2	−9	=$A2*B$1			
3	−8				
4	−7				

この式をオートフィルして残りのセルに貼り付けますが，オートフィルは一度に一方向しかできません．そこでまず下方向にオートフィルします．

	A	B	C	D	E	F	G	H	I	J	K	L	M	N	O	P	Q	R	S	T
1		−9	−8	−7	−6	−5	−4	−3	−2	−1	0	1	2	3	4	5	6	7	8	9
2	−9	81																		
3	−8	72																		
4	−7	63																		
5	−6	54																		
6	−5	45																		
7	−4	36																		
8	−3	27																		
9	−2	18																		
10	−1	9																		
11	0	0																		
12	1	−9																		
13	2	−18																		
14	3	−27																		
15	4	−36																		
16	5	−45																		
17	6	−54																		
18	7	−63																		
19	8	−72																		
20	9	−81																		
21																				

さらに B2 セルから B20 セルを選択し，横方向にオートフィルします．

	A	B	C	D	E	F	G	H	I	J	K	L	M	N	O	P	Q	R	S	T
1		−9	−8	−7	−6	−5	−4	−3	−2	−1	0	1	2	3	4	5	6	7	8	9
2	−9	81	72	63	54	45	36	27	18	9	0	−9	−18	−27	−36	−45	−54	−63	−72	−81
3	−8	72	64	56	48	40	32	24	16	8	0	−8	−16	−24	−32	−40	−48	−56	−64	−72
4	−7	63	56	49	42	35	28	21	14	7	0	−7	−14	−21	−28	−35	−42	−49	−56	−63
5	−6	54	48	42	36	30	24	18	12	6	0	−6	−12	−18	−24	−30	−36	−42	−48	−54
6	−5	45	40	35	30	25	20	15	10	5	0	−5	−10	−15	−20	−25	−30	−35	−40	−45
7	−4	36	32	28	24	20	16	12	8	4	0	−4	−8	−12	−16	−20	−24	−28	−32	−36
8	−3	27	24	21	18	15	12	9	6	3	0	−3	−6	−9	−12	−15	−18	−21	−24	−27
9	−2	18	16	14	12	10	8	6	4	2	0	−2	−4	−6	−8	−10	−12	−14	−16	−18
10	−1	9	8	7	6	5	4	3	2	1	0	−1	−2	−3	−4	−5	−6	−7	−8	−9
11	0	0	0	0	0	0	0	0	0	0	0	0	0	0	0	0	0	0	0	0
12	1	−9	−8	−7	−6	−5	−4	−3	−2	−1	0	1	2	3	4	5	6	7	8	9
13	2	−18	−16	−14	−12	−10	−8	−6	−4	−2	0	2	4	6	8	10	12	14	16	18
14	3	−27	−24	−21	−18	−15	−12	−9	−6	−3	0	3	6	9	12	15	18	21	24	27
15	4	−36	−32	−28	−24	−20	−16	−12	−8	−4	0	4	8	12	16	20	24	28	32	36
16	5	−45	−40	−35	−30	−25	−20	−15	−10	−5	0	5	10	15	20	25	30	35	40	45
17	6	−54	−48	−42	−36	−30	−24	−18	−12	−6	0	6	12	18	24	30	36	42	48	54
18	7	−63	−56	−49	−42	−35	−28	−21	−14	−7	0	7	14	21	28	35	42	49	56	63
19	8	−72	−64	−56	−48	−40	−32	−24	−16	−8	0	8	16	24	32	40	48	56	64	72
20	9	−81	−72	−63	−54	−45	−36	−27	−18	−9	0	9	18	27	36	45	54	63	72	81

グラフを作ります．3D グラフはいろいろありますが，3-D 等高線グラフがわかりやすいでしょう．「挿入」リボンの「その他のグラフ」の中の「3-D 等高線」を選びます．

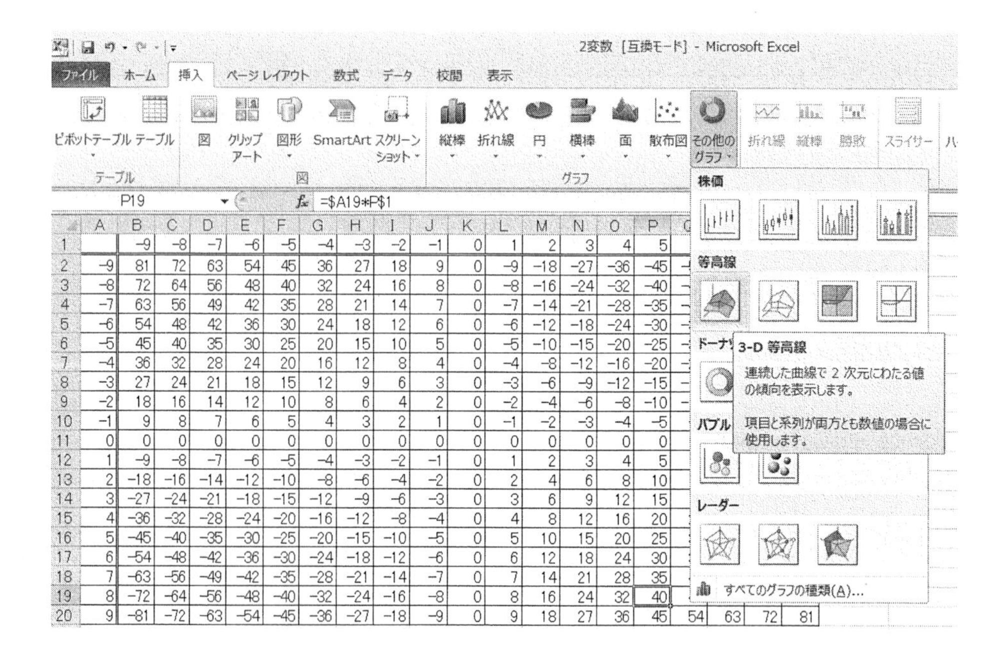

「グラフツール」の「デザイン」リボンの中の「レイアウト」を選びます．またグラフの色も選べます．

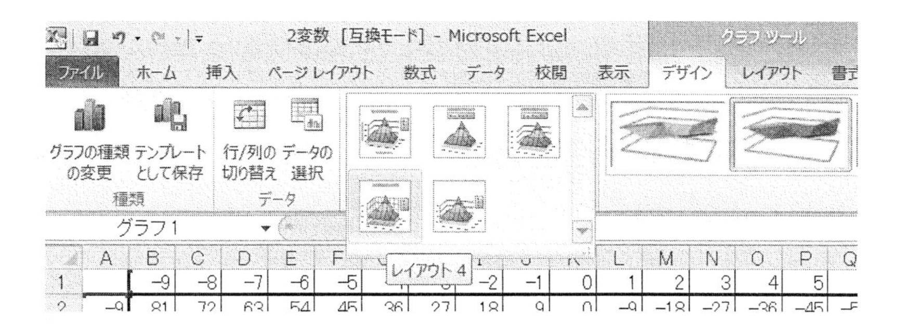

「グラフツール」の「レイアウト」リボンで，グラフ軸やタイトル，凡例の調整をします．

2変数 [互換モード] - Microsoft Excel
グラフ ツール
ファイル　ホーム　挿入　ページ レイアウト　数式　データ　校閲　表示　デザイン　レイアウト　書式
グラフ エリア
選択対象の書式設定
リセットしてスタイルに合わせる
現在の選択範囲
図　図形　テキスト ボックス
挿入
グラフ タイトル　軸ラベル　凡例　データ ラベル　データ テーブル
ラベル
軸　目盛線
軸

グラフは次のようになります．

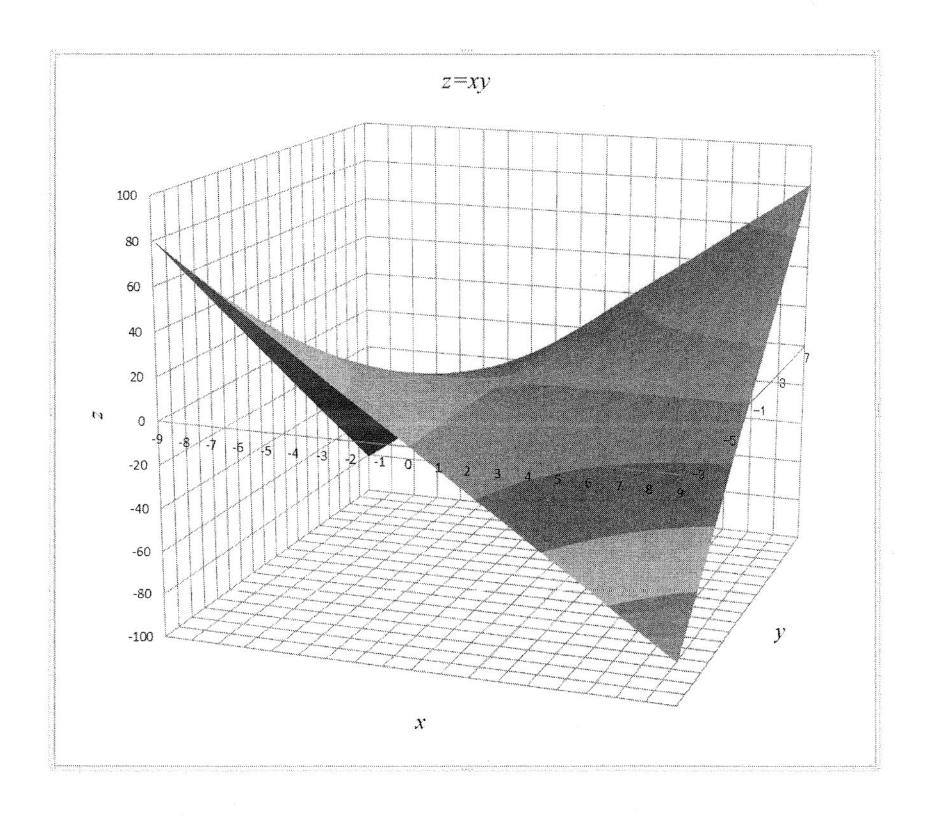

x と y が同符号なら z は正，異符号ならば負になっていることがわかります．

「グラフツール」の「レイアウト」リボンで，「3-D 回転」を選択します．

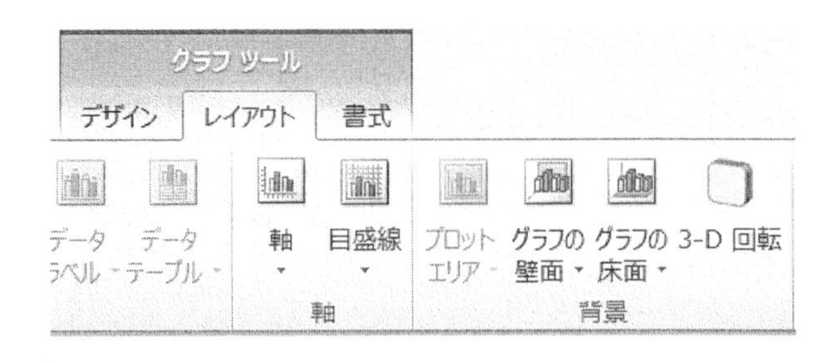

「3-D 回転」のダイアログボックスが現れます．3D グラフは色々な方向に回転させたり，奥行きの設定をしたりできます．

回転や奥行き，仰角を調整できます．次のような様々な 3D グラフも作れます．練習問題として各自でやってみてください．

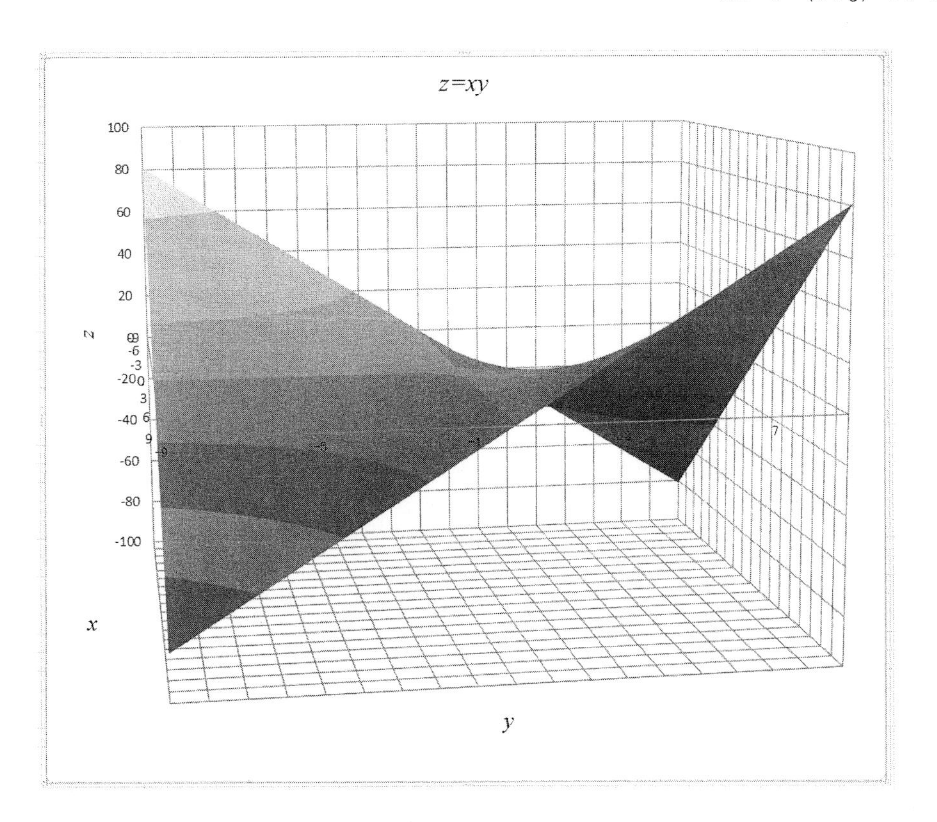

6.2　$z=(x+y)^2$ のグラフ

数式として

「＝($A2+B$1)^2」

を入れると次のような表とグラフができます．

	A	B	C	D	E	F	G	H	I	J	K	L	M	N	O	P	Q	R	S	T
1		−9	−8	−7	−6	−5	−4	−3	−2	−1	0	1	2	3	4	5	6	7	8	9
2	−9	324	289	256	225	196	169	144	121	100	81	64	49	36	25	16	9	4	1	0
3	−8	289	256	225	196	169	144	121	100	81	64	49	36	25	16	9	4	1	0	1
4	−7	256	225	196	169	144	121	100	81	64	49	36	25	16	9	4	1	0	1	4
5	−6	225	196	169	144	121	100	81	64	49	36	25	16	9	4	1	0	1	4	9
6	−5	196	169	144	121	100	81	64	49	36	25	16	9	4	1	0	1	4	9	16
7	−4	169	144	121	100	81	64	49	36	25	16	9	4	1	0	1	4	9	16	25
8	−3	144	121	100	81	64	49	36	25	16	9	4	1	0	1	4	9	16	25	36
9	−2	121	100	81	64	49	36	25	16	9	4	1	0	1	4	9	16	25	36	49
10	−1	100	81	64	49	36	25	16	9	4	1	0	1	4	9	16	25	36	49	64
11	0	81	64	49	36	25	16	9	4	1	0	1	4	9	16	25	36	49	64	81
12	1	64	49	36	25	16	9	4	1	0	1	4	9	16	25	36	49	64	81	100
13	2	49	36	25	16	9	4	1	0	1	4	9	16	25	36	49	64	81	100	121
14	3	36	25	16	9	4	1	0	1	4	9	16	25	36	49	64	81	100	121	144
15	4	25	16	9	4	1	0	1	4	9	16	25	36	49	64	81	100	121	144	169
16	5	16	9	4	1	0	1	4	9	16	25	36	49	64	81	100	121	144	169	196
17	6	9	4	1	0	1	4	9	16	25	36	49	64	81	100	121	144	169	196	225
18	7	4	1	0	1	4	9	16	25	36	49	64	81	100	121	144	169	196	225	256
19	8	1	0	1	4	9	16	25	36	49	64	81	100	121	144	169	196	225	256	289
20	9	0	1	4	9	16	25	36	49	64	81	100	121	144	169	196	225	256	289	324

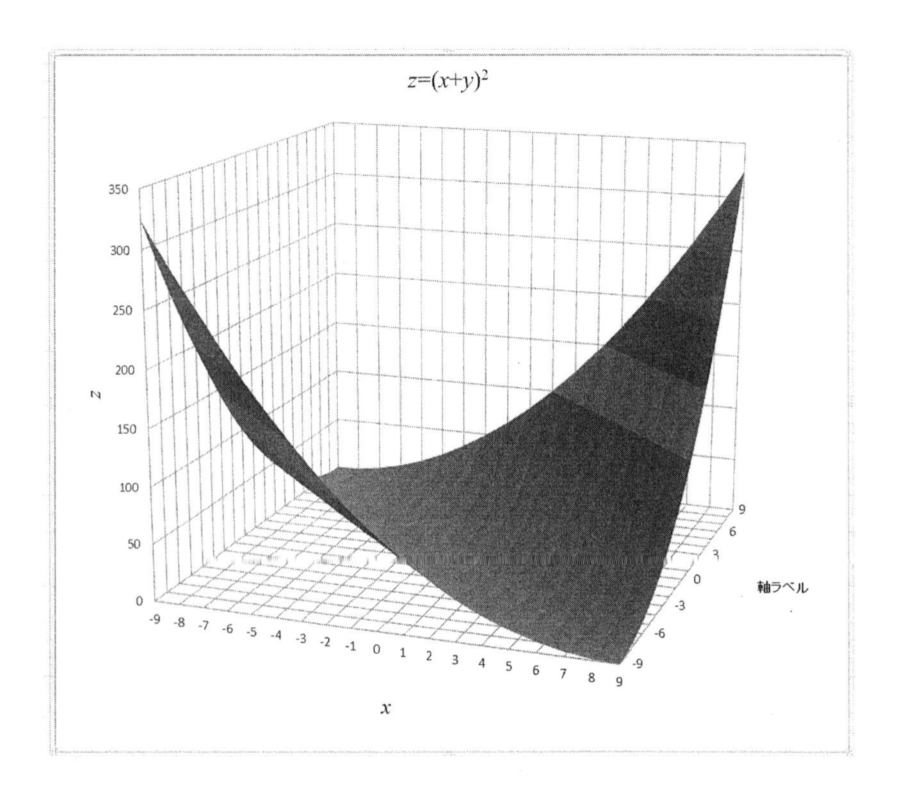

$x+y$ が大きくなるにつれて z の値が大きくなります．

6.3　$z=x^2+y^2$ のグラフ

数式として

「＝($A2^2＋B$1^2)」

を入れると次のような表とグラフができます．

	A	B	C	D	E	F	G	H	I	J	K	L	M	N	O	P	Q	R	S	T
1		−9	−8	−7	−6	−5	−4	−3	−2	−1	0	1	2	3	4	5	6	7	8	9
2	−9	162	145	130	117	106	97	90	85	82	81	82	85	90	97	106	117	130	145	162
3	−8	145	128	113	100	89	80	73	68	65	64	65	68	73	80	89	100	113	128	145
4	−7	130	113	98	85	74	65	58	53	50	49	50	53	58	65	74	85	98	113	130
5	−6	117	100	85	72	61	52	45	40	37	36	37	40	45	52	61	72	85	100	117
6	−5	106	89	74	61	50	41	34	29	26	25	26	29	34	41	50	61	74	89	106
7	−4	97	80	65	52	41	32	25	20	17	16	17	20	25	32	41	52	65	80	97
8	−3	90	73	58	45	34	25	18	13	10	9	10	13	18	25	34	45	58	73	90
9	−2	85	68	53	40	29	20	13	8	5	4	5	8	13	20	29	40	53	68	85
10	−1	82	65	50	37	26	17	10	5	2	1	2	5	10	17	26	37	50	65	82
11	0	81	64	49	36	25	16	9	4	1	0	1	4	9	16	25	36	49	64	81
12	1	82	65	50	37	26	17	10	5	2	1	2	5	10	17	26	37	50	65	82
13	2	85	68	53	40	29	20	13	8	5	4	5	8	13	20	29	40	53	68	85
14	3	90	73	58	45	34	25	18	13	10	9	10	13	18	25	34	45	58	73	90
15	4	97	80	65	52	41	32	25	20	17	16	17	20	25	32	41	52	65	80	97
16	5	106	89	74	61	50	41	34	29	26	25	26	29	34	41	50	61	74	89	106
17	6	117	100	85	72	61	52	45	40	37	36	37	40	45	52	61	72	85	100	117
18	7	130	113	98	85	74	65	58	53	50	49	50	53	58	65	74	85	98	113	130
19	8	145	128	113	100	89	80	73	68	65	64	65	68	73	80	89	100	113	128	145
20	9	162	145	130	117	106	97	90	85	82	81	82	85	90	97	106	117	130	145	162

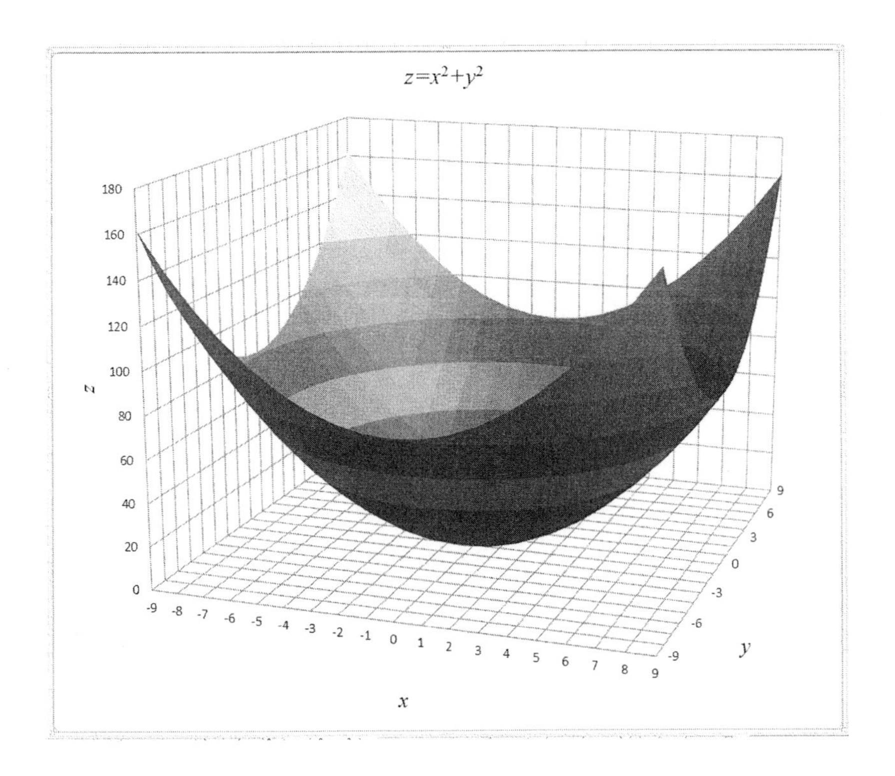

原点から離れるに従って，z の値が大きくなっていることがわかります．

6.4　$z=\sin x \sin y$ のグラフ

x と y を−5から5まで0.5ずつ変えて，数式として

「＝SIN($A2)＊SIN(B$1)」

を入れると次のような表とグラフができます．

	A	B	C	D	E	F	G	H	I	J	K	L	M	N	O	P	Q	R	S	T	U	V
1		−5	−4.5	−4	−3.5	−3	−2.5	−2	−1.5	−1	−0.5	0	0.5	1	1.5	2	2.5	3	3.5	4	4.5	5
2	−5	0.92	0.94	0.73	0.34	−0.1	−0.6	−0.9	−1	−0.8	−0.5	0	0.46	0.81	0.96	0.87	0.57	0.14	−0.3	−0.7	−0.9	−0.9
3	−4.5	0.94	0.96	0.74	0.34	−0.1	−0.6	−0.9	−1	−0.8	−0.5	0	0.47	0.82	0.98	0.89	0.59	0.14	−0.3	−0.7	−1	−0.9
4	−4	0.73	0.74	0.57	0.27	−0.1	−0.5	−0.7	−0.8	−0.6	−0.4	0	0.36	0.64	0.75	0.69	0.45	0.11	−0.3	−0.6	−0.7	−0.7
5	−3.5	0.34	0.34	0.27	0.12	−0	−0.2	−0.3	−0.3	−0.3	−0.2	0	0.17	0.3	0.35	0.32	0.21	0.05	−0.1	−0.3	−0.3	−0.3
6	−3	−0.1	−0.1	−0.1	−0	0.02	0.08	0.13	0.14	0.12	0.07	0	−0.1	−0.1	−0.1	−0.1	−0.1	−0	0.05	0.11	0.14	0.14
7	−2.5	−0.6	−0.6	−0.5	−0.2	0.08	0.36	0.54	0.6	0.5	0.29	0	−0.3	−0.5	−0.6	−0.5	−0.4	−0.1	0.21	0.45	0.59	0.57
8	−2	−0.9	−0.9	−0.7	−0.3	0.13	0.54	0.83	0.91	0.77	0.44	0	−0.4	−0.8	−0.9	−0.8	−0.5	−0.1	0.32	0.69	0.89	0.87
9	−1.5	−1	−1	−0.8	−0.3	0.14	0.6	0.91	0.99	0.84	0.48	0	−0.5	−0.8	−1	−0.9	−0.6	−0.1	0.35	0.75	0.98	0.96
10	−1	−0.8	−0.8	−0.6	−0.3	0.12	0.5	0.77	0.84	0.71	0.4	0	−0.4	−0.7	−0.8	−0.8	−0.5	−0.1	0.3	0.64	0.82	0.81
11	−0.5	−0.5	−0.5	−0.4	−0.2	0.07	0.29	0.44	0.48	0.4	0.23	0	−0.2	−0.4	−0.5	−0.4	−0.3	−0.1	0.17	0.36	0.47	0.46
12	0	0	0	0	0	0	0	0	0	0	0	0	0	0	0	0	0	0	0	0	0	0
13	0.5	0.46	0.47	0.36	0.17	−0.1	−0.3	−0.4	−0.5	−0.4	−0.2	0	0.23	0.4	0.48	0.44	0.29	0.07	−0.2	−0.4	−0.5	−0.5
14	1	0.81	0.82	0.64	0.3	−0.1	−0.5	−0.8	−0.8	−0.7	−0.4	0	0.4	0.71	0.84	0.77	0.5	0.12	−0.3	−0.6	−0.8	−0.8
15	1.5	0.96	0.98	0.75	0.35	−0.1	−0.6	−0.9	−1	−0.8	−0.5	0	0.48	0.84	0.99	0.91	0.6	0.14	−0.3	−0.8	−1	−1
16	2	0.87	0.89	0.69	0.32	−0.1	−0.5	−0.8	−0.9	−0.8	−0.4	0	0.44	0.77	0.91	0.83	0.54	0.13	−0.3	−0.7	−0.9	−0.9
17	2.5	0.57	0.59	0.45	0.21	−0.1	−0.4	−0.5	−0.6	−0.5	−0.3	0	0.29	0.5	0.6	0.54	0.36	0.08	−0.2	−0.5	−0.6	−0.6
18	3	0.14	0.14	0.11	0.05	−0	−0.1	−0.1	−0.1	−0.1	−0.1	0	0.07	0.12	0.14	0.13	0.08	0.02	−0	−0.1	−0.1	−0.1
19	3.5	−0.3	−0.3	−0.3	−0.1	0.05	0.21	0.32	0.35	0.3	0.17	0	−0.2	−0.3	−0.3	−0.3	−0.2	−0	0.12	0.27	0.34	0.34
20	4	−0.7	−0.7	−0.6	−0.3	0.11	0.45	0.69	0.75	0.64	0.36	0	−0.4	−0.6	−0.8	−0.7	−0.5	−0.1	0.27	0.57	0.74	0.73
21	4.5	−0.9	−1	−0.7	−0.3	0.14	0.59	0.89	0.98	0.82	0.47	0	−0.5	−0.8	−1	−0.9	−0.6	−0.1	0.34	0.74	0.96	0.94
22	5	−0.9	−0.9	−0.7	−0.3	0.14	0.57	0.87	0.96	0.81	0.46	0	−0.5	−0.8	−1	−0.9	−0.6	−0.1	0.34	0.73	0.94	0.92

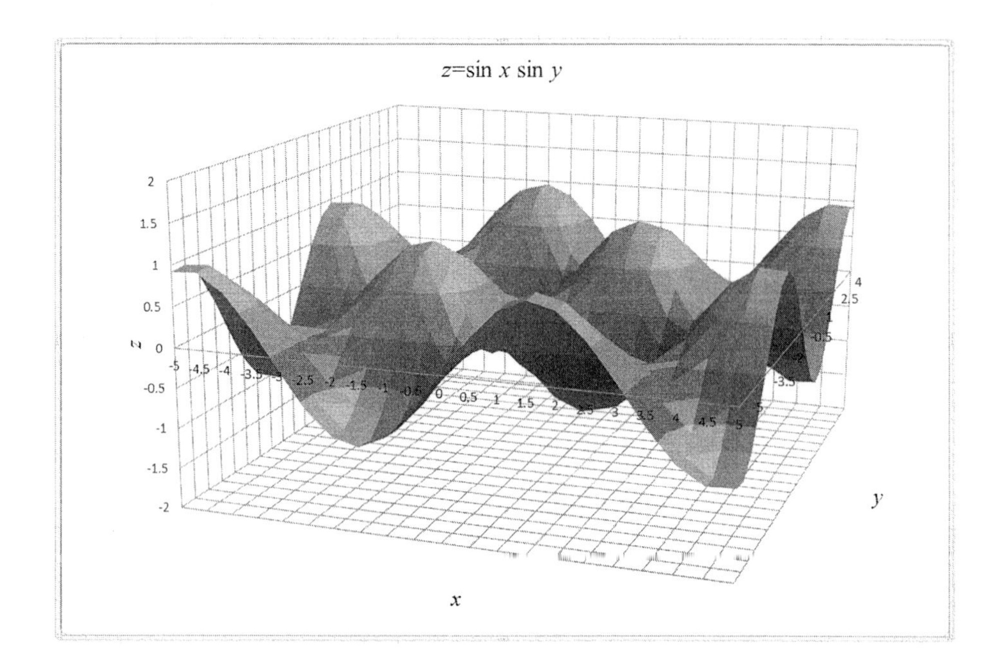

x 方向にも y 方向にも波形ができています．

6.5　$z = \cos(x^2+y^2)$ のグラフ

x と y を－2 から 2 まで 0.2 ずつ変えて，数式として

「＝COS($A2^2＋B$1^2)」

を入れると次のような表とグラフができます．

	A	B	C	D	E	F	G	H	I	J	K	L	M	N	O	P	Q	R	S	T	U	V
1		−2	−1.8	−1.6	−1.4	−1.2	−1	−0.8	−0.6	−0.4	−0.2	0	0.2	0.4	0.6	0.8	1	1.2	1.4	1.6	1.8	2
2	−2	−0.1	0.58	0.96	0.95	0.67	0.28	−0.1	−0.3	−0.5	−0.6	−0.7	−0.6	−0.5	−0.3	−0.1	0.28	0.67	0.95	0.96	0.58	−0.1
3	−1.8	0.58	0.98	0.89	0.47	−0	−0.5	−0.7	−0.9	−1	−1	−1	−1	−1	−0.9	−0.7	−0.5	−0	0.47	0.89	0.98	0.58
4	−1.6	0.96	0.89	0.4	−0.2	−0.7	−0.9	−1	−1	−0.9	−0.9	−0.8	−0.9	−0.9	−1	−1	−0.9	−0.7	−0.2	0.4	0.89	0.96
5	−1.4	0.95	0.47	−0.2	−0.7	−1	−1	−0.9	−0.7	−0.5	−0.4	−0.4	−0.4	−0.5	−0.7	−0.9	−1	−1	−0.7	−0.2	0.47	0.95
6	−1.2	0.67	−0	−0.7	−1	−1	−0.8	−0.5	−0.2	−0	0.09	0.13	0.09	−0	−0.2	−0.5	−0.8	−1	−1	−0.7	−0	0.67
7	−1	0.28	−0.5	−0.9	−1	−0.8	−0.4	−0.1	0.21	0.4	0.51	0.54	0.51	0.4	0.21	−0.1	−0.4	−0.8	−1	−0.9	−0.5	0.28
8	−0.8	−0.1	−0.7	−1	−0.9	−0.5	−0.1	0.29	0.54	0.7	0.78	0.8	0.78	0.7	0.54	0.29	−0.1	−0.5	−0.9	−1	−0.7	−0.1
9	−0.6	−0.3	−0.9	−1	−0.7	−0.2	0.21	0.54	0.75	0.87	0.92	0.94	0.92	0.87	0.75	0.54	0.21	−0.2	−0.7	−1	−0.9	−0.3
10	−0.4	−0.5	−1	−0.9	−0.5	−0	0.4	0.7	0.87	0.95	0.98	0.99	0.98	0.95	0.87	0.7	0.4	−0	−0.5	−0.9	−1	−0.5
11	−0.2	−0.6	−1	−0.9	−0.4	0.09	0.51	0.78	0.92	0.98	1	1	1	0.98	0.92	0.78	0.51	0.09	−0.4	−0.9	−1	−0.6
12	0	−0.7	−1	−0.8	−0.4	0.13	0.54	0.8	0.94	0.99	1	1	1	0.99	0.94	0.8	0.54	0.13	−0.4	−0.8	−1	−0.7
13	0.2	−0.6	−1	−0.9	−0.4	0.09	0.51	0.78	0.92	0.98	1	1	1	0.98	0.92	0.78	0.51	0.09	−0.4	−0.9	−1	−0.6
14	0.4	−0.5	−1	−0.9	−0.5	−0	0.4	0.7	0.87	0.95	0.98	0.99	0.98	0.95	0.87	0.7	0.4	−0	−0.5	−0.9	−1	−0.5
15	0.6	−0.3	−0.9	−1	−0.7	−0.2	0.21	0.54	0.75	0.87	0.92	0.94	0.92	0.87	0.75	0.54	0.21	−0.2	−0.7	−1	−0.9	−0.3
16	0.8	−0.1	−0.7	−1	−0.9	−0.5	−0.1	0.29	0.54	0.7	0.78	0.8	0.78	0.7	0.54	0.29	−0.1	−0.5	−0.9	−1	−0.7	−0.1
17	1	0.28	−0.5	−0.9	−1	−0.8	−0.4	−0.1	0.21	0.4	0.51	0.54	0.51	0.4	0.21	−0.1	−0.4	−0.8	−1	−0.9	−0.5	0.28
18	1.2	0.67	−0	−0.7	−1	−1	−0.8	−0.5	−0.2	−0	0.09	0.13	0.09	−0	−0.2	−0.5	−0.8	−1	−1	−0.7	−0	0.67
19	1.4	0.95	0.47	−0.2	−0.7	−1	−1	−0.9	−0.7	−0.5	−0.4	−0.4	−0.4	−0.5	−0.7	−0.9	−1	−1	−0.7	−0.2	0.47	0.95
20	1.6	0.96	0.89	0.4	−0.2	−0.7	−0.9	−1	−1	−0.9	−0.9	−0.8	−0.9	−0.9	−1	−1	−0.9	−0.7	−0.2	0.4	0.89	0.96
21	1.8	0.58	0.98	0.89	0.47	−0	−0.5	−0.7	−0.9	−1	−1	−1	−1	−1	−0.9	−0.7	−0.5	−0	0.47	0.89	0.98	0.58
22	2	−0.1	0.58	0.96	0.95	0.67	0.28	−0.1	−0.3	−0.5	−0.6	−0.7	−0.6	−0.5	−0.3	−0.1	0.28	0.67	0.95	0.96	0.58	−0.1

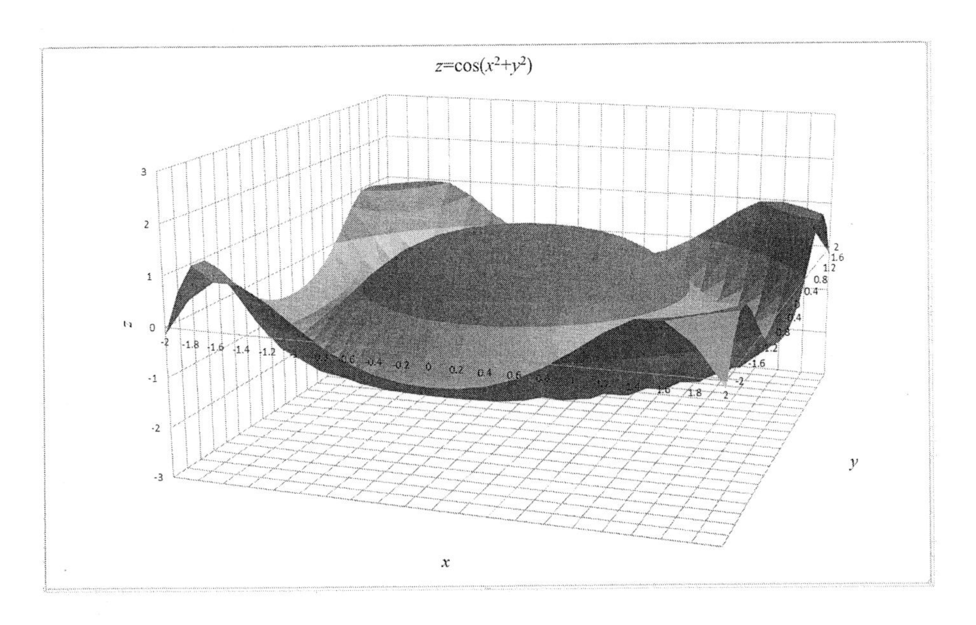

原点を中心とした波形になっていることがわかります．

7. 方程式の解

Excelのグラフ機能を使って方程式の解をわかりやすく求める方法を解説します．

7.1 単一の方程式の解

4 次方程式以下は解の公式が存在するので，解析的に解けます．しかし 5 次以上の方程式には解の公式が存在しないため，数値的に解くしか方法がありません．さらに複雑な方程式や非線形方程式を解くときにも，数値計算法はよく用いられます．

関数が x 軸と交わる点を調べることによって，方程式の解の値を推定することができます．

例えば次のような 3 次方程式を解くとします．

$$x^3-2x^2-x+2=0$$

この方程式の解を調べるために次のような関数のグラフを描いてみます．これは上の方程式の，右辺の 0 を y に置き換えたものです．

$$y=x^3-2x^2-x+2$$

この関数が x 軸と交わる点（つまり $y=0$ のときの x）が方程式の解です．

Excel で上の式を－2 から 3 まで 0.2 ずつ計算して，グラフにしてみましょう．

まず A 列に x の値を－2 から 3 まで 0.2 ずつオートフィルで入れます．次に B2 セルに「＝A2^3－2＊A2^2－A2＋2」の計算式を入れて Enter を押します．

	A	B	C
1	x	y	
2	-2	=A2^3-2*A2^2-A2+2	

次に B2 セルを選択してオートフィルします．グラフも描くと次のようになります．

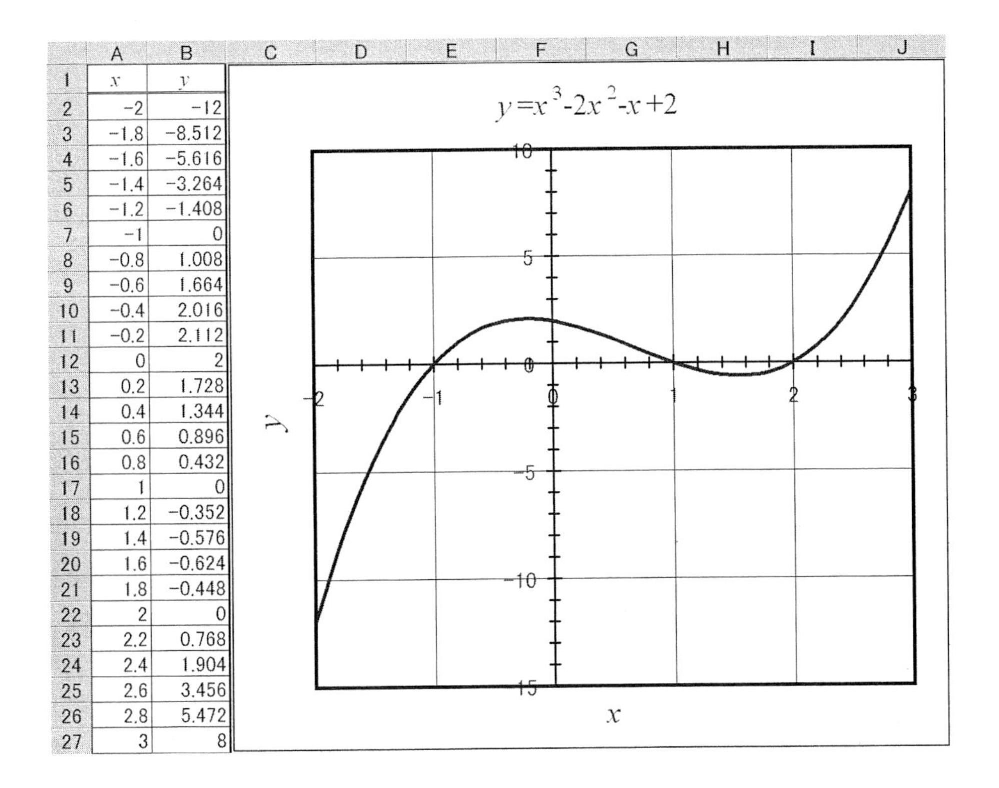

	A	B
1	x	y
2	-2	-12
3	-1.8	-8.512
4	-1.6	-5.616
5	-1.4	-3.264
6	-1.2	-1.408
7	-1	0
8	-0.8	1.008
9	-0.6	1.664
10	-0.4	2.016
11	-0.2	2.112
12	0	2
13	0.2	1.728
14	0.4	1.344
15	0.6	0.896
16	0.8	0.432
17	1	0
18	1.2	-0.352
19	1.4	-0.576
20	1.6	-0.624
21	1.8	-0.448
22	2	0
23	2.2	0.768
24	2.4	1.904
25	2.6	3.456
26	2.8	5.472
27	3	8

これで$x=-1$，1，2が解であることがわかります．

上の式を因数分解すると

$$y=(x-1)(x-2)(x+1)$$

なので，$y=0$ となる x の値は　-1，1，2　の三つであり，グラフの結果と一致していることがわかります．

もっと正確な答えを求めるには，x 軸との交点付近の部分を拡大して，つまり細かく計算して，詳細に交点を求めます．

例えば

$$x-\cos x=0$$

の解を求めるとします．

A列に x の値を0から0.1ごとに2まで入力します．B列には $y=x-\cos x$ を計算するため，B2セルに「＝A2－COS(A2)」を計算してオートフィルします．

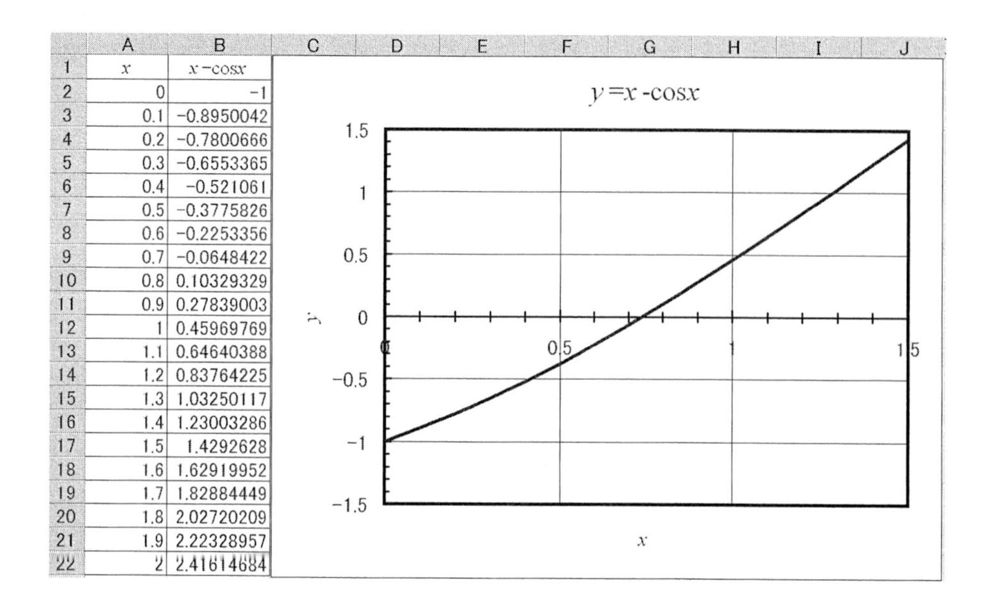

	A	B
1	x	$x-\cos x$
2	0	-1
3	0.1	-0.8950042
4	0.2	-0.7800666
5	0.3	-0.6553365
6	0.4	-0.521061
7	0.5	-0.3775826
8	0.6	-0.2253356
9	0.7	-0.0648422
10	0.8	0.10329329
11	0.9	0.27839003
12	1	0.45969769
13	1.1	0.64640388
14	1.2	0.83764225
15	1.3	1.03250117
16	1.4	1.23003286
17	1.5	1.4292628
18	1.6	1.62919952
19	1.7	1.82884449
20	1.8	2.02720209
21	1.9	2.22328957
22	2	2.41614684

グラフを描くと，0.74 付近に x 軸との交点があることがわかります．

このとき計算をやり直さなくても，グラフ上だけで，軸の目盛をダブルクリックして，「軸の書式設定」を表示させます．「軸のオプション」の最大値と最小値の範囲を縮小して，x 軸との交点付近を拡大表示してもある程度推定できます．

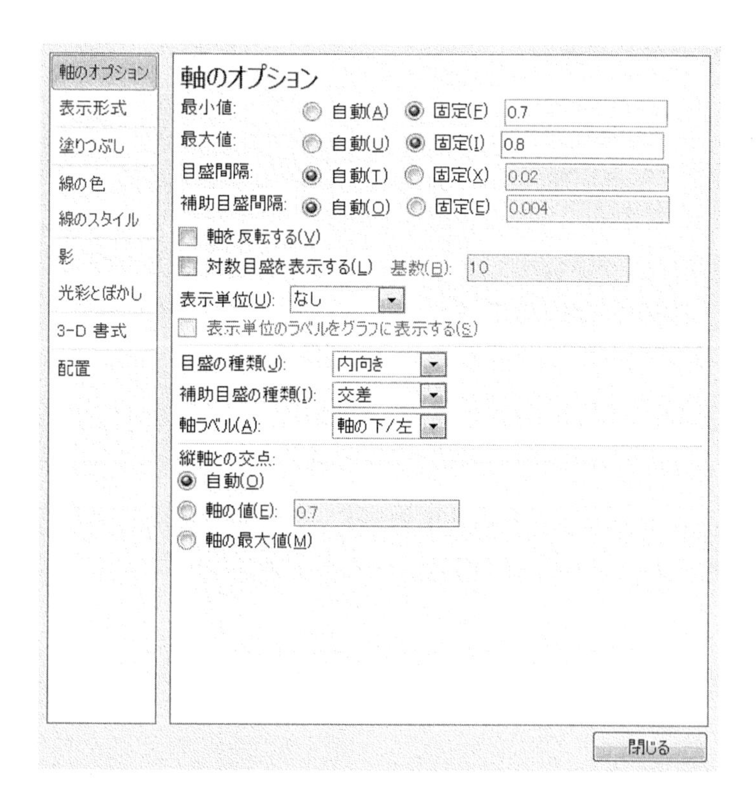

これは関数の微小部分が，直線で近似できる性質を利用しています．

	A	B
1	x	$x-\cos x$
2	0	-1
3	0.1	-0.8950042
4	0.2	-0.7800666
5	0.3	-0.6553365
6	0.4	-0.521061
7	0.5	-0.3775826
8	0.6	-0.2253356
9	0.7	-0.0648422
10	0.8	0.10329329
11	0.9	0.27839003
12	1	0.45969769
13	1.1	0.64640388
14	1.2	0.83764225
15	1.3	1.03250117
16	1.4	1.23003286
17	1.5	1.4292628
18	1.6	1.62919952
19	1.7	1.82884449
20	1.8	2.02720209
21	1.9	2.22328957
22	2	2.41614684

$y=x-\cos x$

精度の高い解を求めるためには，x の刻み幅を小さくして細かく計算を繰り返します．

そのまま表の中の x を細かく計算すると，グラフは連動して細かいところを表示します．これを繰り返して，精密な解を得ることができます．x を 0.73908513321500 から 0.00000000000001 ごとに計算すると次のようになります．

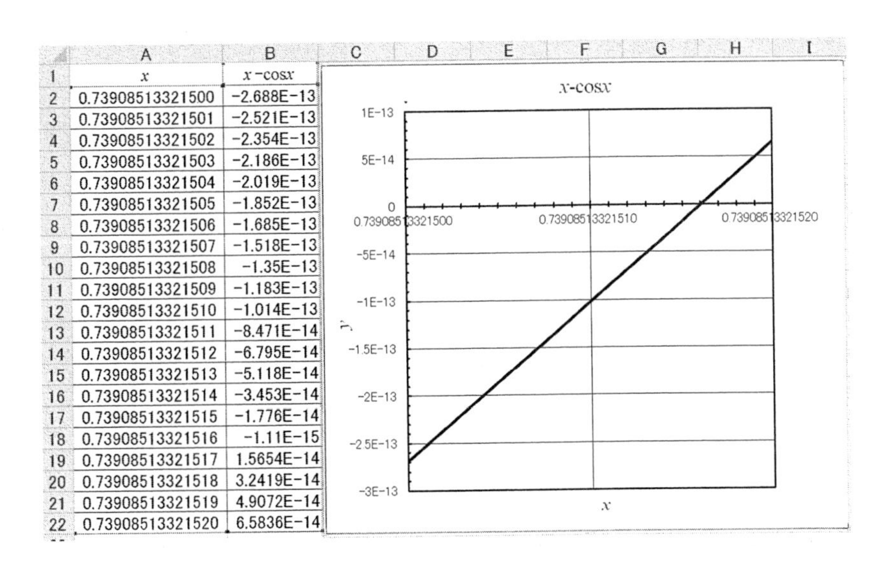

	A	B
1	x	$x-\cos x$
2	0.73908513321500	-2.688E-13
3	0.73908513321501	-2.521E-13
4	0.73908513321502	-2.354E-13
5	0.73908513321503	-2.186E-13
6	0.73908513321504	-2.019E-13
7	0.73908513321505	-1.852E-13
8	0.73908513321506	-1.685E-13
9	0.73908513321507	-1.518E-13
10	0.73908513321508	-1.35E-13
11	0.73908513321509	-1.183E-13
12	0.73908513321510	-1.014E-13
13	0.73908513321511	-8.471E-14
14	0.73908513321512	-6.795E-14
15	0.73908513321513	-5.118E-14
16	0.73908513321514	-3.453E-14
17	0.73908513321515	-1.776E-14
18	0.73908513321516	-1.11E-15
19	0.73908513321517	1.5654E-14
20	0.73908513321518	3.2419E-14
21	0.73908513321519	4.9072E-14
22	0.73908513321520	6.5836E-14

表とグラフから，$x=0.73908513321516$ のように精密な解を得ることができます．

少し面倒ですが，手間さえかければ，この数値計算法で，Excel の精度の限界まで正確な値を求めることができます.

解を自動的に計算で求める方法には二分法やニュートン法があります.

二分法は，ここで行った方法と似たようなもので，y が正の点と負の点の中間を計算して解をはさみうちにする方法です.

ニュートン法は関数の微分を使う方法で，手順が複雑ですが，計算精度が高く，計算時間も少なくてすみます.

ニュートン法や二分法は，解の値が収束しなかったり，複数の解に対応できなかったりすることがありますが，ここで述べた数値計算法はグラフで解の確認ができるので，そういう問題を事前に回避できます.

練習問題

次の方程式の解を数値的に計算してみましょう.

(1) $x^2-7=0$

(2) $x^3-6x^2+9x-1=0$

(3) $1-x-\sin x=0$

7.2　2 元連立方程式の解

上と同様にして 2 元連立方程式を解くこともできます.

連立 1 次方程式を解くには，行列式を使ったクラメルの公式（14.6 節の (2) 参照）や，行列を使った各種の方法（14.5 節の (3) 参照）が知られていますが，ここでは Excel のグラフ機能を用いて解いてみます.

例として次のような二つの未知数 x，y を持つ，二つの式からなる連立方程式を解くとします.

$$\begin{cases} x-y=1 \\ x+2y=4 \end{cases}$$

上の式を変形すると

$$\begin{cases} y=x-1 \\ y=2-x/2 \end{cases}$$

となって，二つの関数となります.

Excel を用いてこの二つの関数の計算を行います.

A 列に x の値を適当な範囲で入れます．ここでは 0 から 3 まで 0.2 ずつ入れています．上の連立方程式の二つの式のうち，上の式を $y1$，下の式を $y2$ とします．B2 セルには $y1$ の計算式「＝A2－1」を入れます．C2 セルには $y2$ の計算式「＝2－A2／2」を入れます．B2 と C2 セルを選択し，オートフィルします．

	A	B	C
1	x	y_1	y_2
2	0	=A2-1	
3	0.2		
4	0.4		
5	0.6		
6	0.8		
7	1		
8	1.2		
9	1.4		
10	1.6		
11	1.8		
12	2		
13	2.2		
14	2.4		
15	2.6		
16	2.8		
17	3		

	A	B	C
1	x	y_1	y_2
2	0	−1	=2-A2/2
3	0.2		
4	0.4		
5	0.6		
6	0.8		
7	1		
8	1.2		
9	1.4		
10	1.6		
11	1.8		
12	2		
13	2.2		
14	2.4		
15	2.6		
16	2.8		
17	3		

	A	B	C
1	x	y_1	y_2
2	0	−1	2
3	0.2	−0.8	1.9
4	0.4	−0.6	1.8
5	0.6	−0.4	1.7
6	0.8	−0.2	1.6
7	1	0	1.5
8	1.2	0.2	1.4
9	1.4	0.4	1.3
10	1.6	0.6	1.2
11	1.8	0.8	1.1
12	2	1	1
13	2.2	1.2	0.9
14	2.4	1.4	0.8
15	2.6	1.6	0.7
16	2.8	1.8	0.6
17	3	2	0.5

グラフを描くと次のようになります．

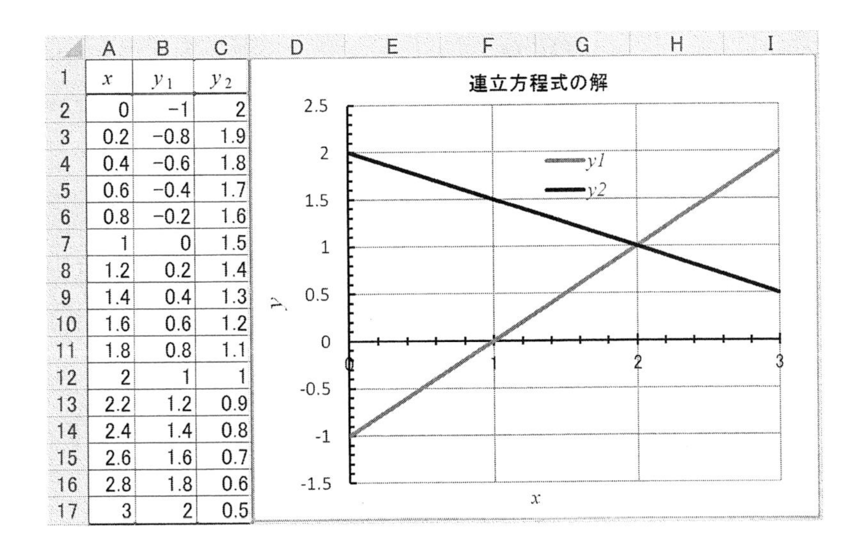

	A	B	C
1	x	y_1	y_2
2	0	−1	2
3	0.2	−0.8	1.9
4	0.4	−0.6	1.8
5	0.6	−0.4	1.7
6	0.8	−0.2	1.6
7	1	0	1.5
8	1.2	0.2	1.4
9	1.4	0.4	1.3
10	1.6	0.6	1.2
11	1.8	0.8	1.1
12	2	1	1
13	2.2	1.2	0.9
14	2.4	1.4	0.8
15	2.6	1.6	0.7
16	2.8	1.8	0.6
17	3	2	0.5

二つの関数を同時に満たす x と y，すなわち二つの関数のグラフが交わった点が解です．解が $x=2$，$y=1$ であることが直ちにわかります．

もっと複雑な連立方程式の解を求めることもできます．例えば，次のような連立方程式の解を求めるとします．

$$\begin{cases} y = -x^2 \\ y = \log_{10} x \end{cases}$$

Excel を用いてこの二つの関数の計算を行います．

A 列に x の値を適当な範囲で入れます．ここでは 0.1 から 1.6 まで 0.1 ずつ入れています．連立方程式で上の式を y 1，下の式を y 2 とします．B2 セルには y 1 の計算式「＝－(A2^2)」を，C2 セルには y 2 の計算式「＝LOG10(A2)」を入れます．B2 と C2 セルを選択し，オートフィルします．

	A	B	C
1	x	y_1	y_2
2	0.1	=-(A2^2)	
3	0.2		
4	0.3		
5	0.4		
6	0.5		
7	0.6		
8	0.7		
9	0.8		
10	0.9		
11	1		
12	1.1		
13	1.2		
14	1.3		
15	1.4		
16	1.5		
17	1.6		

	A	B	C
1	x	y_1	y_2
2	0.1	−0.01	=LOG10(A2)
3	0.2		
4	0.3		
5	0.4		
6	0.5		
7	0.6		
8	0.7		
9	0.8		
10	0.9		
11	1		
12	1.1		
13	1.2		
14	1.3		
15	1.4		
16	1.5		
17	1.6		

	A	B	C
1	x	y_1	y_2
2	0.1	−0.01	−1
3	0.2	−0.04	−0.699
4	0.3	−0.09	−0.5229
5	0.4	−0.16	−0.3979
6	0.5	−0.25	−0.301
7	0.6	−0.36	−0.2218
8	0.7	−0.49	−0.1549
9	0.8	−0.64	−0.0969
10	0.9	−0.81	−0.0458
11	1	−1	0
12	1.1	−1.21	0.04139
13	1.2	−1.44	0.07918
14	1.3	−1.69	0.11394
15	1.4	−1.96	0.14613
16	1.5	−2.25	0.17609
17	1.6	−2.56	0.20412

グラフは次のようになります．

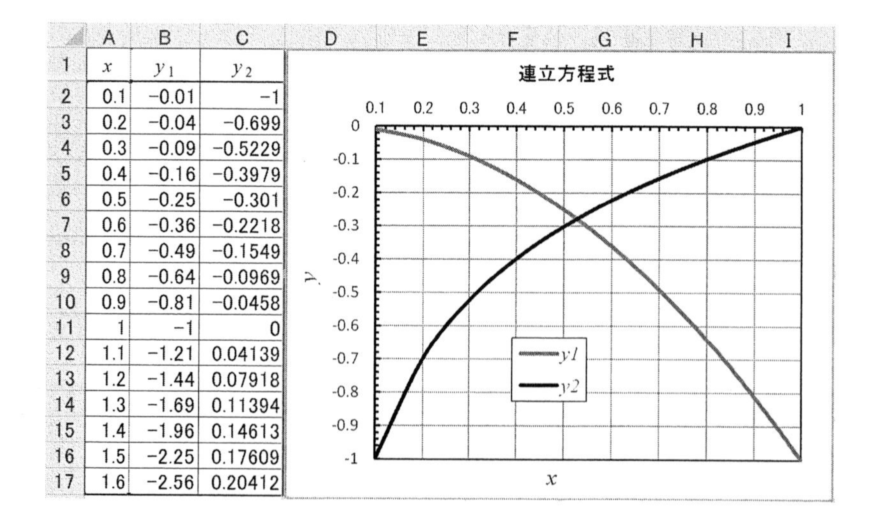

	A	B	C
1	x	y_1	y_2
2	0.1	−0.01	−1
3	0.2	−0.04	−0.699
4	0.3	−0.09	−0.5229
5	0.4	−0.16	−0.3979
6	0.5	−0.25	−0.301
7	0.6	−0.36	−0.2218
8	0.7	−0.49	−0.1549
9	0.8	−0.64	−0.0969
10	0.9	−0.81	−0.0458
11	1	−1	0
12	1.1	−1.21	0.04139
13	1.2	−1.44	0.07918
14	1.3	−1.69	0.11394
15	1.4	−1.96	0.14613
16	1.5	−2.25	0.17609
17	1.6	−2.56	0.20412

二つの関数の交点が解です．

もっと精密な答を知りたいときは，計算をやり直さなくても，グラフの軸の書式設定で，目盛りの最大値と最小値を変えて拡大表示すれば，ある程度細かいところまで読み取れます．これは関数の微小部分が，直線で近似できる性質を利用しています．

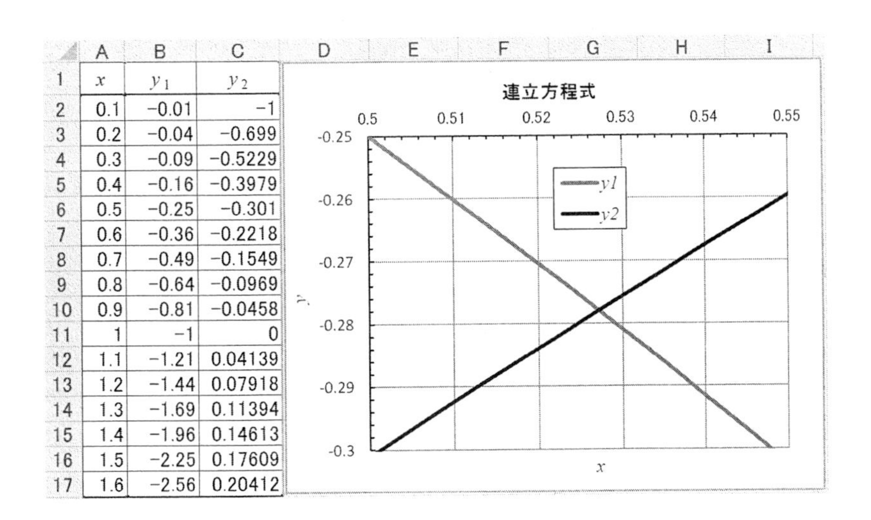

	A	B	C
1	x	y_1	y_2
2	0.1	−0.01	−1
3	0.2	−0.04	−0.699
4	0.3	−0.09	−0.5229
5	0.4	−0.16	−0.3979
6	0.5	−0.25	−0.301
7	0.6	−0.36	−0.2218
8	0.7	−0.49	−0.1549
9	0.8	−0.64	−0.0969
10	0.9	−0.81	−0.0458
11	1	−1	0
12	1.1	−1.21	0.04139
13	1.2	−1.44	0.07918
14	1.3	−1.69	0.11394
15	1.4	−1.96	0.14613
16	1.5	−2.25	0.17609
17	1.6	−2.56	0.20412

精度の高い解を求めるために，x の刻み幅を小さくして，細かく計算を繰り返していくと次のようになります．

	A	B	C
1	x	y_1	y_2
2	0.5272451270	−0.2779874239	−0.2779874255
3	0.5272451271	−0.2779874241	−0.2779874254
4	0.5272451272	−0.2779874242	−0.2779874253
5	0.5272451273	−0.2779874243	−0.2779874252
6	0.5272451274	−0.2779874244	−0.2779874252
7	0.5272451275	−0.2779874245	−0.2779874251
8	0.5272451276	−0.2779874246	−0.2779874250
9	0.5272451277	−0.2779874247	−0.2779874249
10	0.5272451278	−0.2779874248	−0.2779874248
11	0.5272451279	−0.2779874249	−0.2779874247
12	0.5272451280	−0.2779874250	−0.2779874247
13	0.5272451281	−0.2779874251	−0.2779874246
14	0.5272451282	−0.2779874252	−0.2779874245
15	0.5272451283	−0.2779874253	−0.2779874244
16	0.5272451284	−0.2779874254	−0.2779874243
17	0.5272451285	−0.2779874255	−0.2779874242
18	0.5272451286	−0.2779874256	−0.2779874242
19	0.5272451287	−0.2779874257	−0.2779874241
20	0.5272451288	−0.2779874258	−0.2779874240
21	0.5272451289	−0.2779874259	−0.2779874239
22	0.5272451290	−0.2779874261	−0.2779874238

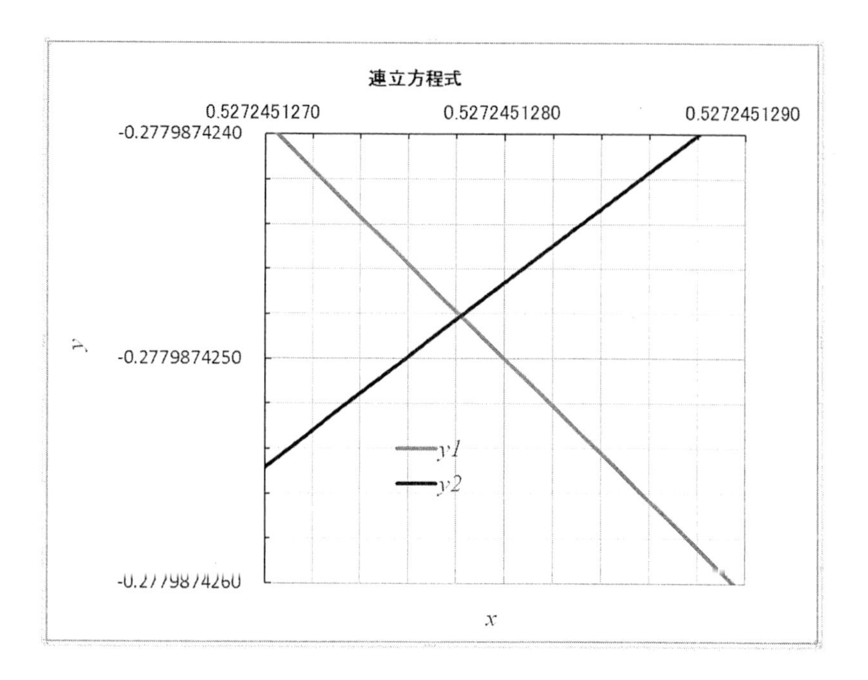

このようにして $x=0.527\,245\,1278$，$y=-0.277\,987\,4248$ の解が得られます．

もちろんもっと精密な解も，これを繰り返せば得られます．この方法で，Excel の精度の限界まで正確な値を求めることができます．

練習問題

Excel を使って次の連立方程式の解を計算してみましょう．

(1) $\begin{cases} y=2x-1 \\ y=3x-2 \end{cases}$

(2) $\begin{cases} 0.5x+y=4 \\ 0.3x-y=1.5 \end{cases}$

(3) $\begin{cases} y=\exp(x) \\ y=10-2x \end{cases}$

8. 微　　　　分

微分は関数の傾きを求めることです．Excel を使うと非常に直感的に関数の微分を求めることができます．様々な関数の微分を，Excel を使って計算してみましょう．

関数　$y=f(x)$ の微分は次のように定義されます．

$$\lim_{h\to 0}\frac{f(x+h)-f(x)}{h}=\frac{dy}{dx}= y' \tag{8.1}$$

ただし $\lim_{h\to 0}$ は，式の中の h を限りなく 0 に近づけたものを表します．これは次の図のように，関数 $f(x)$ の接線の傾きを表しています．

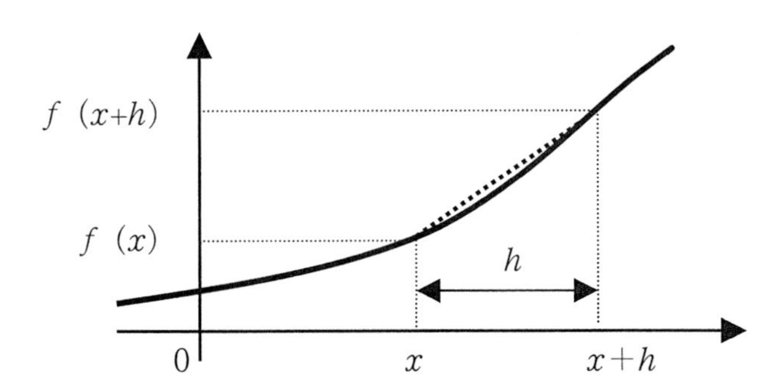

関数 $y=f(x)$ の微分は，本来（8.1）式を計算して，**導関数**を求めることです．

しかし導関数の求まらない関数に対しては，実際に数値で計算します．h を限りなく 0 に近づけることはできないため，0.01 のように比較的小さな値を用います．これを**差分法**（厳密には**前進差分法**）といいます．

具体的には小さい刻み幅で $f(x)$ を計算し，その差を計算していくことになります．従って，ここで行う微分はあくまで数値計算であって，厳密な答は解析解を用いなければなりません．しかし微分のイメージをつかむことができます．

もちろんこの刻み幅を小さくして，できるだけ 0 に近づければ精度は上がっていきますが，一方で 0/0 という，きわどい計算（数学用語で**不定**という）に近づくため，あまり極端に小さくすると別の誤差が大きくなってきます．

微分が関数の傾きを計算するということから，変化しない定数の関数（$y=1$ など）の微分は，定数がどんな値であろうと，0 になることがわかります．つまり微分したあとの関数だけを見ると，元の関数にどんな定数が含まれていたかはまったくわからなくなります．これが次章の積分で，任意の定数がつく理由になります．

8.1 べき関数の微分

1 次関数 $y=ax+b$ (a と b は定数) は, 傾きが a で一定の関数です (第 2 章参照). 従って, $y=ax+b$ の微分は a になることがわかります.

数式を用いて計算すると, (8.1) 式の $f(x)$ に x の 1 次関数 ax を代入して次のようになります.

$$y' = \lim_{h\to 0} \frac{a(x+h)-ax}{h} = a$$

1 次関数は微分すると定数になることがわかります.

次に 2 次関数, $y=x^2$ の微分を Excel で計算しましょう.

まず 0 から 2 まで 0.1 ずつ x を変化させて, x^2 を計算します (4.1 節参照).

	A	B
1	x	$y=x^2$
2	0	=A2^2
3	0.1	
4	0.2	
5	0.3	
6	0.4	
7	0.5	
8	0.6	
9	0.7	
10	0.8	
11	0.9	
12	1	
13	1.1	
14	1.2	
15	1.3	
16	1.4	
17	1.5	
18	1.6	
19	1.7	
20	1.8	
21	1.9	
22	2	

	A	B	C
1	x	$y=x^2$	y'
2	0	0	=(B3-B2)/0.1
3	0.1	0.01	
4	0.2	0.04	
5	0.3	0.09	
6	0.4	0.16	
7	0.5	0.25	
8	0.6	0.36	
9	0.7	0.49	
10	0.8	0.64	
11	0.9	0.81	
12	1	1	
13	1.1	1.21	
14	1.2	1.44	
15	1.3	1.69	
16	1.4	1.96	
17	1.5	2.25	
18	1.6	2.56	
19	1.7	2.89	
20	1.8	3.24	
21	1.9	3.61	
22	2	4	

	A	B	C
1	x	$y=x^2$	y'
2	0	0	0.1
3	0.1	0.01	
4	0.2	0.04	
5	0.3	0.09	
6	0.4	0.16	
7	0.5	0.25	
8	0.6	0.36	
9	0.7	0.49	
10	0.8	0.64	
11	0.9	0.81	
12	1	1	
13	1.1	1.21	
14	1.2	1.44	
15	1.3	1.69	
16	1.4	1.96	
17	1.5	2.25	
18	1.6	2.56	
19	1.7	2.89	
20	1.8	3.24	
21	1.9	3.61	
22	2	4	

	A	B	C
1	x	$y=x^2$	y'
2	0	0	0.1
3	0.1	0.01	0.3
4	0.2	0.04	0.5
5	0.3	0.09	0.7
6	0.4	0.16	0.9
7	0.5	0.25	1.1
8	0.6	0.36	1.3
9	0.7	0.49	1.5
10	0.8	0.64	1.7
11	0.9	0.81	1.9
12	1	1	2.1
13	1.1	1.21	2.3
14	1.2	1.44	2.5
15	1.3	1.69	2.7
16	1.4	1.96	2.9
17	1.5	2.25	3.1
18	1.6	2.56	3.3
19	1.7	2.89	3.5
20	1.8	3.24	3.7
21	1.9	3.61	3.9
22	2	4	

次に隣り合った数値の差を取って (8.1) 式を計算します. 具体的には C2 セルに「=(B3−B2)/0.1」の数式を入力します. あとはオートフィルを行いますが, C21 までにします. 最後のセルは参照するセルに数値がないため, おかしな結果になります.

グラフは次のようになって, x^2 の微分が $2x$ になっていることがわかります.

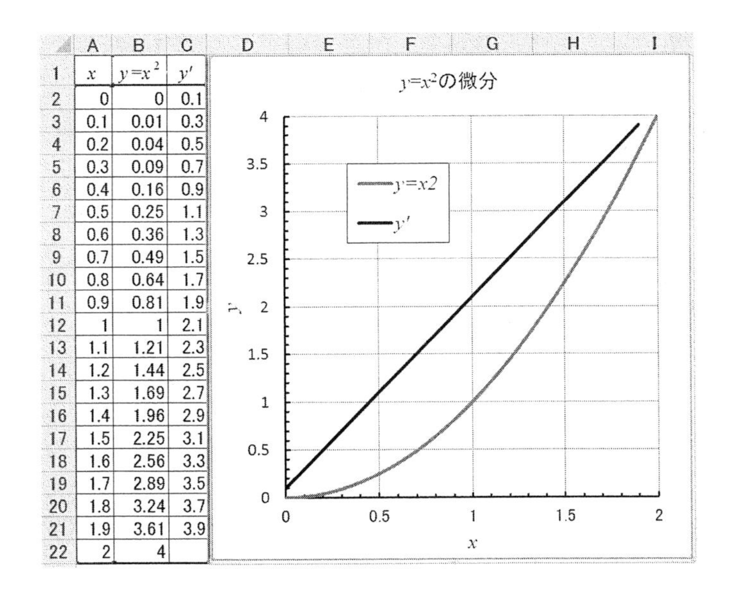

	A	B	C
1	x	$y=x^2$	y'
2	0	0	0.1
3	0.1	0.01	0.3
4	0.2	0.04	0.5
5	0.3	0.09	0.7
6	0.4	0.16	0.9
7	0.5	0.25	1.1
8	0.6	0.36	1.3
9	0.7	0.49	1.5
10	0.8	0.64	1.7
11	0.9	0.81	1.9
12	1	1	2.1
13	1.1	1.21	2.3
14	1.2	1.44	2.5
15	1.3	1.69	2.7
16	1.4	1.96	2.9
17	1.5	2.25	3.1
18	1.6	2.56	3.3
19	1.7	2.89	3.5
20	1.8	3.24	3.7
21	1.9	3.61	3.9
22	2	4	

2 次関数の細かい区間の差を取ると 1 次関数になることは，等差数列の和の計算（3.1 参照）からも類推できます．

微分の直線が原点から若干ずれているのは，0.1 ずつという比較的大きな間隔で計算したからです．この間隔を小さくすればもちろんこの誤差は小さくなります．

2 次関数の $y=x^2$ を（8.1）式に代入すると，次のようになります．

$$y' = \lim_{h \to 0} \frac{(x+h)^2 - x^2}{h} = \lim_{h \to 0} (2x+h) = 2x$$

2 倍の 1 次関数が得られます．これは数値計算の結果と一致しています．

次に 3 次関数 $y=x^3$ の微分を Excel で計算します．まず−2 から 2 まで 0.1 ずつ x を変化させて，x^3 を計算します（4.1 節参照）．

次に隣り合った数値の差を取って（8.1）式を計算します．具体的には C2 セルに「=(B3−B2)/0.1」の数式を入力します．あとはオートフィルを行います．

	A	B
1	x	$y=x^3$
2	−2	=A2^3

	A	B	C
1	x	$y=x^3$	y'
2	−2	−8	=(B3−B2)/0.1

参考のために $3x^2$ も計算しておきます．

	A	B	C	D
1	x	$y=x^3$	y'	$y=3x^2$
2	−2	−8	11.41	=3*A2^2

グラフを描くと次のようになります.

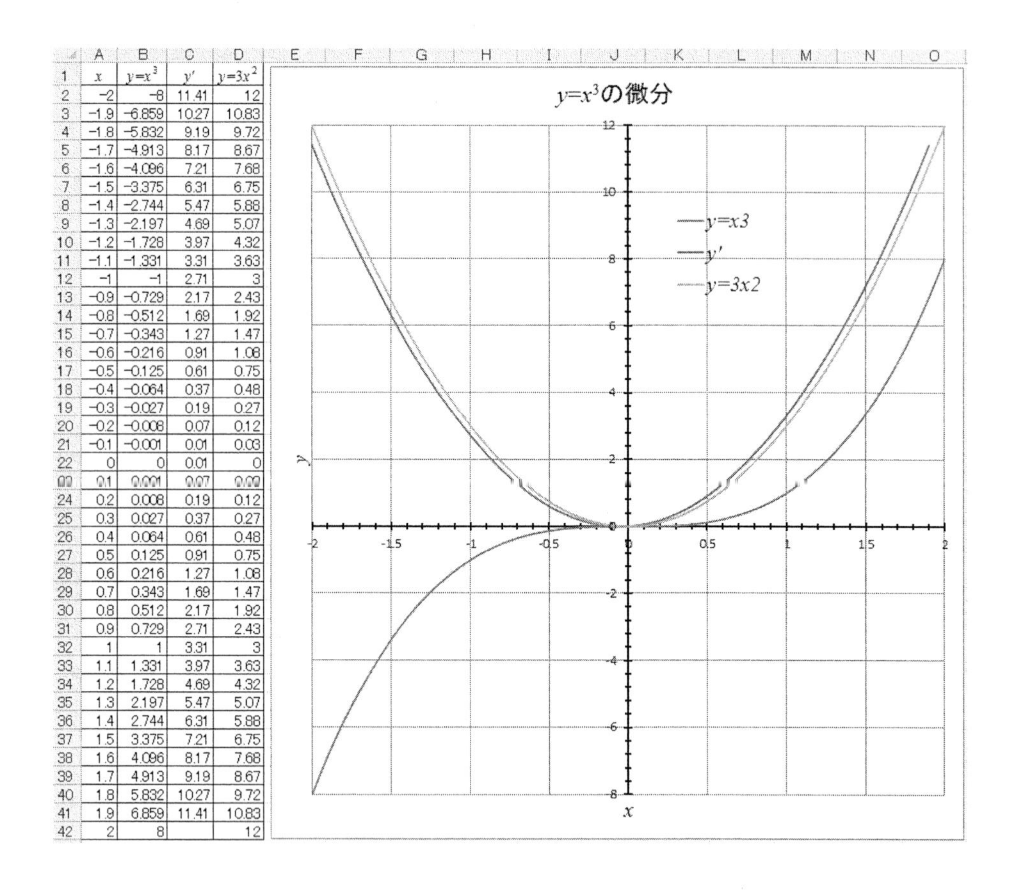

	A	B	C	D
1	x	$y=x^3$	y'	$y=3x^2$
2	−2	−8	11.41	12
3	−1.9	−6.859	10.27	10.83
4	−1.8	−5.832	9.19	9.72
5	−1.7	−4.913	8.17	8.67
6	−1.6	−4.096	7.21	7.68
7	−1.5	−3.375	6.31	6.75
8	−1.4	−2.744	5.47	5.88
9	−1.3	−2.197	4.69	5.07
10	−1.2	−1.728	3.97	4.32
11	−1.1	−1.331	3.31	3.63
12	−1	−1	2.71	3
13	−0.9	−0.729	2.17	2.43
14	−0.8	−0.512	1.69	1.92
15	−0.7	−0.343	1.27	1.47
16	−0.6	−0.216	0.91	1.08
17	−0.5	−0.125	0.61	0.75
18	−0.4	−0.064	0.37	0.48
19	−0.3	−0.027	0.19	0.27
20	−0.2	−0.008	0.07	0.12
21	−0.1	−0.001	0.01	0.03
22	0	0	0.01	0
23	0.1	0.001	0.07	0.03
24	0.2	0.008	0.19	0.12
25	0.3	0.027	0.37	0.27
26	0.4	0.064	0.61	0.48
27	0.5	0.125	0.91	0.75
28	0.6	0.216	1.27	1.08
29	0.7	0.343	1.69	1.47
30	0.8	0.512	2.17	1.92
31	0.9	0.729	2.71	2.43
32	1	1	3.31	3
33	1.1	1.331	3.97	3.63
34	1.2	1.728	4.69	4.32
35	1.3	2.197	5.47	5.07
36	1.4	2.744	6.31	5.88
37	1.5	3.375	7.21	6.75
38	1.6	4.096	8.17	7.68
39	1.7	4.913	9.19	8.67
40	1.8	5.832	10.27	9.72
41	1.9	6.859	11.41	10.83
42	2	8		12

x^3 の微分が $3\,x^2$ になっていることがわかります.

3 次関数の微分を計算するため，3 次関数の $y=x^3$ を（8.1）式に代入すると，次のようになります.

$$y'=\lim_{h\to 0}\frac{(x+h)^3-x^3}{h}=\lim_{h\to 0}(3\,x^2+3hx+h^2)=3\,x^2$$

3 倍の 2 次関数が得られます．これは数値計算の結果と一致しています.

その他の関数に対しても同じ方法で微分を行うことができます．これを 4 次，5 次と繰り返して，**べき関数に対する微分の公式**

$$(x^n)'=nx^{n-1}$$

が得られます.

練習問題

(1)　$y=x^4$ の微分を計算してみましょう．$4x^3$ と一致するか確かめましょう．

(2)　$y=x^5$ の微分を計算してみましょう．$5x^4$ と一致するか確かめましょう．

(3)　$y=x^{-1}$ の微分を計算してみましょう．$-x^{-2}$ と一致するか確かめましょう．

(4)　$y=x^{-2}$ の微分を計算してみましょう．$-2x^{-3}$ と一致するか確かめましょう．

8.2　指数関数の微分

指数関数 $y=a^x$（a は定数）の微分を計算してみましょう．

$a=1$ のときは，x の値がどのような値でも $y=1$ です．従って，$a=2$ のときから計算してみます．

まず－1 から 1 まで 0.1 ずつ x を変化させて，2^x を計算します（4.3 節参照）．A 列に x の値を－1 から 1 まで 0.1 ずつ入れます．B2 セルに「＝2^A2」の計算式を入れてオートフィルします．

	A	B
1	x	$y=2^x$
2	-1	=2^A2
3	-0.9	
4	-0.8	
5	-0.7	
6	-0.6	
7	-0.5	
8	-0.4	
9	-0.3	
10	-0.2	
11	-0.1	
12	0	
13	0.1	
14	0.2	
15	0.3	
16	0.4	
17	0.5	
18	0.6	
19	0.7	
20	0.8	
21	0.9	
22	1	

	A	B	C
1	x	$y=2^x$	y'
2	-1	0.5	=(B3-B2)/0.1
3	-0.9	0.53589	
4	-0.8	0.57435	
5	-0.7	0.61557	
6	-0.6	0.65975	
7	-0.5	0.70711	
8	-0.4	0.75786	
9	-0.3	0.81225	
10	-0.2	0.87055	
11	-0.1	0.93303	
12	0	1	
13	0.1	1.07177	
14	0.2	1.1487	
15	0.3	1.23114	
16	0.4	1.31951	
17	0.5	1.41421	
18	0.6	1.51572	
19	0.7	1.6245	
20	0.8	1.7411	
21	0.9	1.86607	
22	1	2	

次に隣り合った数値の差を取って（8.1）式を計算します．具体的には C2 セルに「＝(B3－B2)/0.1」の数式を入力します．

あとはオートフィルを行いますが，C21 までにします．最後のセルは参照するセルに数値がないため，おかしな結果になります．

グラフを描くと次のようになります．

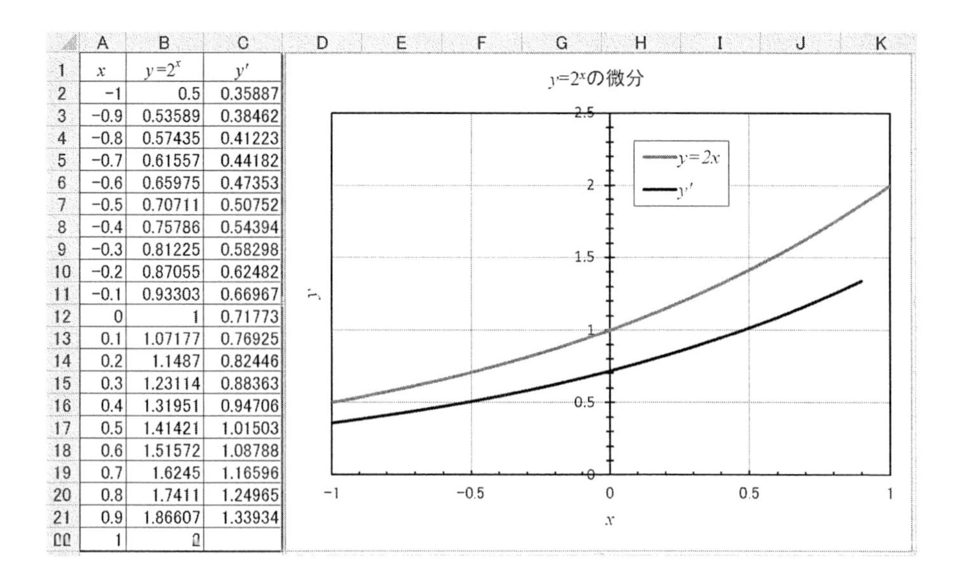

	A	B	C
1	x	$y=2^x$	y'
2	−1	0.5	0.35887
3	−0.9	0.53589	0.38462
4	−0.8	0.57435	0.41223
5	−0.7	0.61557	0.44182
6	−0.6	0.65975	0.47353
7	−0.5	0.70711	0.50752
8	−0.4	0.75786	0.54394
9	−0.3	0.81225	0.58298
10	−0.2	0.87055	0.62482
11	−0.1	0.93303	0.66967
12	0	1	0.71773
13	0.1	1.07177	0.76925
14	0.2	1.1487	0.82446
15	0.3	1.23114	0.88363
16	0.4	1.31951	0.94706
17	0.5	1.41421	1.01503
18	0.6	1.51572	1.08788
19	0.7	1.6245	1.16596
20	0.8	1.7411	1.24965
21	0.9	1.86607	1.33934
22	1	2	

このグラフを片対数グラフにすると，次のようになります（4.3 節参照）.

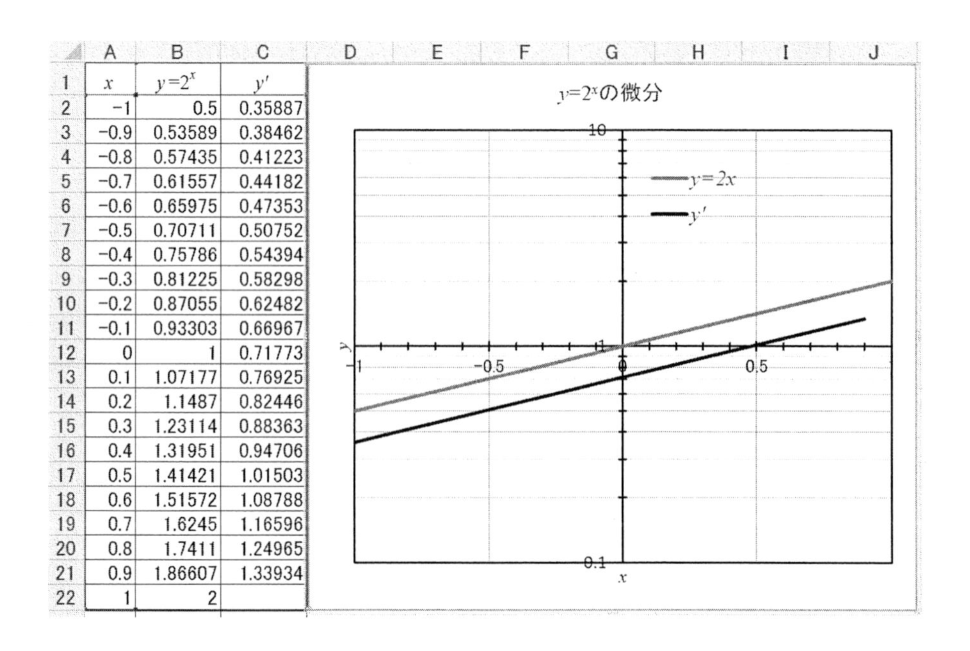

	A	B	C
1	x	$y=2^x$	y'
2	−1	0.5	0.35887
3	−0.9	0.53589	0.38462
4	−0.8	0.57435	0.41223
5	−0.7	0.61557	0.44182
6	−0.6	0.65975	0.47353
7	−0.5	0.70711	0.50752
8	−0.4	0.75786	0.54394
9	−0.3	0.81225	0.58298
10	−0.2	0.87055	0.62482
11	−0.1	0.93303	0.66967
12	0	1	0.71773
13	0.1	1.07177	0.76925
14	0.2	1.1487	0.82446
15	0.3	1.23114	0.88363
16	0.4	1.31951	0.94706
17	0.5	1.41421	1.01503
18	0.6	1.51572	1.08788
19	0.7	1.6245	1.16596
20	0.8	1.7411	1.24965
21	0.9	1.86607	1.33934
22	1	2	

直線の傾きが変わらないことから，微分しても指数関数としての形はほとんど変わらず，少し小さくなっていることがわかります.

指数関数を微分しても，ほとんど関数の形が変わらないことは，指数で表される等比数列の和が，同じく指数になることからも推測できます（3.2 節参照）.

今度は−1 から 1 まで 0.1 ずつ x を変化させて，3^x を計算して，微分します．B2 セルに「＝3^A2」の計算式を入れてオートフィルします.

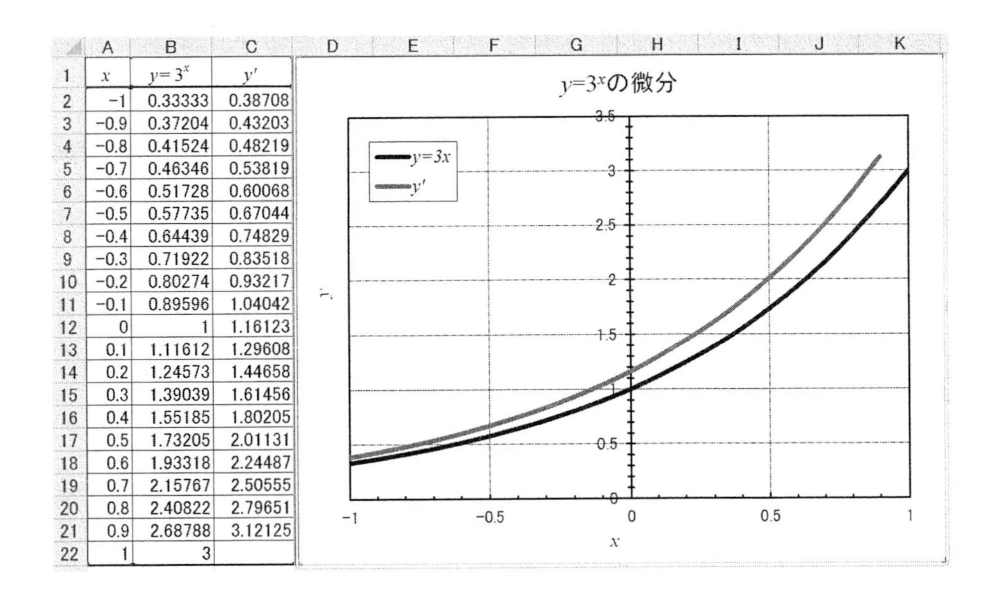

	A	B	C
1	x	$y=3^x$	y'
2	-1	0.33333	0.38708
3	-0.9	0.37204	0.43203
4	-0.8	0.41524	0.48219
5	-0.7	0.46346	0.53819
6	-0.6	0.51728	0.60068
7	-0.5	0.57735	0.67044
8	-0.4	0.64439	0.74829
9	-0.3	0.71922	0.83518
10	-0.2	0.80274	0.93217
11	-0.1	0.89596	1.04042
12	0	1	1.16123
13	0.1	1.11612	1.29608
14	0.2	1.24573	1.44658
15	0.3	1.39039	1.61456
16	0.4	1.55185	1.80205
17	0.5	1.73205	2.01131
18	0.6	1.93318	2.24487
19	0.7	2.15767	2.50555
20	0.8	2.40822	2.79651
21	0.9	2.68788	3.12125
22	1	3	

$y=3^x$ を微分した関数は，やはり指数関数ですが，今度は元の関数より少し大きくなっていることがわかります．

つまり 2^x と 3^x の間に，微分しても変わらない指数関数 e^x があるということが推測できます．この e を**ネイピア数**と呼び，求め方は次のように行います．e^x は微分しても変わらない関数なので，(8.1)式から次の関係が成り立ちます．

$$\lim_{h\to 0}\frac{e^{x+h}-e^x}{h}=e^x$$

$$\lim_{h\to 0}(e^{x+h}-e^x)=\lim_{h\to 0}he^x$$

ここで両辺を e^x で割ります．

$$\lim_{h\to 0}(e^h-1)=\lim_{h\to 0}h$$

$$\lim_{h\to 0}e^h=\lim_{h\to 0}(1+h)$$

両辺を $1/h$ 乗します

$$\lim_{h\to 0}(e^h)^{1/h}=e=\lim_{h\to 0}(1+h)^{1/h}$$

このままでもネイピア数の定義になりますが，より一般的な表記にするために，$h=1/k$ として k を無限大に近づける極限を考えます．

$$e=\lim_{k\to\infty}\left(1+\frac{1}{k}\right)^k$$

ネイピア数eの求め方は 10.2 節の指数関数のテイラー展開でも述べます．詳しい研究の結果，この数は次のような値であることがわかっています．

$$e=2.71828182845904523536028747135266249775724709369995995\cdots$$

Excel では上のような数字を計算式に入れるのは大変なので，EXP 関数が用意されています．これはe^xを$\exp x$とも表現するからです．

指数関数$\exp x$は微分しても変わらない関数として定義されています．そのため$\exp x$を微分して，元の関数と違いを比較すれば，精度を見積もることができます．

まず-1 から 1 まで 0.1 ずつxを変化させて，e^xを計算します．B2 セルに「＝EXP(A2)」の計算式を入れてオートフィルします．

次に隣り合った数値の差を取って（8,1）式を計算します．具体的には C2 セルに「＝(B3－B2)/0.1」の数式を入力します．

	A	B
1	x	$y=\exp x$
2	-1	=EXP(A2)
3	-0.9	
4	-0.8	
5	-0.7	
6	-0.6	
7	-0.5	
8	-0.4	
9	-0.3	
10	-0.2	
11	-0.1	
12	0	
13	0.1	
14	0.2	
15	0.3	
16	0.4	
17	0.5	
18	0.6	
19	0.7	
20	0.8	
21	0.9	
22	1	

	A	B	C
1	x	$y=\exp x$	y'
2	-1	0.36788	=(B3-B2)/0.1
3	-0.9	0.40657	
4	-0.8	0.44933	
5	-0.7	0.49659	
6	-0.6	0.54881	
7	-0.5	0.60653	
8	-0.4	0.67032	
9	-0.3	0.74082	
10	-0.2	0.81873	
11	-0.1	0.90484	
12	0	1	
13	0.1	1.10517	
14	0.2	1.2214	
15	0.3	1.34986	
16	0.4	1.49182	
17	0.5	1.64872	
18	0.6	1.82212	
19	0.7	2.01375	
20	0.8	2.22554	
21	0.9	2.4596	
22	1	2.71828	

あとはオートフィルをしますが，C21 までにします．最後のセルは参照するセルに数値がないため，おかしな結果になります．

グラフは次のようになります．

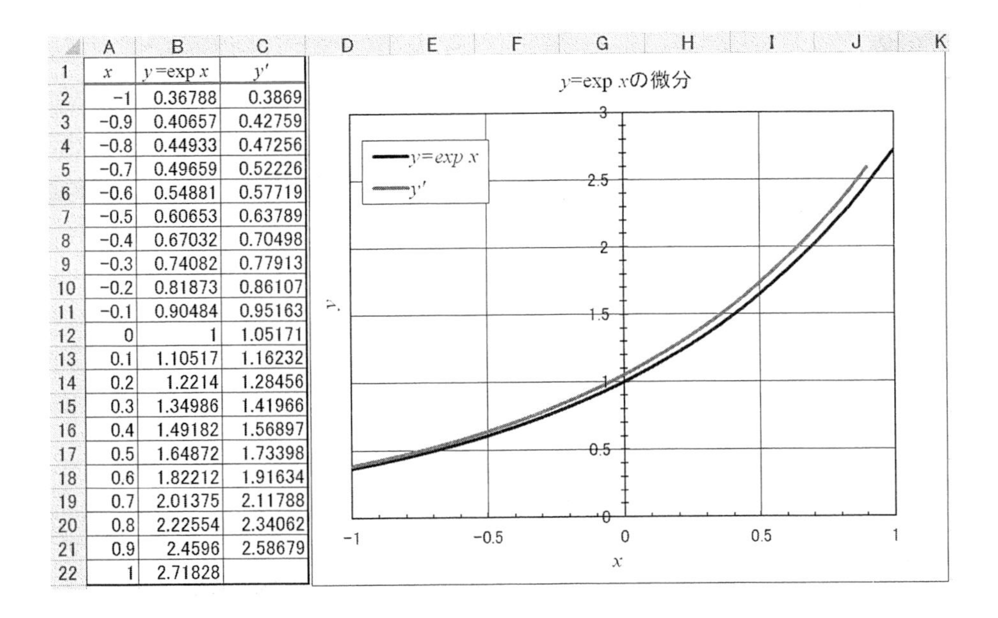

	A	B	C
1	x	y=exp x	y'
2	−1	0.36788	0.3869
3	−0.9	0.40657	0.42759
4	−0.8	0.44933	0.47256
5	−0.7	0.49659	0.52226
6	−0.6	0.54881	0.57719
7	−0.5	0.60653	0.63789
8	−0.4	0.67032	0.70498
9	−0.3	0.74082	0.77913
10	−0.2	0.81873	0.86107
11	−0.1	0.90484	0.95163
12	0	1	1.05171
13	0.1	1.10517	1.16232
14	0.2	1.2214	1.28456
15	0.3	1.34986	1.41966
16	0.4	1.49182	1.56897
17	0.5	1.64872	1.73398
18	0.6	1.82212	1.91634
19	0.7	2.01375	2.11788
20	0.8	2.22554	2.34062
21	0.9	2.4596	2.58679
22	1	2.71828	

二つのグラフが一致していないのは，計算精度がよくないためです．これは，x の間隔が 0.1 と比較的大きいことが原因です．

x を 0.01 ごとに計算した結果は次のようになって，ほとんど一致していることがわかります．

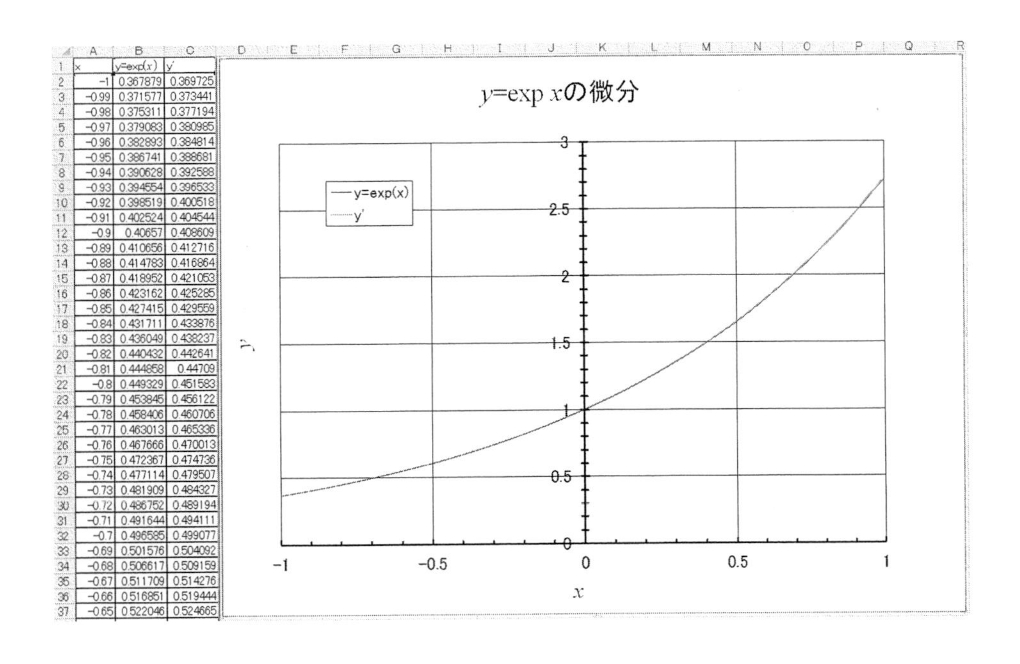

	A	B	C
1	x	y=exp(x)	y'
2	−1	0.367879	0.369725
3	−0.99	0.371577	0.373441
4	−0.98	0.375311	0.377194
5	−0.97	0.379083	0.380985
6	−0.96	0.382893	0.384814
7	−0.95	0.386741	0.388681
8	−0.94	0.390628	0.392588
9	−0.93	0.394554	0.396533
10	−0.92	0.398519	0.400518
11	−0.91	0.402524	0.404544
12	−0.9	0.40657	0.408609
13	−0.89	0.410656	0.412716
14	−0.88	0.414783	0.416864
15	−0.87	0.418952	0.421053
16	−0.86	0.423162	0.425285
17	−0.85	0.427415	0.429559
18	−0.84	0.431711	0.433876
19	−0.83	0.436049	0.438237
20	−0.82	0.440432	0.442641
21	−0.81	0.444858	0.44709
22	−0.8	0.449329	0.451583
23	−0.79	0.453845	0.456122
24	−0.78	0.458406	0.460706
25	−0.77	0.463013	0.465336
26	−0.76	0.467666	0.470013
27	−0.75	0.472367	0.474736
28	−0.74	0.477114	0.479507
29	−0.73	0.481909	0.484327
30	−0.72	0.486752	0.489194
31	−0.71	0.491644	0.494111
32	−0.7	0.496585	0.499077
33	−0.69	0.501576	0.504092
34	−0.68	0.506617	0.509159
35	−0.67	0.511709	0.514276
36	−0.66	0.516851	0.519444
37	−0.65	0.522046	0.524665

練習問題

(1) x を-1から1まで0.01ずつ変えて，$\exp(2x)$ を計算して微分し，$2\exp(2x)$ に等しくなることを確かめましょう．一般に $f\{g(x)\}$ の微分は，$f'\{g(x)\}\ g'(x)$ となります．これは $g(x)=u$ とし，微分の定義を使って，$\dfrac{df}{dx}=\dfrac{df}{du}\cdot\dfrac{du}{dx}$ から求まります．これを**合成関数の微分公式**といいます．この問題の場合，$g(x)=2x$ とおくと $g'(x)=2$ より，$\{\exp(2x)\}'=2\exp(2x)$ となります．

(2) x を-1から1まで0.01ずつ変えて 10^x を計算して微分し，$10^x\log 10$ に等しくなることを確かめましょう．一般に指数関数の微分は，$(a^x)'=a^x\log a$ となります．これは次のようにして求められます．$a^x=\exp(y)$ とすると，$y=x\log a$ となります．従って $a^x=\exp(x\log a)$ になるので，合成関数の微分公式を用いると次式となります．

$$(a^x)'=\exp(x\log a)\log a=\{\exp(\log a)\}^x\log a=a^x\log a$$

(3) x を-1から1まで0.01ずつ変えて，$x\exp(x)$ を計算して微分し，$\exp(x)+x\exp(x)$ に等しくなることを確かめましょう．一般に二つの関数の積 $f(x)\ g(x)$ の微分は

$$\{f(x)g(x)\}'=f'(x)g(x)+f(x)g'(x)$$

となります．微分の定義より

$$\begin{aligned}\{f(x)g(x)\}'&=\frac{f(x+h)g(x+h)-f(x)g(x)}{h}\\&=\frac{\{f(x+h)-f(x)\}g(x+h)+f(x)\{g(x+h)-g(x)\}}{h}\\&=\frac{f(x+h)-f(x)}{h}g(x+h)+f(x)\frac{g(x+h)-g(x)}{h}\end{aligned}$$

これの h を0に近づけると $f'(x)g(x)+f(x)g'(x)$ となり，これを**積の微分公式**といいます．この問題では $f(x)=x$，$g(x)=\exp(x)$ なので $f'(x)=1$，$g'(x)=\exp(x)$ となり，$\{x\exp(x)\}'=\exp(x)+x\exp(x)$ となります．

8.3　三角関数の微分

Excelで三角関数の微分を計算するには，次のように行います．

x が0から6.4まで0.1ごとに　$y=\sin x$ を計算します（4.2参照）．A列に x の値を入力します．$\sin x$ を計算するためB2セルに「＝SIN(A2)」を入力します．B2セルを選択して，オートフィルします．

C2セルに「＝(B3−B2)/0.1」の数式を入力します．あとはC2セルを選択してオートフィルをします．

	A	B
1	x	$y=\sin x$
2	0	=SIN(A2)

	A	B	C
1	x	$y=\sin x$	y'
2	0	0	=(B3-B2)/0.1

グラフは次のようになります．

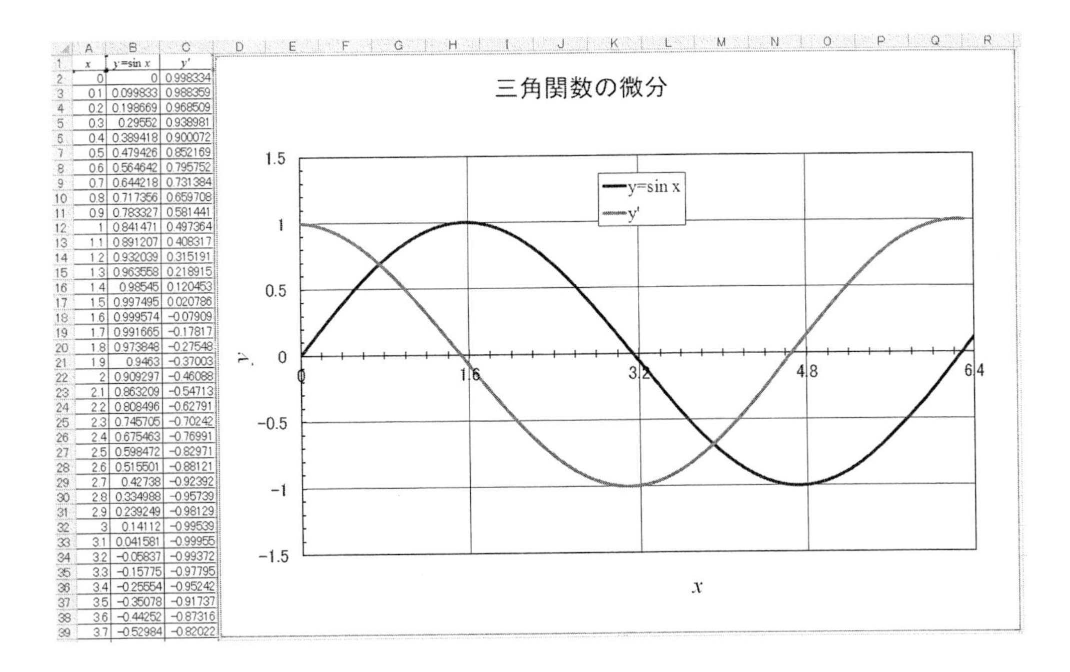

x	y=sin x	y'
0	0	0.998334
0.1	0.099833	0.988359
0.2	0.198669	0.968509
0.3	0.29552	0.938981
0.4	0.389418	0.900072
0.5	0.479426	0.852169
0.6	0.564642	0.795752
0.7	0.644218	0.731384
0.8	0.717356	0.659708
0.9	0.783327	0.581441
1	0.841471	0.497364
1.1	0.891207	0.408317
1.2	0.932039	0.315191
1.3	0.963558	0.218915
1.4	0.98545	0.120453
1.5	0.997495	0.020786
1.6	0.999574	−0.07909
1.7	0.991665	−0.17817
1.8	0.973848	−0.27548
1.9	0.9463	−0.37003
2	0.909297	−0.46088
2.1	0.863209	−0.54713
2.2	0.808496	−0.62791
2.3	0.745705	−0.70242
2.4	0.675463	−0.76991
2.5	0.598472	−0.82971
2.6	0.515501	−0.88121
2.7	0.42738	−0.92392
2.8	0.334988	−0.95739
2.9	0.239249	−0.98129
3	0.14112	−0.99539
3.1	0.041581	−0.99955
3.2	−0.05837	−0.99372
3.3	−0.15775	−0.97795
3.4	−0.25554	−0.95242
3.5	−0.35078	−0.91737
3.6	−0.44252	−0.87316
3.7	−0.52984	−0.82022

グラフは sin 関数の微分が cos 関数になっていることを示しています．

三角関数は決まった周期で増減を繰り返すため，数値計算での微分や積分で，誤差の累積が起こりにくくなっています．

三角関数 $\sin x$ の導関数は（8.1）式に $f(x)$ に $\sin x$ を代入して計算します．

$$\lim_{h \to 0} \frac{\sin(x+h)-\sin x}{h} = \lim_{h \to 0} \frac{\sin x \cos h + \cos x \sin h - \sin x}{h}$$

ここで $\lim_{h \to 0} \cos h$ を 1 として，

$$= \lim_{h \to 0} \frac{\sin x + \cos x \sin h - \sin x}{h} = \lim_{h \to 0} \cos x \frac{\sin h}{h} = \cos x \lim_{h \to 0} \frac{\sin h}{h}$$

$\lim_{h \to 0} \frac{\sin h}{h}$ の値は次のように考えられます．

次の図のような単位円の小さな扇型を考えます．**弧度法**では単位円の弧の長さが角度 h です．$\sin h$ は図の垂線の長さです．

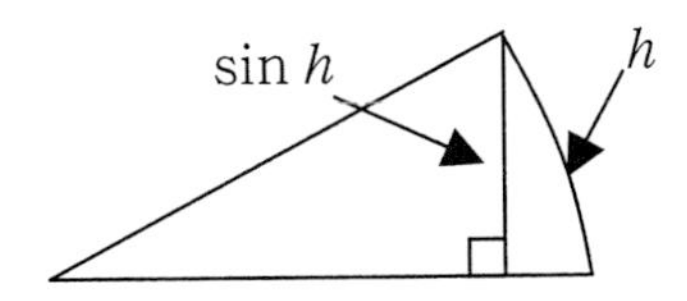

角度 h が 0 に近づけば，両者は一致するはずです．従って $\lim_{h \to 0} \frac{\sin h}{h}$ の値は 1 になり，$\sin x$ の微分は $\cos x$ になります．

この結果を使って，$\cos x$ の微分を求めることができます．

$$\cos x = \sin\left(x + \frac{\pi}{2}\right)$$

なので

$$(\cos x)' = \left\{\sin\left(x + \frac{\pi}{2}\right)\right\}' = \cos\left(x + \frac{\pi}{2}\right) = -\sin x$$

となります．よって $\cos x$ の微分は $-\sin x$ になります．

練習問題

(1)　$\sin(2x)$ の微分が $2\cos(2x)$ になることを，x が 0 から 6.3 まで 0.1 ずつ計算して微分し確かめましょう．これは合成関数の微分公式からもわかります．

(2)　$\cos x$ の微分は $-\sin x$ になることを Excel で計算して確かめましょう．

(3)　$\tan x$ を，x が -1.5 から 1.5 まで 0.1 ずつ計算して微分し，$1/\cos^2 x$ に等しくなることを確かめましょう．$\tan x = \sin x/\cos x$ の式と積の微分公式から次のようになります．

$$\tan' x = \sin' x/\cos x - \sin x \cos' x/\cos^2 x = \cos x/\cos x + \sin^2 x/\cos^2 x =$$
$$= (\sin^2 x + \cos^2 x)/\cos^2 x = 1/\cos^2 x$$

8.4　対数関数の微分

Excel で x が 0.1 から 8 まで 0.1 ずつ，$\log x$ とその微分を計算します．

数学では底を表示しない log は自然対数を表しますが，Excel の関数では常用対数（つまり $\log_{10}$）を表します．底が e の対数は LN 関数で計算します．

A 列に x の値を入力します．B 列には自然対数関数を計算するため，B2 セルに「=LN(A2)」を入力します．そして B2 セルを選択して，オートフィルします．C2 セルに「=(B3−B2)/0.1」の数式を入力します．C2 セルを選択してオートフィルをします．

	A	B
1	x	$y=\log x$
2	0.1	=LN(A2)

	A	B	C
1	x	$y=\log x$	y'
2	0.1	−2.3026	=(B3−B2)/0.1

グラフは次のようになります．

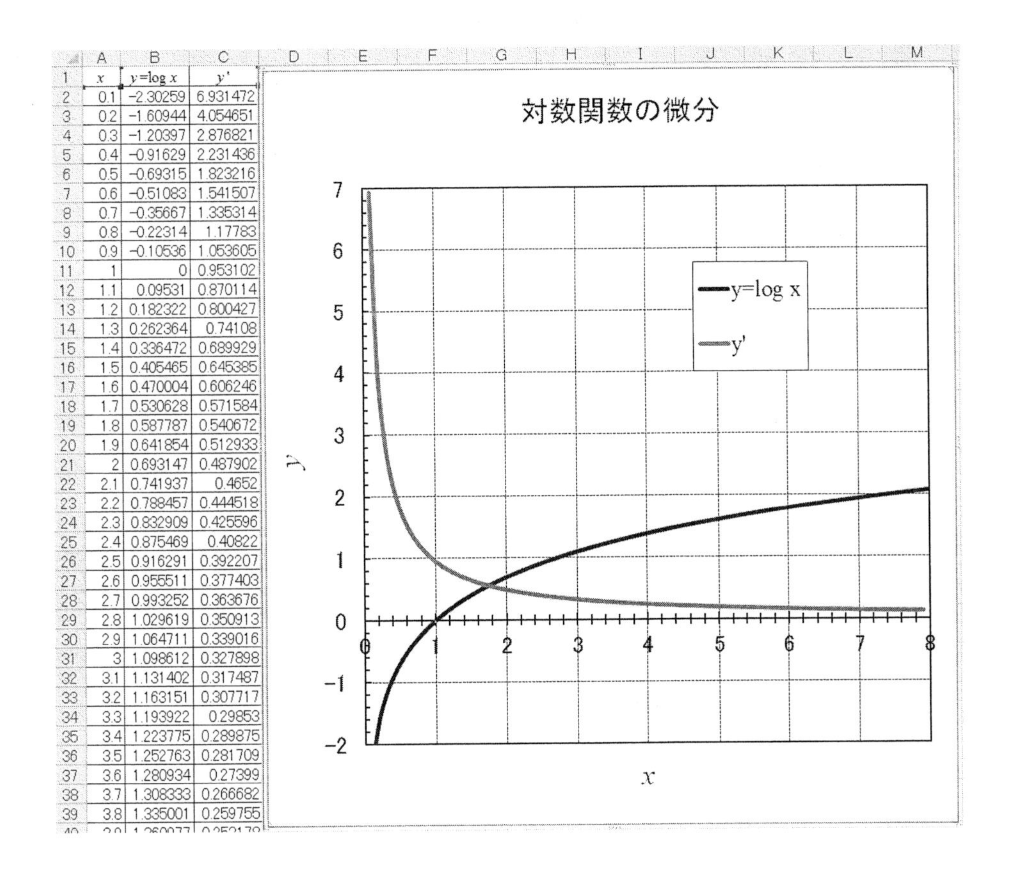

	A	B	C
1	x	y=log x	y'
2	0.1	−2.30259	6.931472
3	0.2	−1.60944	4.054651
4	0.3	−1.20397	2.876821
5	0.4	−0.91629	2.231436
6	0.5	−0.69315	1.823216
7	0.6	−0.51083	1.541507
8	0.7	−0.35667	1.335314
9	0.8	−0.22314	1.17783
10	0.9	−0.10536	1.053605
11	1	0	0.953102
12	1.1	0.09531	0.870114
13	1.2	0.182322	0.800427
14	1.3	0.262364	0.74108
15	1.4	0.336472	0.689929
16	1.5	0.405465	0.645385
17	1.6	0.470004	0.606246
18	1.7	0.530628	0.571584
19	1.8	0.587787	0.540672
20	1.9	0.641854	0.512933
21	2	0.693147	0.487902
22	2.1	0.741937	0.4652
23	2.2	0.788457	0.444518
24	2.3	0.832909	0.425596
25	2.4	0.875469	0.40822
26	2.5	0.916291	0.392207
27	2.6	0.955511	0.377403
28	2.7	0.993252	0.363676
29	2.8	1.029619	0.350913
30	2.9	1.064711	0.339016
31	3	1.098612	0.327898
32	3.1	1.131402	0.317487
33	3.2	1.163151	0.307717
34	3.3	1.193922	0.29853
35	3.4	1.223775	0.289875
36	3.5	1.252763	0.281709
37	3.6	1.280934	0.27399
38	3.7	1.308333	0.266682
39	3.8	1.335001	0.259755

対数関数 $\log x$ の微分は，$1/x$ に等しくなっています．

$\log x$ の微分は次のように計算できます．

$y=\log x$ より，その逆関数は指数関数 $x=e^y$ となります．x を y で微分した dx/dy は，変わらないため

$$\frac{dx}{dy}=e^y=x$$

となり，従って

$$(\log x)'=y'=\frac{dy}{dx}=\frac{1}{\frac{dx}{dy}}=\frac{1}{x}$$

となります．

練習問題

$\log 2x$ の微分を，x が 0.1 から 10 まで 0.1 づつ計算して微分し，どんな関数になるか確かめましょう．解析解でも計算してみましょう．

8.5 関数の増減

関数の微分を使って，関数の増減や頂点の位置を知ることができます．

例えば次のような3次関数のグラフを描いてみます．

$$y=x^3-3x^2-9x+2$$

この関数を数式で微分すると次のようになります．

$$y'=3x^2-6x-9=3(x+1)(x-3)$$

この関数の微分は，関数の傾きを表すので，負（−）ならば，関数が下向き，正（＋）ならば関数が上向きであることを示しています．そして $y'=0$ のときは頂点を表しています．

Excelで，この関数と微分をグラフにすると，次のようになります．A列に x の値を−3から5まで0.5ずつオートフィルで入れます．B2セルに「＝A2^3−2＊A2^2−A2＋2」の計算式を入れてオートフィルします．C2セルに「＝3＊A2^2−6＊A2−9」の数式を入力します．あとはC2セルを選択してオートフィルをします．

	A	B
1	x	y
2	-3	=A2^3-3*A2^2-9*A2+2

	A	B	C
1	x	y	y'
2	-3	-25	=3*A2^2-6*A2-9

グラフも描くと次のようになります．

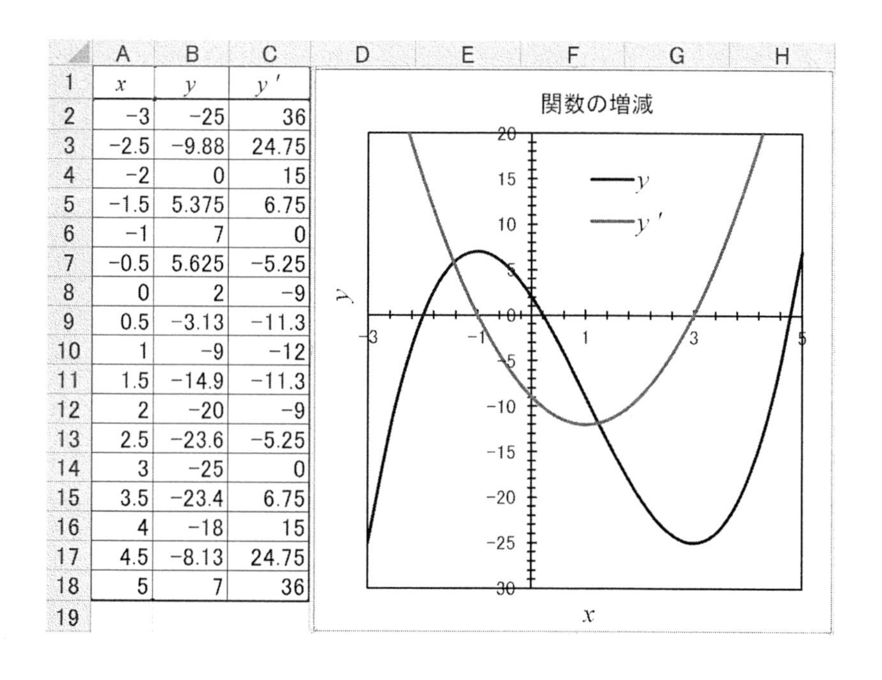

	A	B	C
1	x	y	y'
2	-3	-25	36
3	-2.5	-9.88	24.75
4	-2	0	15
5	-1.5	5.375	6.75
6	-1	7	0
7	-0.5	5.625	-5.25
8	0	2	-9
9	0.5	-3.13	-11.3
10	1	-9	-12
11	1.5	-14.9	-11.3
12	2	-20	-9
13	2.5	-23.6	-5.25
14	3	-25	0
15	3.5	-23.4	6.75
16	4	-18	15
17	4.5	-8.13	24.75
18	5	7	36
19			

$x<-1$ で y' は＋なので，y は増加です．x が $-1<x<3$ では y' は－なので，y は減少です．$x>3$ で再び関数は上向きとなります．

$x=-1$ と 3 では，y' は 0 なので，頂点があることがわかります．$x=-1$ の頂点は，上向から下向きに変わる点ですので，凸の頂点です．これを**極大**といいます．

逆に $x=3$ の頂点は，下向きから上向きに変わる頂点なので，凹の頂点です．これを**極小**といいます．

これらのことはグラフとも一致していることがわかります．

ただし，次のような関数は極値を持ちません．

$$y=-x^3+3x^2-3x+1$$

この関数を微分すると次のようになります．

$$y'=-3x^2+6x-3=-3(x-1)^2$$

グラフは次のようになります．

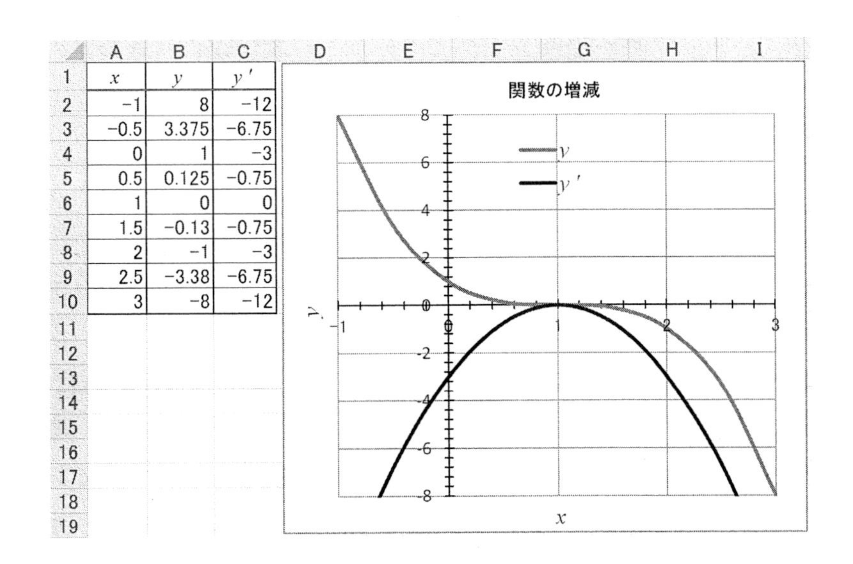

	A	B	C
1	x	y	y'
2	-1	8	-12
3	-0.5	3.375	-6.75
4	0	1	-3
5	0.5	0.125	-0.75
6	1	0	0
7	1.5	-0.13	-0.75
8	2	-1	-3
9	2.5	-3.38	-6.75
10	3	-8	-12

$y'=0$ の点でも減少から減少になっているので，$x=1$ は極値ではありません．

練習問題

次の関数の増減や頂点を，Excel で微分して調べましょう．

(1)　$y=x^3-6x^2+9x-1$

(2)　$y=x^3-3x^2-9x$

(3)　$y=x^3+3x^2-2$

9. 積　　分

微分が，関数の小さい区間の値の差を取るものであることを，8 章の微分で示しました．関数の**積分**とは，微分の逆で，小さい区間の値の和をとるものです．ある関数 $f(x)$ に微小な幅 dx を掛けて，足していくことを次のインテグラル記号で表します．

$$\int f(x)dx$$

x の範囲を限定して，$x=a$ から b までの**定積分**は次のように表すことができます．

$$\int_a^b f(x)dx = F(b) - F(a)$$

$F(x)$ のことを $f(x)$ の**原始関数**といい，次のような**不定積分**（積分する区間を定めない積分）で表します．

$$\int f(x)dx = F(x) + C$$

ただし C は任意の定数で，**任意定数**または**積分定数**といいます．これは定数を微分すると 0 になってしまうため，原始関数にどのような定数があったかは微分したあとではわからなくなってしまうためです．

関数の積分は非常に難しい問題です．まともに解析解である原始関数 $F(x)$ が求められる場合は，むしろまれです．積分された原始関数が見つからない場合は，直接数値を代入して，定積分の近似解を数値で求める方法があります．コンピュータの発展とともにこの方法はかなり多用されるようになりました．この方法を**数値積分法**といいます．ただし数値積分では不定積分を求めることはできないので，定積分か，**初期値**（計算を足していく最初の値）を使うかしなければなりません．

以下に数値積分を求める方法を，原理のわかりやすい区分求積法と台形公式，それに少し複雑ですが精度の高いシンプソンの公式について説明します．さらに高等な数値積分は紹介するだけにとどめます．

9.1 区 分 求 積 法

数値計算では，微分が次のような差分で近似できることを，8 章で示しました．

$$\frac{f(x+h)-f(x)}{h} \fallingdotseq f'(x)$$

この式の $f(x)$ を原始関数 $F(x)$ に，$f'(x)$ を $f(x)$ に置き換えると次の式になります．

$$\frac{F(x+h)-F(x)}{h} \fallingdotseq f(x)$$

$$F(x+h) \fallingdotseq F(x)+h\,f(x) \tag{9.1}$$

この式は元の関数値 $f(x)$ に，微小幅 h を掛けて，次々に足していけば，積分値が求められることを示しています．

このことを図で示すと次のような図になります．a から b の間を x 軸上で等間隔に分割し，その小さな区間では長方形であるとみなします．この長方形の幅は a から b を n 個に区切ったとすると $h=(b-a)/n$ となり，これを**刻み幅**といいます．そして高さは，その区間のはじめでの $f(x)$ の値とします．積分の初期値を $F(a)$ として（9.1）式に代入すると，次の式になります．

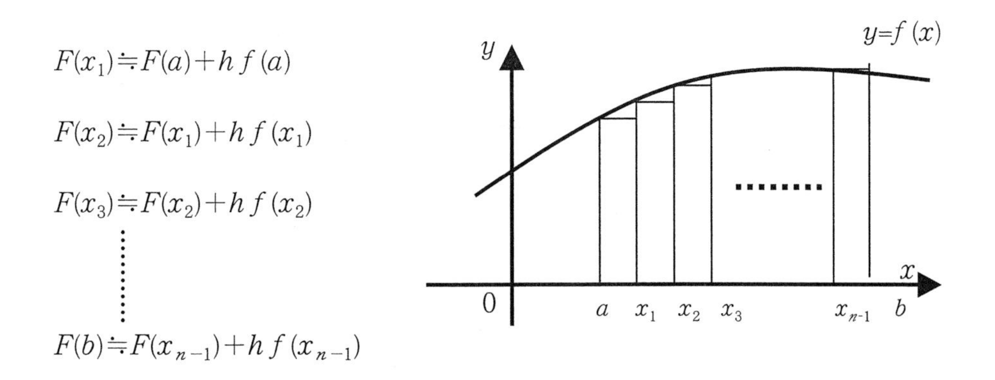

つまり長方形の面積を足していけば，積分値が求まることを示しています．このようにして数値積分を行う方法を，**区分求積法**といいます．区分求積法は精度がよくないので実用的ではありませんが，積分の原理はよくわかります．

Excel を使って，$y=2$ の一定の関数を，区分求積法で積分してみましょう．区分求積法は積分する区間を一定の値で近似しているので，このような関数ならば，ほとんど誤差無しに計算できます．A 列には x を 0 から 2 まで 0.1 ずつ入れます．B 列には $y=2$ なので，すべて「2」を入れておきます．C 列に区分求積法で積分を計算します．まず C2 セルに初期値の「0」を入れます．C3 セルには(9.1)式に相当する「＝C2＋B2＊0.1」の数式を入力して，オートフィルします．

	A	B	C
1	x	y=2	区分求積法
2	0	2	0
3	0.1	2	=C2+B2*0.1
4	0.2	2	
5	0.3	2	
6	0.4	2	
7	0.5	2	
8	0.6	2	
9	0.7	2	
10	0.8	2	
11	0.9	2	
12	1	2	
13	1.1	2	
14	1.2	2	
15	1.3	2	
16	1.4	2	
17	1.5	2	
18	1.6	2	
19	1.7	2	
20	1.8	2	
21	1.9	2	
22	2	2	

	A	B	C
1	x	y=2	区分求積法
2	0	2	0
3	0.1	2	0.2
4	0.2	2	0.4
5	0.3	2	0.6
6	0.4	2	0.8
7	0.5	2	1
8	0.6	2	1.2
9	0.7	2	1.4
10	0.8	2	1.6
11	0.9	2	1.8
12	1	2	2
13	1.1	2	2.2
14	1.2	2	2.4
15	1.3	2	2.6
16	1.4	2	2.8
17	1.5	2	3
18	1.6	2	3.2
19	1.7	2	3.4
20	1.8	2	3.6
21	1.9	2	3.8
22	2	2	4

グラフを描くと次のようになります

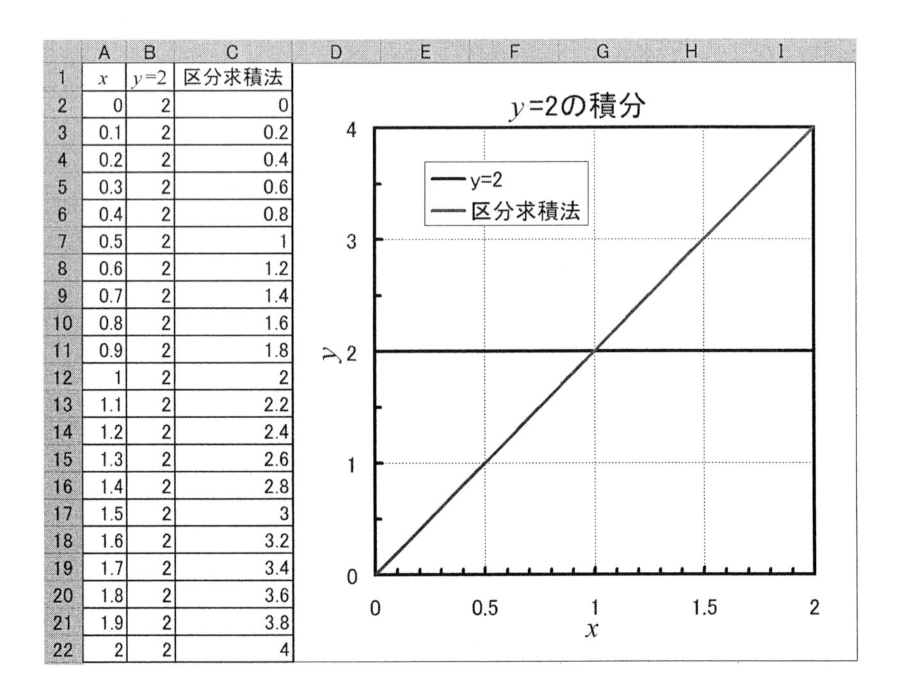

	A	B	C
1	x	y=2	区分求積法
2	0	2	0
3	0.1	2	0.2
4	0.2	2	0.4
5	0.3	2	0.6
6	0.4	2	0.8
7	0.5	2	1
8	0.6	2	1.2
9	0.7	2	1.4
10	0.8	2	1.6
11	0.9	2	1.8
12	1	2	2
13	1.1	2	2.2
14	1.2	2	2.4
15	1.3	2	2.6
16	1.4	2	2.8
17	1.5	2	3
18	1.6	2	3.2
19	1.7	2	3.4
20	1.8	2	3.6
21	1.9	2	3.8
22	2	2	4

定数 2 の積分が一次関数 $y=2x$ になっていることがわかります．これは $y=2x$ を微分すると 2 になることと一致しています．

9.2　べき関数の積分

9.1 節で作った表の B2 セルに「＝A2」の数式を入れて，下までオートフィルすると次のようになります．

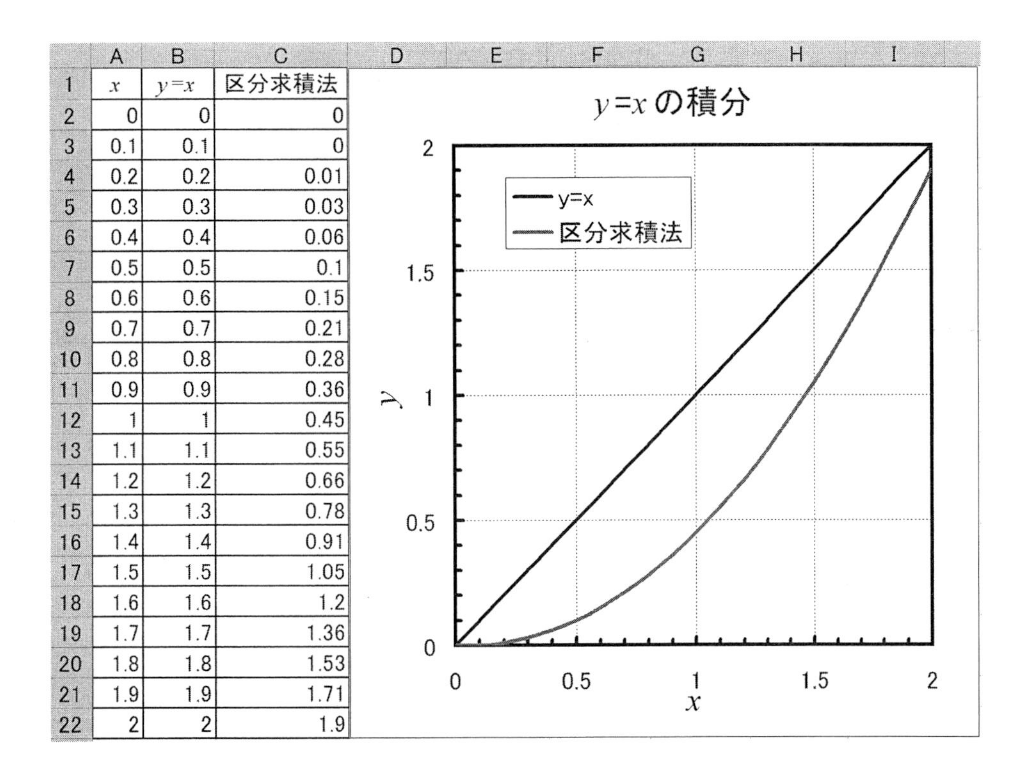

	A	B	C
1	x	$y=x$	区分求積法
2	0	0	0
3	0.1	0.1	0
4	0.2	0.2	0.01
5	0.3	0.3	0.03
6	0.4	0.4	0.06
7	0.5	0.5	0.1
8	0.6	0.6	0.15
9	0.7	0.7	0.21
10	0.8	0.8	0.28
11	0.9	0.9	0.36
12	1	1	0.45
13	1.1	1.1	0.55
14	1.2	1.2	0.66
15	1.3	1.3	0.78
16	1.4	1.4	0.91
17	1.5	1.5	1.05
18	1.6	1.6	1.2
19	1.7	1.7	1.36
20	1.8	1.8	1.53
21	1.9	1.9	1.71
22	2	2	1.9

$y=x$ の積分が $x^2/2$ になっていることがわかります．1 次関数の細かい区間の和を取ると，2 次関数になることは，等差数列の和の計算（3.1 参照）からも類推できます．計算誤差が少しありますが，刻み幅を小さくすると，小さくなります．同様にして，べき関数 x^a の原始関数は，微分の結果（8.1 節参照）から次のように得られます．

$$\int x^a dx = \frac{x^{a+1}}{a+1} + C \qquad （ただし a \neq -1，C は任意の定数）$$

ただし $x^{-1}=1/x$ の積分は，この公式では計算できません．これは 9.5 節の分数関数を参照してください．

練習問題

(1)　$y=x^2$ の積分を Excel で計算して，$x^3/3$ になることを確かめましょう．

(2)　$y=x^3$ の積分を Excel で計算して，$x^4/4$ になることを確かめましょう．

9.3　指数関数の積分

9.1 節で作った表の B2 セルに「＝EXP(A2)」の数式を入れて，下までオートフィルすると次のようになります．ただし C2 セルの初期値は「1」にします．

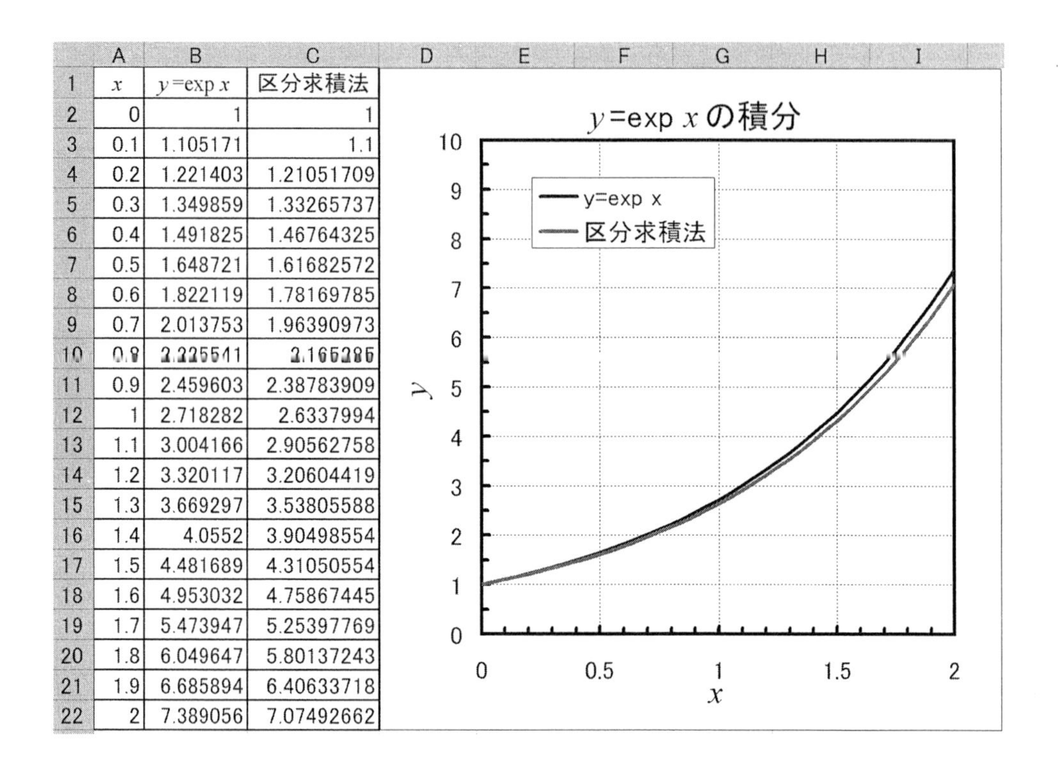

	A	B	C
1	x	y=exp x	区分求積法
2	0	1	1
3	0.1	1.105171	1.1
4	0.2	1.221403	1.21051709
5	0.3	1.349859	1.33265737
6	0.4	1.491825	1.46764325
7	0.5	1.648721	1.61682572
8	0.6	1.822119	1.78169785
9	0.7	2.013753	1.96390973
10	0.8	2.225541	2.165285
11	0.9	2.459603	2.38783909
12	1	2.718282	2.6337994
13	1.1	3.004166	2.90562758
14	1.2	3.320117	3.20604419
15	1.3	3.669297	3.53805588
16	1.4	4.0552	3.90498554
17	1.5	4.481689	4.31050554
18	1.6	4.953032	4.75867445
19	1.7	5.473947	5.25397769
20	1.8	6.049647	5.80137243
21	1.9	6.685894	6.40633718
22	2	7.389056	7.07492662

y＝exp x の積分が，同じ exp x になっていることがわかります．ただし，若干の誤差があります．指数関数の積分は，微分の結果（8.2 節参照）から，次のように変化しない関数であることが得られます．

$$\int \exp x\, dx = \exp x + C$$

9.4　三角関数の積分

A 列には x を 0 から 6.4 まで 0.1 ずつ入れます．B2 セルに，y＝cos x を計算するため，「＝COS(A2)」の数式を入れてオートフィルします．C 列に区分求積法で積分を計算します．まず C2 セルに初期値の 0 を入れます．C3 セルには(9.1)式に相当する「＝C2＋B2＊0.1」の数式を入力して，オートフィルします．

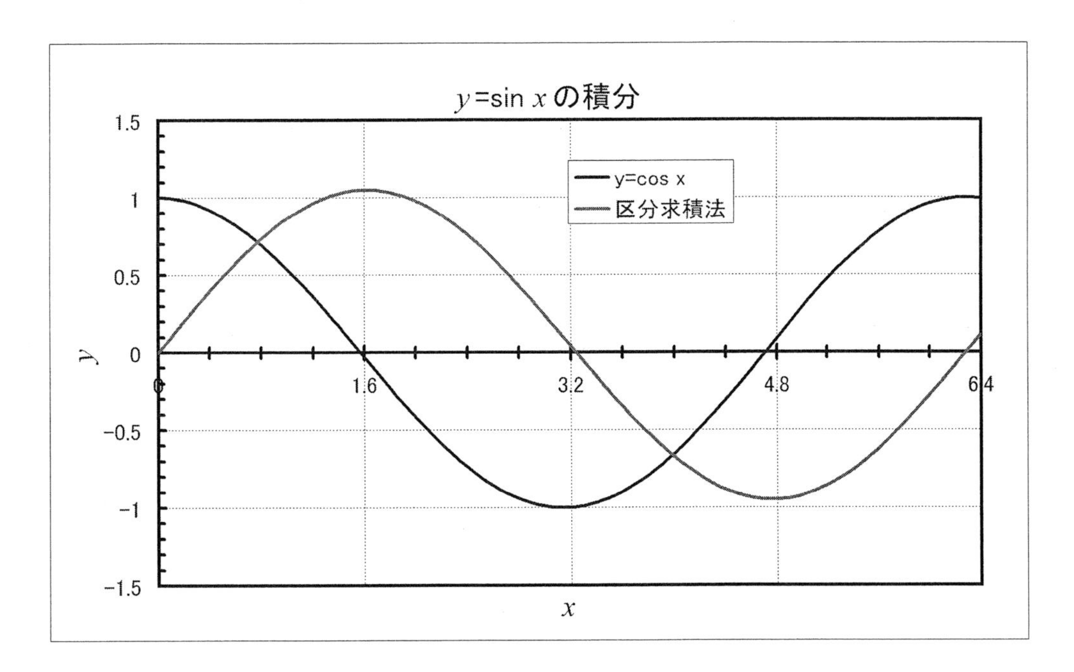

$y=\cos x$ の積分が $\sin x$ になっていることがわかります．同様にして，三角関数の積分は，微分の結果（8.3 節参照）から次のように得られます．

$$\int \sin x \, dx = -\cos x + C$$

$$\int \cos x \, dx = \sin x + C$$　　（ただし C は任意の定数）

練習問題

(1)　$y=\sin x$ の積分を，Excel を使って，初期値−1 で計算して，$-\cos x$ になることを確かめましょう．

9.5　分数関数の積分

A 列には x を 1 から 3 まで 0.1 ずつ入れます．B2 セルに，$y=1/x$ を計算するため，「=1/A2」の数式を入れてオートフィルします．C 列に区分求積法で積分を計算します．まず C2 セルに初期値の「0」を入れます．C3 セルには(9.1)式に相当する「=C2+B2*0.1」の数式を入力して，オートフィルします．

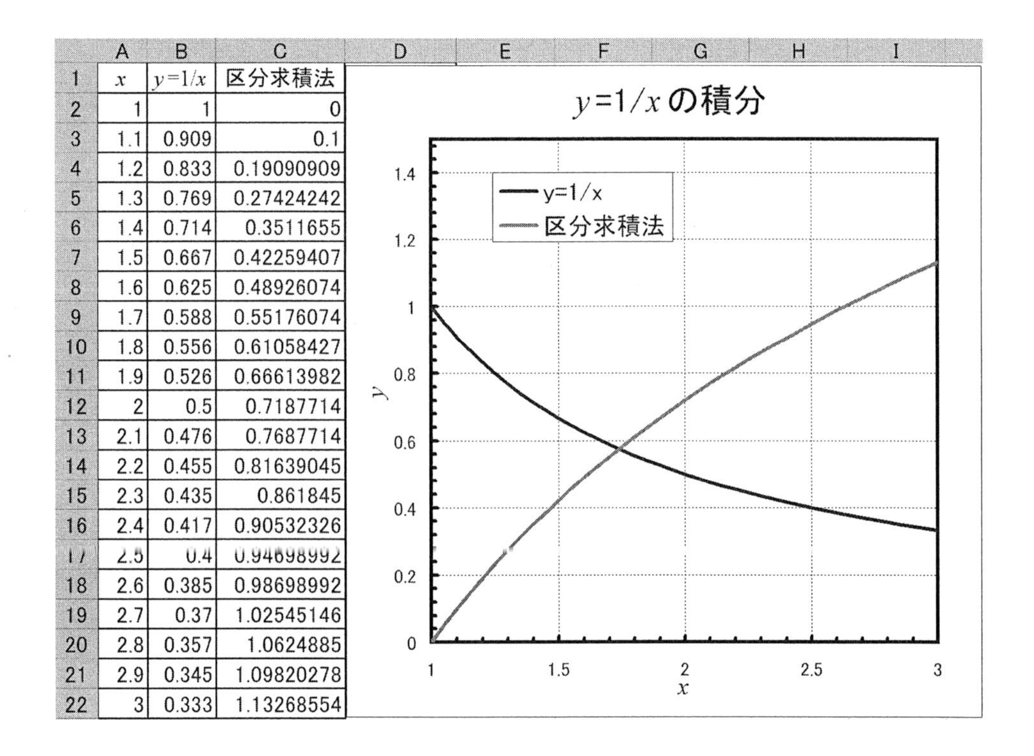

	A	B	C
1	x	y=1/x	区分求積法
2	1	1	0
3	1.1	0.909	0.1
4	1.2	0.833	0.19090909
5	1.3	0.769	0.27424242
6	1.4	0.714	0.3511655
7	1.5	0.667	0.42259407
8	1.6	0.625	0.48926074
9	1.7	0.588	0.55176074
10	1.8	0.556	0.61058427
11	1.9	0.526	0.66613982
12	2	0.5	0.7187714
13	2.1	0.476	0.7687714
14	2.2	0.455	0.81639045
15	2.3	0.435	0.861845
16	2.4	0.417	0.90532326
17	2.5	0.4	0.94698992
18	2.6	0.385	0.98698992
19	2.7	0.37	1.02545146
20	2.8	0.357	1.0624885
21	2.9	0.345	1.09820278
22	3	0.333	1.13268554

$y=1/x$ の積分が $\log x$ になっていることがわかります．微分の結果（8.4 節参照）から，次の式が得られます．

$$\int \frac{1}{x}dx = \log x + C$$

9.6　台　形　公　式

台形公式は，区分求積法のときと同じように，a から b の間を x 軸上で等間隔に分割し，その小さな区間では $f(x)$ を一次関数の直線で近似します．従って，区間はそれぞれ台形であるとみなして，その面積を求めます．台形の面積公式は（上底＋下底）×高さ÷2 なので，この場合は次の式のように，一つの区間の，左右両方の高さを足して，幅をかけて 2 で割ることになります．

$$F(x+h) \fallingdotseq F(x) + \{f(x) + f(x+h)\}\frac{h}{2} \qquad (9.2)$$

台形公式は，元の関数 $f(x)$ を 1 次関数で近似していることと同じなので，元の関数が 1 次関数ならば，誤差なしで計算できます．

台形公式の誤差を見積もるために，指数関数を積分してみましょう．指数関数 e^x は積分しても変わらない関数なので，精度を比較するときに便利です．A 列には x を 0 から 2 まで 0.1 ずつオートフィルで入れます．B 列には e^x を計算します．C 列に台形公式で積分を計算します．まず C2 セルに初期値の「1」を入れます．C3 セルには「＝C2＋(B2＋B3)/2＊0.1」の数式を入力します．この数式を残りの C 列のセルにオートフィルで貼り付けます．

	A	B	C	D
1	x	y=exp x	台形公式	
2	0	1	1	
3	0.1	1.10517	=C2+(B2+B3)/2*0.1	

グラフは次のようになります．

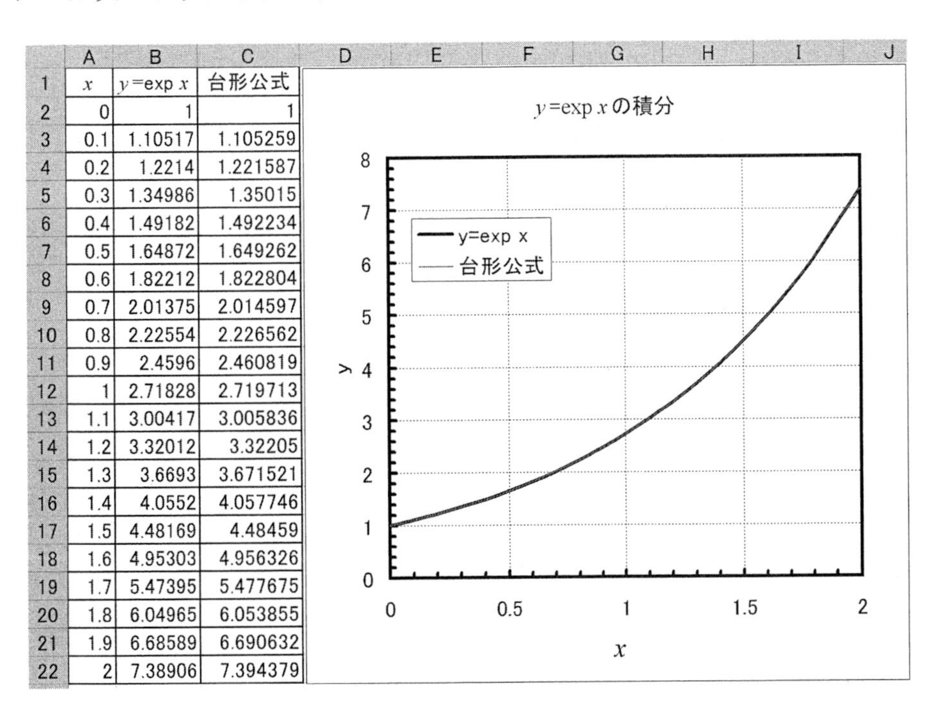

	A	B	C
1	x	y=exp x	台形公式
2	0	1	1
3	0.1	1.10517	1.105259
4	0.2	1.2214	1.221587
5	0.3	1.34986	1.35015
6	0.4	1.49182	1.492234
7	0.5	1.64872	1.649262
8	0.6	1.82212	1.822804
9	0.7	2.01375	2.014597
10	0.8	2.22554	2.226562
11	0.9	2.4596	2.460819
12	1	2.71828	2.719713
13	1.1	3.00417	3.005836
14	1.2	3.32012	3.32205
15	1.3	3.6693	3.671521
16	1.4	4.0552	4.057746
17	1.5	4.48169	4.48459
18	1.6	4.95303	4.956326
19	1.7	5.47395	5.477675
20	1.8	6.04965	6.053855
21	1.9	6.68589	6.690632
22	2	7.38906	7.394379

精度は区分求積法（9.3 節参照）よりも格段によくなって，exp1 で小数点以下 2 桁まで一致しており，グラフでも誤差が見えないことがわかります．

練習問題

(1)　x を 0 から 2 まで 0.1 ずつ変えて，y=exp $2x$ を計算しましょう．この計算結果を使って，x=0 のとき y=1/2 の初期条件で台形公式を用いて積分し，y=exp $2x/2$ に等しくなることを確かめましょう.

$F=\int f(x)dx$ のとき $x=g(t)$とおくと，合成関数の微分公式より

$$\frac{dF}{dt}=\frac{dF}{dx}\cdot\frac{dx}{dt}=f(x)g'(t)=f\{g(t)\}g'(t)$$

これの両辺を t で積分すれば

$$\int f(x)dx=\int f\{g(t)\}g'(t)dt$$

となります．これを**置換積分の公式**といいます．

この問題の場合 $t=2x$ とおくと $x=t/2$ で $dx/dt=1/2$ です．従って

$$\int \exp 2x\,dx=\frac{1}{2}\exp 2x+C$$

$C=0$ ならば $x=0$ のとき初期値は 1/2 になります．

(2)　x を 0 から 2 まで 0.1 ずつ変えて，$y=x\exp x$ を計算しましょう．この計算結果を使って，$x=0$ のとき $y=-1$ の初期条件で台形公式を用いて積分し，$x\exp x-\exp x$ に等しくなることを確かめましょう．

積の微分公式

$$\{f(x)g(x)\}'=f'(x)g(x)+f(x)g'(x)$$

から

$$f(x)g'(x)=\{f(x)g(x)\}'-f'(x)g(x)$$

両辺を積分すると

$$\int f(x)g'(x)\,dx=f(x)g(x)-\int f'(x)g(x)dx$$

これを**部分積分の公式**といいます．

この問題では $g(x)=\exp x$，$f(x)=x$ とします．そうすると $g'(x)=\exp x$，$f'(x)=1$ になるので，上の式に代入して，

$$\int x\exp x\,dx=x\exp x-\int\exp x\,dx=x\exp x-\exp x+C$$

$C=0$ ならば $x=0$ のとき初期値は -1 になります．

(3)　x を 1 から 10 まで 0.1 ずつ変えて，$y=1/x$ を計算しましょう．この計算結果を使って，$x=1$ のとき $y=0$ の初期条件で台形公式を用いて積分し，$\log x$ に等しくなることを確かめましょう．

(4)　x を 0 から 6.3（約 2π）まで 0.1 ずつ変えて，$y=\sin x$ を計算しましょう．この計算結果を使って，$x=0$ のとき $y=-1$ の初期条件で台形公式を用いて積分し，$y=-\cos x$ に等しくなることを確かめましょう．

(5)　x を 0 から 6.3（約 2π）まで 0.1 ずつ変えて，$y=\cos x$ を計算しましょう．この計算結果を使って，$x=0$ のとき 0 の初期条件で台形公式を用いて積分し，$y=\sin x$ に等しくなることを確かめ，9.4 節の結果と比較しましょう

(6)　x を 1 から 5 まで 0.1 ずつ変えて $y=\log x$ を計算しましょう．この計算結果を使って，$x=1$ のとき $y=-1$ の初期条件で，台形公式を用いて積分し，$y=x\log x-x$ に等しくなることを確かめましょう．

$\log x$ の不定積分は部分積分の公式を使って次のように求めることができます．

$$\int f(x)\,g'(x)\,dx = f(x)\,g(x) - \int f'(x)\,g(x)\,dx$$

において $f(x)=\log x$，$g(x)=x$ とします．そうすると $f'(x)=1/x$，$g'(x)=1$ になるので，上の式に代入して，

$$\int \log x\,dx = x\log x - x + C$$

C=0 ならば $x=1$ のとき初期値は -1 になります．

(7) x を 0 から 1.5 まで 0.1 ずつ変えて，$y=\tan x$ を計算しましょう．この計算結果を使って，$x=0$ のとき 0 の初期条件で，台形公式を用いて積分し，$y=-\log|\cos x|$ に等しくなることを確かめましょう．

$\cos x=t$ とおくと $dt/dx=-\sin x$，従って $dx/dt=-1/\sin x$ となるので，$\tan x$ の不定積分は置換積分の公式を使って次のように求めることができます．

$$\int \tan x\,dx = \int \frac{\sin x}{\cos x}\,dx = \int \frac{\sin x}{t}\,\frac{-1}{\sin x}\,dt$$

$$= \int \frac{-1}{t}\,dt = -\log|t| + C = -\log|\cos x| + C$$

$C=0$ ならば $x=0$ のとき初期値は 0 になります．

(8) n が大きいとき，$\log n!$ が，$n\log n-n$ で近似できることを，Excel で n を 1 から 50 まで変えて計算して，確かめましょう．ただし階乗 $n!$ の計算は FACT 関数で行います．

$\log n!$ は次のように展開できます．

$$\log n! = \log(1\times 2\times 3\times\cdots\times n) = \log 1 + \log 2 + \log 3 + \cdots + \log n$$

これは $\log x$ を 1 から n まで 1 ずつの刻み幅で，区分求積法で積分した式なので，次の式が成り立ちます．

$$\fallingdotseq \int_1^n \log x\,dx = \left[x\log x - x\right]_1^n = n\log n - n + 1$$

n が大きい場合は，最後の 1 が無視できて，$\log n! \fallingdotseq n\log n - n$ となります．これを**スターリング近似**といいます．

9.7　シンプソンの公式

シンプソンの公式は a から b の間を x 軸上で，偶数で分割し，隣り合った二つの区間をひとまとめにし，その間の $f(x)$ を 2 次関数で近似して求める方法です．

いま次の図のように隣り合った，幅 h の二つの区間があり，辺の高さを y_0，y_1，y_2 とします．この二つの区間の面積は次の式で表されます．

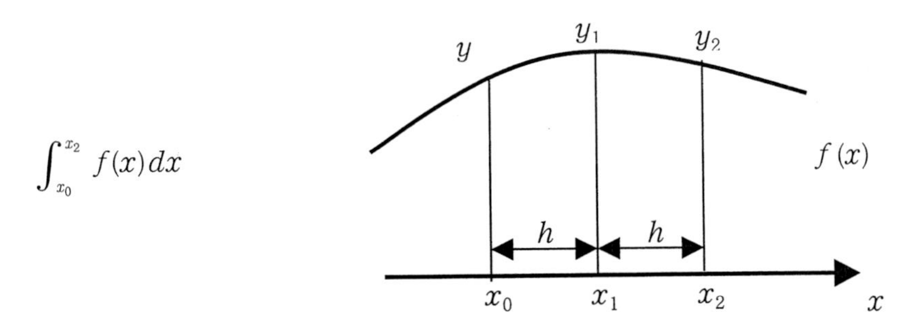

ここで $x=x_1+th$ とおいて，変数変換すると，$dx/dt=h$ より

$$\int_{x_0}^{x_2} f(x)dx = \int_{-1}^{1} f(x_1+ht)h\,dt$$

この間の関数を2次関数で次のようにおきます．

$$f(x_1+ht)=pt^2+qt+s$$

すると，$x_0=x_1-h$，$x_2=x_1+h$ より，次の三つの式が出ます．

$$y_0=f(x_0)=f(x_1-1h)=p-q+s$$

$$y_1=f(x_1)=f(x_1-0h)=s$$

$$y_2=f(x_2)=f(x_1+1h)=p+q+s$$

この式を連立に解いて次の式を得ます．

$$y_0+y_2=2p+2s$$

$$p=\frac{1}{2}(y_0+y_2)-y_1$$

上の積分に，この関係を代入して，

$$\int_{x_0}^{x_2} f(x)dx = \int_{-1}^{1} f(x_1+ht)h\,dt = \int_{-1}^{1}(pt^2+qt+s)h\,dt$$

$$=h\left[\frac{1}{3}pt^3+\frac{1}{2}qt^2+st\right]_{-1}^{1}=h\left\{\left(\frac{p}{3}+\frac{q}{2}+s\right)-\left(-\frac{p}{3}+\frac{q}{2}-s\right)\right\}$$

$$=h\left(\frac{2}{3}p+2s\right)=(y_0+4y_1+y_2)\frac{h}{3} \tag{9.3}$$

これが**シンプソンの公式**です．この公式を使って，Excelで数値積分するには，2区間ごとに計算を行わなければなりません．シンプソンの公式は精度が高く，元の関数 $f(x)$ が3次までの多項式の関数ならば，ほとんど誤差なしで積分することができます．

指数関数 $\exp x$ をシンプソンの公式で積分して，精度を検証してみましょう．A列に0から2まで0.1ごとの x, B列にその指数関数 $\exp x$ を計算しておきます．

C2セルに初期値の1を入れておきます．一つ離して，C4セルに「＝C2＋(B2＋4＊B3＋B4)＊0.1/3」の数式を入力します．

	A	B	C	D
1	x	y=exp x	シンプソンの公式	
2	0	1	1	
3	0.1	1.10517		
4	0.2	1.2214	=C2+(B2+4*B3+B4)*0.1/3	

確定後 C3，C4 の二つのセルを同時に選択します．そしてオートフィルすると一つおきに数式がコピーされます．

	A	B	C
1	x	y=exp x	シンプソンの公式
2	0	1	1
3	0.1	1.10517	
4	0.2	1.2214	1.221402881
5	0.3	1.34986	
6	0.4	1.49182	
7	0.5	1.64872	
8	0.6	1.82212	
9	0.7	2.01375	
10	0.8	2.22554	
11	0.9	2.4596	
12	1	2.71828	
13	1.1	3.00417	
14	1.2	3.32012	
15	1.3	3.6693	
16	1.4	4.0552	
17	1.5	4.48169	
18	1.6	4.95303	
19	1.7	5.47395	
20	1.8	6.04965	
21	1.9	6.68589	
22	2	7.38906	

	A	B	C
1	x	y=exp x	シンプソンの公式
2	0	1	1
3	0.1	1.10517	
4	0.2	1.2214	1.221402881
5	0.3	1.34986	
6	0.4	1.49182	1.491824971
7	0.5	1.64872	
8	0.6	1.82212	1.822119257
9	0.7	2.01375	
10	0.8	2.22554	2.225541609
11	0.9	2.4596	
12	1	2.71828	2.718282782
13	1.1	3.00417	
14	1.2	3.32012	3.32011821
15	1.3	3.6693	
16	1.4	4.0552	4.055201662
17	1.5	4.48169	
18	1.6	4.95303	4.953034618
19	1.7	5.47395	
20	1.8	6.04965	6.049650266
21	1.9	6.68589	
22	2	7.38906	7.389059644

シンプソンの公式は一つおきに計算しているため，滑らかな曲線を引きづらくなります．そこで「散布図」の「データポイントを平滑線でつないだグラフ」を描きます．

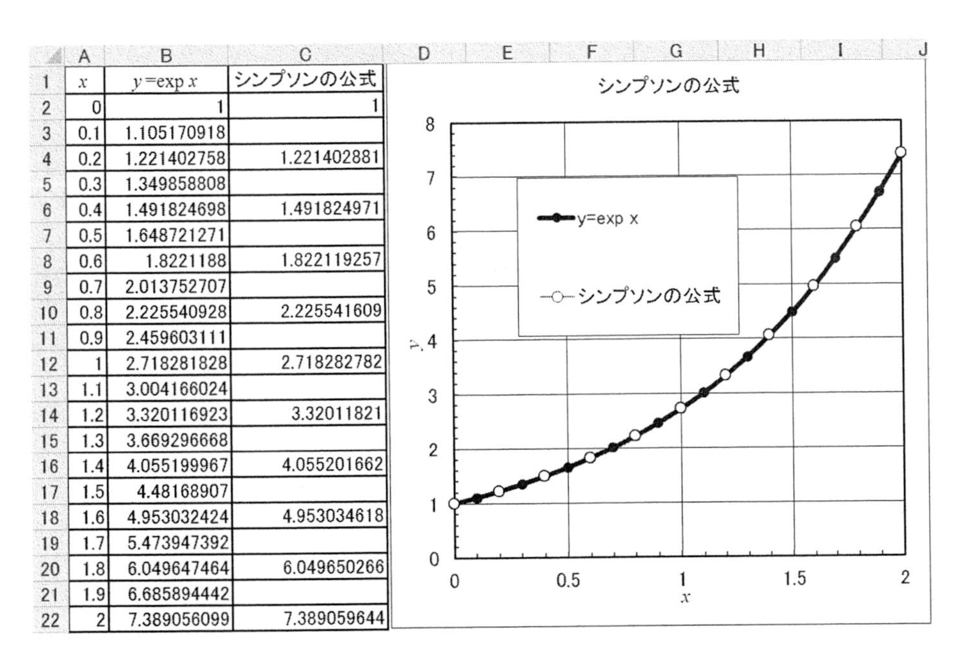

	A	B	C
1	x	y=exp x	シンプソンの公式
2	0	1	1
3	0.1	1.105170918	
4	0.2	1.221402758	1.221402881
5	0.3	1.349858808	
6	0.4	1.491824698	1.491824971
7	0.5	1.648721271	
8	0.6	1.8221188	1.822119257
9	0.7	2.013752707	
10	0.8	2.225540928	2.225541609
11	0.9	2.459603111	
12	1	2.718281828	2.718282782
13	1.1	3.004166024	
14	1.2	3.320116923	3.32011821
15	1.3	3.669296668	
16	1.4	4.055199967	4.055201662
17	1.5	4.48168907	
18	1.6	4.953032424	4.953034618
19	1.7	5.473947392	
20	1.8	6.049647464	6.049650266
21	1.9	6.685894442	
22	2	7.389056099	7.389059644

グラフでも二つの計算結果の違いはほとんどわかりません．結果を比較すると，exp2 で小数点以下 4 桁まで一致しており，台形公式（9.6 節参照）よりもさらに精度が高いことがわかります．しかも計算量は一つおきに計算しているため，さほど変わりません．

9.8　その他の数値積分

数値積分は昔からよく研究されてきた分野です．そのためかなり多くのその他の方法が開発されてきました．これらの方法は，精度は優れていますが，計算手順が複雑で，簡単な Excel の操作では対応できません．また原理も難解で，やさしく数学を学ぶ，というこの本の主旨に合いません．ここでは概略を紹介するにとどめるので，詳細は他の「Excel でわかる応用数学」を参照して下さい．

ニュートン・コーツの公式は $f(x)$ を 3 次関数で近似する方法です．シンプソン法よりさらに精度は高いものの，計算はかなり複雑になります．このように，一般に近似する多項式の次数を上げれば精度は上がりますが，計算量が増加して計算による誤差が無視できなくなります．

ルジャンドル・ガウスの公式は分割を不等間隔で行い，n 個の区間に分けたときに，$f(x)$ を n 次多項式で近似します．不等間隔で分割するため，計算量が抑えられ精度が高くなります．

ロンベルグ法は計算量を減らすため，低い次数の多項式を用い，真値を推定して高い精度を得たものです．

10. テイラー展開

かなり複雑な関数（**超関数**など）を計算する場合，単純な多項式で近似する必要が出てきます．この近似の代表的なものが**テイラー展開**です．

10.1 テイラー展開

ある関数が，べき関数の多項式で表されるとします．すると次のように表せます．

$$
\begin{aligned}
f(x) &= a_0 + a_1(x-b) + a_2(x-b)^2 + a_3(x-b)^3 + \cdots + a_k(x-b)^k + \cdots \\
&= \sum_{k=0}^{\infty} a_k (x-b)^k
\end{aligned}
$$

この式の係数 a_k を求めるために両辺に微分を繰り返し，$x=b$ を代入すると

$$
\begin{aligned}
&f^{(0)}(b) = a_0 \\
&f^{(1)}(b) = a_1 \\
&f^{(2)}(b) = 2!\,a_2 \\
&f^{(3)}(b) = 3!\,a_3 \\
&\qquad \vdots \\
&f^{(k)}(b) = k!\,a_n
\end{aligned}
$$

が得られます．$f^{(k)}(b)$ とは $f(x)$ を k 回微分して，x に b を代入したものです．$k!$ とは 1 から k までを順番に掛けたもので，**階乗**といいます．

このことから上の多項式は次のように類推できます．

$$
f(x) = \sum_{k=0}^{\infty} \frac{1}{k!} f^{(k)}(b)\,(x-b)^k \tag{10.1}
$$

これをテイラー展開と呼びます．厳密には k が∞に近づいたとき，$f^{(k)}(b)/\,k!$ が 0 に収束することを示さなければなりませんが，非常に煩雑なので省略します．

テイラー展開は x の値が b に近いときはよい近似となります．

ここで $b=0$ のとすると，(10.1) 式は次のように簡単になります．

$$
f(x) = \sum_{k=0}^{\infty} \frac{1}{k!} f^{(k)}(0)\ x^k \tag{10.2}
$$

ここでは，この $b=0$ におけるテイラー展開（これを**マクローリン展開**とも呼ぶ）に話を限定します.

Excel でテイラー展開を計算するときは無限に計算することはできないので，適当なところで打ち切らねばなりません.

10.2 指数関数のテイラー展開

指数関数 $\exp(x)$ は微分しても変わらない関数なので，$f^{(k)}(0)$ は常に $\exp(0)=1$ です．その結果，テイラー展開は簡単になり次のようになります.

$$\exp(x)=\sum_{k=0}^{\infty}\frac{1}{k!}x^k=1+\frac{1}{1!}x+\frac{1}{2!}x^2+\frac{1}{3!}x^3+\frac{1}{4!}x^4+\frac{1}{5!}x^5+\cdots \tag{10.3}$$

指数関数 $\exp(x)$ のテイラー展開を Excel で計算してみます.

A 列に x を -1 から 1 まで 0.1 ごとに入れます．B 列では計算結果の比較のために，$\exp(x)$ を計算しておきます.

C 列でテイラー展開を計算します．C2 セルに「＝1＋A2＋A2^2/2＋A2^3/6」の数式を入力します．これはテイラー展開(10.3)式の $k=3$ まで計算したことになります.

	A	B
1	x	y=expx
2	-1	=EXP(A2)
3	-0.9	
4	-0.8	
5	-0.7	
6	-0.6	
7	-0.5	
8	-0.4	
9	-0.3	
10	-0.2	
11	-0.1	
12	0	
13	0.1	
14	0.2	
15	0.3	
16	0.4	
17	0.5	
18	0.6	
19	0.7	
20	0.8	
21	0.9	
22	1	

	A	B	C	D
1	x	y=expx	テイラー展開	
2	-1	0.367879	=1+A2+A2^2/2+A2^3/6	
3	-0.9	0.40657		
4	-0.8	0.449329		
5	-0.7	0.496585		
6	-0.6	0.548812		
7	-0.5	0.606531		
8	-0.4	0.67032		
9	-0.3	0.740818		
10	-0.2	0.818731		
11	-0.1	0.904837		
12	0	1		
13	0.1	1.105171		
14	0.2	1.221403		
15	0.3	1.349859		
16	0.4	1.491825		
17	0.5	1.648721		
18	0.6	1.822119		
19	0.7	2.013753		
20	0.8	2.225541		
21	0.9	2.459603		
22	1	2.718282		

グラフを描くと次のようになります.

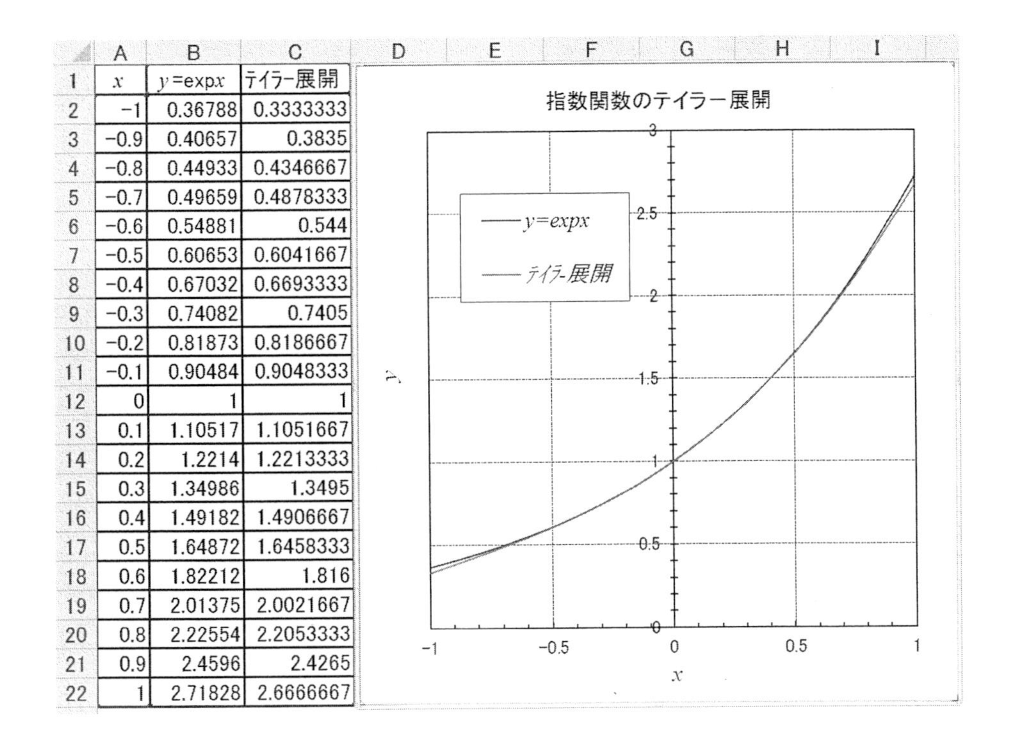

	A	B	C
1	x	y=exp$x$	テイラー展開
2	−1	0.36788	0.3333333
3	−0.9	0.40657	0.3835
4	−0.8	0.44933	0.4346667
5	−0.7	0.49659	0.4878333
6	−0.6	0.54881	0.544
7	−0.5	0.60653	0.6041667
8	−0.4	0.67032	0.6693333
9	−0.3	0.74082	0.7405
10	−0.2	0.81873	0.8186667
11	−0.1	0.90484	0.9048333
12	0	1	1
13	0.1	1.10517	1.1051667
14	0.2	1.2214	1.2213333
15	0.3	1.34986	1.3495
16	0.4	1.49182	1.4906667
17	0.5	1.64872	1.6458333
18	0.6	1.82212	1.816
19	0.7	2.01375	2.0021667
20	0.8	2.22554	2.2053333
21	0.9	2.4596	2.4265
22	1	2.71828	2.6666667

若干のずれが見られますが，これはもちろん $k=3$ までで計算を打ち切っているからで，もっと多くの項を計算すれば，誤差は少なくなります．またこれは $x=0$ におけるテイラー展開なので，$x=0$ から離れるほど誤差は大きくなります．

指数関数のテイラー展開からネイピア数 e を求めることができます．(10.3)式に $x=1$ を代入すると

$$\exp(1)= e = \sum_{k=0}^{\infty} \frac{1}{k!} = 1+\frac{1}{1}+\frac{1}{2}+\frac{1}{6}+\frac{1}{24}+\cdots$$

となります．

10.3　三角関数のテイラー展開

テイラー展開の (10.2) 式の $f(x)$に $\sin x$ を代入すると，k が偶数の項は $\sin 0=0$ となって消えてしまいます．従って

$$\sin x=\frac{1}{1!}x-\frac{1}{3!}x^3+\frac{1}{5!}x^5-\frac{1}{7!}x^7+\cdots$$

$$=x-\frac{x^3}{6}+\frac{x^5}{120}-\frac{x^7}{5040}+\cdots \qquad (10.4)$$

となります．

この式を Excel で計算してみます.

A 列には−3.2 から 3.2 まで 0.2 ずつ x を入れ，B 列ではその $\sin x$ を計算しておきます．そして C2 セルに上の式の 3 項目までの数式「＝A2−A2^3/6＋A2^5/120」を入力して，オートフィルでコピーします.

	A	B	C	D
1	x	$\sin x$	テイラー展開	
2	−3.2	0.058374	=A2−A2^3/6+A2^5/120	
3	−3	−0.14112		
4	−2.8	−0.33499		
5	−2.6	−0.5155		
6	−2.4	−0.67546		
7	−2.2	−0.8085		
8	−2	−0.9093		
9	−1.8	−0.97385		
10	−1.6	−0.99957		
11	−1.4	−0.98545		
12	−1.2	−0.93204		
13	−1	−0.84147		
14	−0.8	−0.71736		
15	−0.6	−0.56464		
16	−0.4	−0.38942		
17	−0.2	−0.19867		
18	0	0		
19	0.2	0.198669		
20	0.4	0.389418		
21	0.6	0.564642		
22	0.8	0.717356		
23	1	0.841471		
24	1.2	0.932039		
25	1.4	0.98545		
26	1.6	0.999574		
27	1.8	0.973848		
28	2	0.909297		
29	2.2	0.808496		
30	2.4	0.675463		
31	2.6	0.515501		
32	2.8	0.334988		
33	3	0.14112		
34	3.2	−0.05837		

	A	B	C
1	x	$\sin x$	テイラー展開
2	−3.2	0.058374	−0.53486933
3	−3	−0.14112	−0.525
4	−2.8	−0.33499	−0.57553067
5	−2.6	−0.5155	−0.66078133
6	−2.4	−0.67546	−0.759552
7	−2.2	−0.8085	−0.85480267
8	−2	−0.9093	−0.93333333
9	−1.8	0.07306	0.005404
10	−1.6	−0.99957	−1.00471467
11	−1.4	−0.98545	−0.98748533
12	−1.2	−0.93204	−0.932736
13	−1	−0.84147	−0.84166667
14	−0.8	−0.71736	−0.71739733
15	−0.6	−0.56464	−0.564648
16	−0.4	−0.38942	−0.38941867
17	−0.2	−0.19867	−0.19866933
18	0	0	0
19	0.2	0.198669	0.198669333
20	0.4	0.389418	0.389418667
21	0.6	0.564642	0.564648
22	0.8	0.717356	0.717397333
23	1	0.841471	0.841666667
24	1.2	0.932039	0.932736
25	1.4	0.98545	0.987485333
26	1.6	0.999574	1.004714667
27	1.8	0.973848	0.985464
28	2	0.909297	0.933333333
29	2.2	0.808496	0.854802667
30	2.4	0.675463	0.759552
31	2.6	0.515501	0.660781333
32	2.8	0.334988	0.575530667
33	3	0.14112	0.525
34	3.2	−0.05837	0.534869333

グラフを描くと次のようになります.

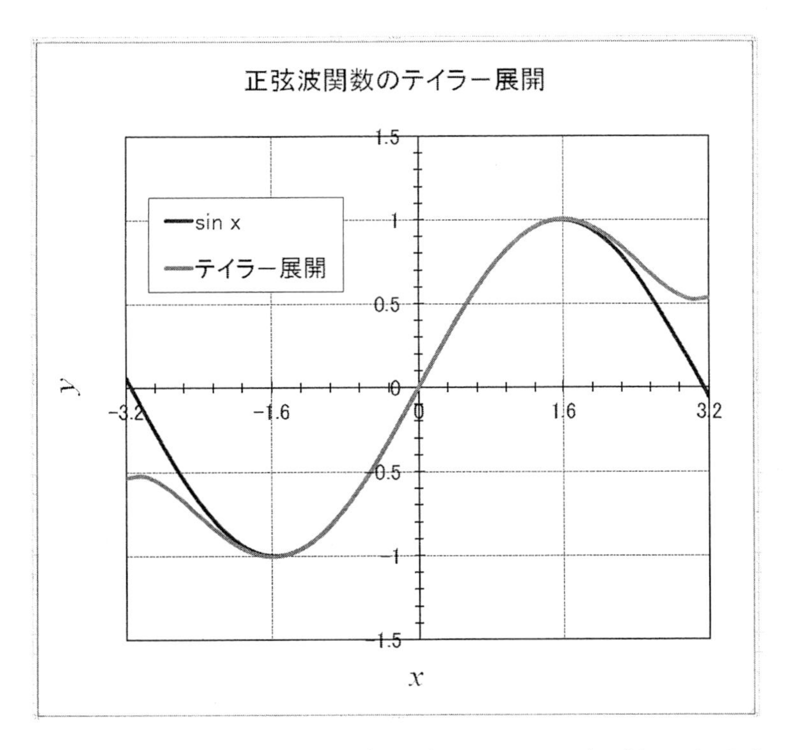

x が 0 から離れるに従って誤差がかなり生じていることがわかります．ちなみに第 4 項まで計算すると次のようになり，かなり一致していることがわかります．

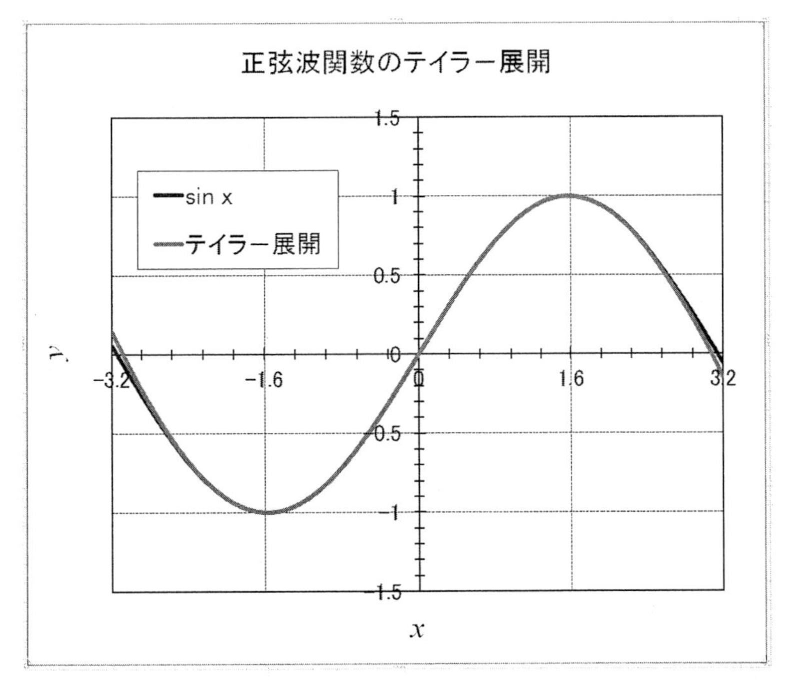

同様にして cos 関数は次のようにテイラー展開できます．

テイラー展開の（10.2）式の $f(x)$ に $\cos x$ を代入すると，k が奇数の項は $\sin 0$

＝0 となって消えてしまいます．従って cos 関数のテイラー展開は次のようになります．

$$\cos x = 1 - \frac{1}{2!}x^2 + \frac{1}{4!}x^4 - \frac{1}{6!}x^6 + \frac{1}{8!}x^8 + \cdots$$

$$= 1 - \frac{x^2}{2} + \frac{x^4}{24} - \frac{x^6}{720} + \frac{x^8}{40320} + \cdots \qquad (10.5)$$

上の式の第 4 項まで，Excel で計算すると次のようになります．

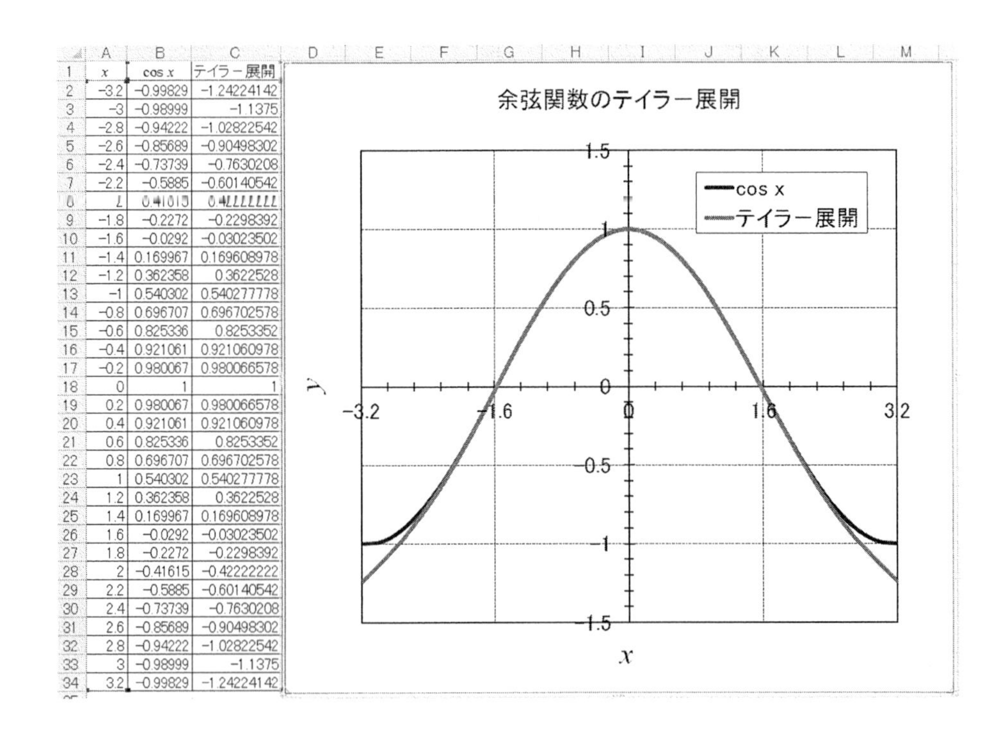

	A	B	C
1	x	cos x	テイラー展開
2	−3.2	−0.99829	−1.24224142
3	−3	−0.98999	−1.1375
4	−2.8	−0.94222	−1.02822542
5	−2.6	−0.85689	−0.90498302
6	−2.4	−0.73739	−0.7630208
7	−2.2	−0.5885	−0.60140542
8	[illegible]	[illegible]	[illegible]
9	−1.8	−0.2272	−0.2298392
10	−1.6	−0.0292	−0.03023502
11	−1.4	0.169967	0.169608978
12	−1.2	0.362358	0.3622528
13	−1	0.540302	0.540277778
14	−0.8	0.696707	0.696702578
15	−0.6	0.825336	0.8253352
16	−0.4	0.921061	0.921060978
17	−0.2	0.980067	0.980066578
18	0	1	1
19	0.2	0.980067	0.980066578
20	0.4	0.921061	0.921060978
21	0.6	0.825336	0.8253352
22	0.8	0.696707	0.696702578
23	1	0.540302	0.540277778
24	1.2	0.362358	0.3622528
25	1.4	0.169967	0.169608978
26	1.6	−0.0292	−0.03023502
27	1.8	−0.2272	−0.2298392
28	2	−0.41615	−0.42222222
29	2.2	−0.5885	−0.60140542
30	2.4	−0.73739	−0.7630208
31	2.6	−0.85689	−0.90498302
32	2.8	−0.94222	−1.02822542
33	3	−0.98999	−1.1375
34	3.2	−0.99829	−1.24224142

もちろん，もっと多くの項を計算すれば，誤差は少なくなります．

正弦の sin 関数は奇関数なので，x の奇数次で表されます．一方，余弦の cos 関数は偶関数なので，x の偶数次で表されています（4.1 節参照）．

練習問題

(1) x を−2 から 2 まで 0.2 ずつ変えて，指数関数 exp x とそのテイラー展開を計算して比較しましょう．テイラー展開をもっと高次の $k=4$ まで計算してどれくらいまで近似できるかやってみましょう．

(2) x を−6.3 から 6.3 まで 0.3 ずつ変えて，sin 関数や cos 関数を計算し，テイラー展開の式と比較してみましょう．テイラー展開をもっと高次まで計算してどれくらいまで近似できるかやってみましょう．

11. フーリエ級数展開

ある周期で繰り返し同じ波形が出てくる周期関数は，三角関数で近似することができます．これがフーリエ級数展開の考え方です．かなり難しい理論ですが，様々な方面で有用な考え方のため，あえてここに載せることにします．

このような波形は，各種の電気信号や音声信号に現れるため，時間 t の関数で表すことが多いものです．そこでここでは，2π の周期で無限に繰り返す，時間の関数 $f(t)$ をフーリエ級数展開します．

11.1 フーリエ級数展開

$f(t)$ が時間に対する周期 2π の周期関数であるとき

$$
\begin{aligned}
f(t) &= \frac{a_0}{2} + a_1 \cos t + a_2 \cos 2t + \cdots + a_n \cos nt + \cdots \\
&\quad + b_1 \sin t + b_2 \sin 2t + \cdots + b_n \sin nt + \cdots \\
&= \frac{a_0}{2} + \sum_{n=1}^{\infty} (a_n \cos nt + b_n \sin nt) \qquad (11.1)
\end{aligned}
$$

の形で表せます．これを**フーリエ級数展開**といいます．ただし n は自然数です．

a_n，b_n はすべて $f(t)$ によって決まる係数で，**フーリエ係数**と呼ばれます．

まず a_0 を求めます．（11.1）式の両辺を $-\pi$ から π まで積分すると

$$
\int_{-\pi}^{\pi} f(t)\,dt = \int_{-\pi}^{\pi} \left\{ \frac{a_0}{2} + \sum_{n=1}^{\infty} (a_n \cos nt + b_n \sin nt) \right\} dt
$$

となります．三角関数の部分は 1 周期分積分すると，次の図のように，正の部分と負の部分が同じなので 0 になります．もちろん，n 周期分を積分しても 0 になります．

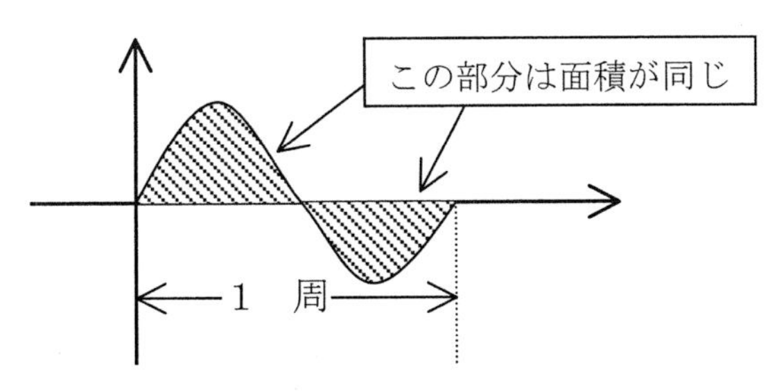

従って上の式は第 1 項以外は 0 になって

$$\int_{-\pi}^{\pi} f(t)dt = \int_{-\pi}^{\pi} \frac{a_0}{2} dt = a_0 \pi$$

となり，a_0 が求められました．

次に a_n を求めるために，$\cos mt$ を（11.1）式の両辺に掛けて $-\pi$ から π まで 1 周期分積分します．ただし m は自然数です．

$$\int_{-\pi}^{\pi} f(t) \cos mt \, dt$$

$$= \int_{-\pi}^{\pi} \left\{ \frac{a_0}{2} \cos mt + \sum_{n=1}^{\infty} (a_n \cos nt \cos mt + b_n \sin nt \cos mt) \right\} dt$$

$n \neq m$ の場合，三角関数どうしの掛け算も三角関数になります（sin と cos の掛け算も同じく，位相の違う三角関数の掛け算であるので三角関数になる．4.2 節の練習問題参照）．

三角関数は n 周期分積分すれば，正の部分と負の部分が同じなので 0 になります．つまり上の積分は大部分が 0 です．

一方，$n=m$ で，位相も同じ cos 関数どうしの掛け算は，絶対値をとることになって負の部分が正になります．従ってこのときの 1 項だけ，0 になりません．

$$\int_{-\pi}^{\pi} f(t) \cos nt \, dt = \int_{-\pi}^{\pi} a_n \cos nt \cos nt \, dt = \frac{1}{2} \int_{-\pi}^{\pi} a_n (1 + \cos 2nt) \, dt = a_n \pi$$

つまりこれでフーリエ係数 a_n が求められました．

今度は b_n を求めるために，$\sin mt$ を（11.1）式の両辺に掛けて $-\pi$ から π まで積分します．

$$\int_{-\pi}^{\pi} f(t) \sin mt \, dt$$

$$= \int_{-\pi}^{\pi} \left\{ \frac{a_0}{2} \sin mt + \sum_{n=1}^{\infty} (a_n \cos nt \sin mt + b_n \sin nt \sin mt) \right\} dt$$

先程と同じく，$n \neq m$ の場合，三角関数どうしの掛け算も三角関数になります．三角関数は n 周期分積分すれば，正の部分と負の部分が同じなので 0 になります．つまり上の積分は大部分が 0 になります．

一方，$n=m$ で，位相も同じ sin 関数どうしの掛け算は，絶対値をとることになって，負の部分が正になります．従ってこのときの 1 項だけ，0 になりません．

$$\int_{-\pi}^{\pi} f(t) \sin nt dt = \int_{-\pi}^{\pi} b_n \sin nt \sin nt \, dt = \frac{1}{2} \int_{-\pi}^{\pi} b_n (1 - \cos 2nt) \, dt = b_n \pi$$

つまりこれでフーリエ係数の b_n が求められました．

以上の結果をまとめると次のようになります．

$$f(t)=\frac{a_0}{2}+\sum_{n=1}^{\infty}(a_n\cos nt+b_n\sin nt)$$
$$a_0=\frac{1}{\pi}\int_{-\pi}^{\pi}f(t)\,dt$$
$$a_n=\frac{1}{\pi}\int_{-\pi}^{\pi}f(t)\cos nt\,dt$$
$$b_n=\frac{1}{\pi}\int_{-\pi}^{\pi}f(t)\sin nt\,dt$$

奇関数は sin 関数の組合せで，偶関数は cos 関数の組合せで表されます．このことは，周期関数というものはすべて，たくさんの正弦，余弦関数の集まりと見なせるということを示しています．

11.2　矩形波のフーリエ級数展開

次の周期関数をフーリエ級数展開します．

$$f(t)=\begin{cases}-1 & (-\pi<t<0)\\ 0 & (t=0)\\ 1 & (0<t<\pi)\end{cases}$$

これは次の図のようになります．四角形の形をした波形を**矩形波**または**方形波**といいます．

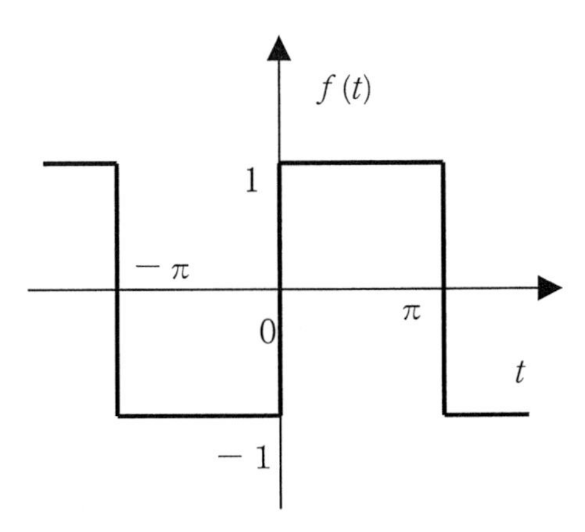

まず，フーリエ係数 a_0 を求めます．

$$a_0=\frac{1}{\pi}\int_{-\pi}^{\pi} f(t)\,dt=\frac{1}{\pi}\left\{\int_{-\pi}^{0}(-1)dt+\int_{0}^{\pi}1dt\right\}=0$$

次に a_n を求めます．

$$a_n=\frac{1}{\pi}\int_{-\pi}^{\pi} f(t)\cos nt\,dt=\frac{1}{\pi}\left\{\int_{-\pi}^{0}(-\cos nt)dt+\int_{0}^{\pi}\cos nt\,dt\right\}$$

$$=\frac{1}{n\pi}\{\sin 0+\sin n\pi+(\sin n\pi-\sin 0)\}=0$$

続いて b_n を求めます．

$$b_n=\frac{1}{\pi}\int_{-\pi}^{\pi} f(t)\sin nt\,dt=\frac{1}{\pi}\left\{\int_{-\pi}^{0}(-\sin nt)dt+\int_{0}^{\pi}\sin nt\,dt\right\}$$

$$=\frac{1}{n\pi}\{1-(-1)^n\}-\{(-1)^n-1\}=\frac{2}{n\pi}\{1-(-1)^n\}$$

ただし n が整数のとき，$\cos n\pi=(-1)^n$ の関係を用いました．

以上の結果をまとめると

$$a_0=0$$

$$a_n=0$$

$$b_n=\frac{2}{n\pi}\{1-(-1)^n\}=\begin{cases}\dfrac{4}{n\pi} & (n\text{が奇数のとき})\\ 0 & (n\text{が偶数のとき})\end{cases}$$

よって矩形波 $f(t)$ は次の形で近似できます．

$$f(t)=\sum_{n=1}^{\infty}\left(\frac{2}{n\pi}\{1-(-1)^n\}\sin nt\right)$$

この結果を具体的に多項式の形で書くと次のようになります．

$$f(t)=\frac{4}{\pi}\left(\sin t+\frac{1}{3}\sin 3t+\frac{1}{5}\sin 5t+\frac{1}{7}\sin 7t+\frac{1}{9}\sin 9t+\cdots\right)$$

これを Excel で計算してみましょう．

まず A 列に t の値を－3.2 から 3.2 まで（つまり $-\pi$ から π まで 1 周期分），0.2 ずつ入力します．B 列に矩形波 $f(t)$を計算します．これは簡単に $t=0$ には「0」を入れ，$t=-3.2$ から－0.2 までは「－1」を，$t=0.2$ から 3.2 までは「1」をオートフィルで入力します．

次に C2 セルには「=4/PI()*(SIN(A2)+SIN(3*A2)/3+SIN(5*A2)/5)」の数式を入力します．これは上の多項式の第 3 項（$n=5$）までを計算したものです．

そしてオートフィルで数式をコピーします．

	A	B	C	D	E
1	t	$f(t)$	フーリエ級数展開		
2	−3.2	−1	=4/PI()*(SIN(A2)+SIN(3*A2)/3+SIN(5*A2)/5)		
3	−3	−1			
4	−2.8	−1			
5	−2.6	−1			
6	−2.4	−1			
7	−2.2	−1			
8	−2	−1			
9	−1.8	−1			
10	−1.6	−1			
11	−1.4	−1			
12	−1.2	−1			
13	−1	−1			
14	−0.8	−1			
15	−0.6	−1			
16	−0.4	−1			
17	−0.2	−1			
18	0	0			
19	0.2	1			
20	0.4	1			
21	0.6	1			
22	0.8	1			
23	1	1			
24	1.2	1			
25	1.4	1			
26	1.6	1			
27	1.8	1			
28	2	1			
29	2.2	1			
30	2.4	1			
31	2.6	1			
32	2.8	1			
33	3	1			
34	3.2	1			

	A	B	C
1	t	$f(t)$	フーリエ級数展開
2	−3.2	−1	0.221624829
3	−3	−1	−0.520182531
4	−2.8	−1	−1.041479293
5	−2.6	−1	−1.187146347
6	−2.4	−1	−1.060232364
7	−2.2	−1	−0.906986439
8	−2	−1	−0.900631983
9	−1.8	−1	−1.01691499
10	−1.6	−1	−1.101849257
11	−1.4	−1	−1.052105583
12	−1.2	−1	−0.92774494
13	−1	−1	−0.887099264
14	−0.8	−1	−1.007323447
15	−0.6	−1	−1.168174812
16	−0.4	−1	−1.122943195
17	−0.2	−1	−0.706874184
18	0	0	0
19	0.2	1	0.706874184
20	0.4	1	1.122943195
21	0.6	1	1.168174812
22	0.8	1	1.007323447
23	1	1	0.887099264
24	1.2	1	0.92774494
25	1.4	1	1.052105583
26	1.6	1	1.101849257
27	1.8	1	1.01691499
28	2	1	0.900631983
29	2.2	1	0.906986439
30	2.4	1	1.060232364
31	2.6	1	1.187146347
32	2.8	1	1.041479293
33	3	1	0.520182531
34	3.2	1	−0.221624829

グラフを描くと次のようになります.

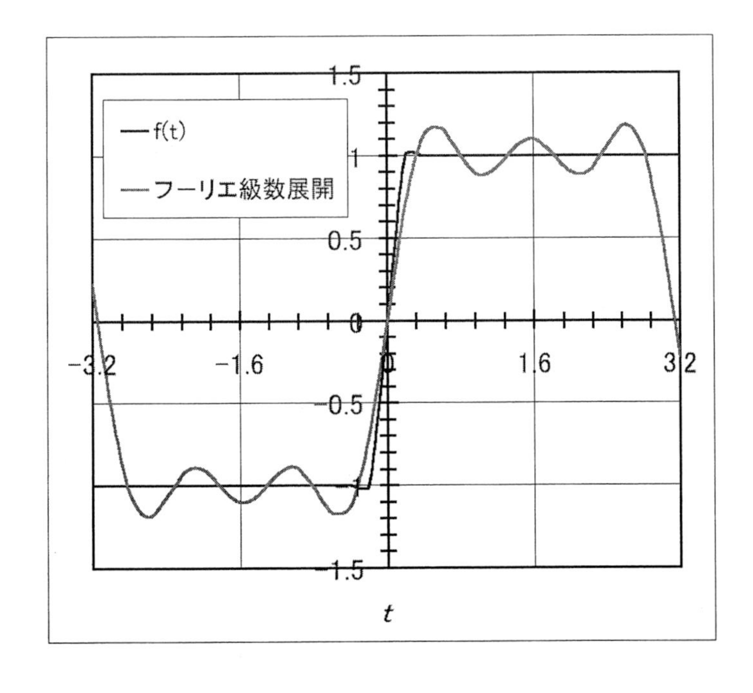

あまり近い形ともいえないのは第３項までしか計算していないからです.

第 9 項（$n=17$）まで計算すると次のようになります．かなり矩形波に近くなっていることがわかります.

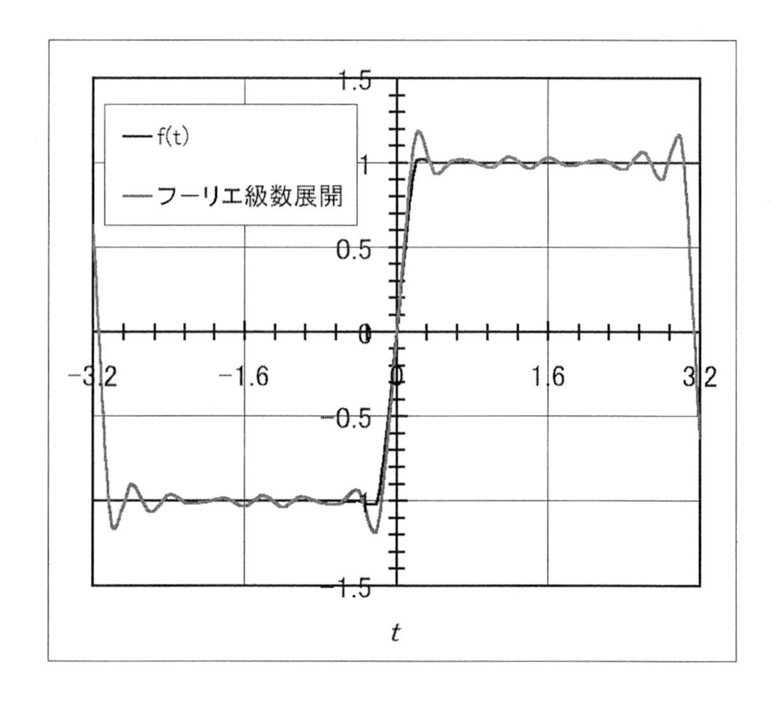

このことから波形の値が急激に変化する点の付近では，高い周波数の信号が含まれていることがわかります.

11.3　三角波のフーリエ級数展開

次の周期関数をフーリエ級数展開します.

$$f(t)=t \quad (-\pi<t<\pi)$$

これは次の図のように三角形をしています.

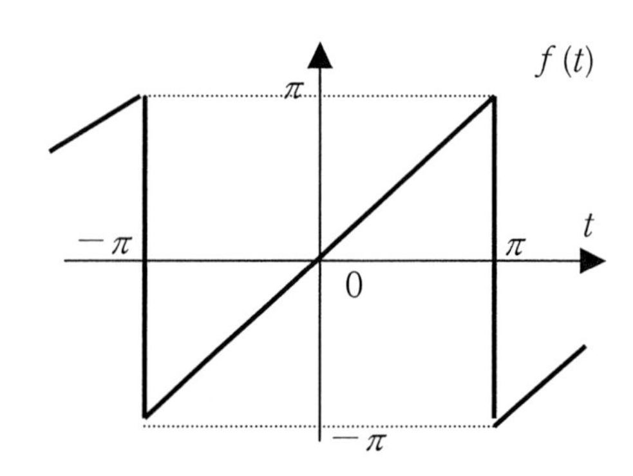

まず a_0 を求めます．

$$a_0=\frac{1}{\pi}\int_{-\pi}^{\pi} f(t)\,dt=\frac{1}{\pi}\int_{-\pi}^{\pi} t\,dt=0$$

次に a_n を求めます．

$$a_n=\frac{1}{\pi}\int_{-\pi}^{\pi} f(t)\cos nt\,dt=\frac{1}{\pi}\int_{-\pi}^{\pi} t\cos nt\,dt$$

ここで部分積分の定理を用いて

$$a_n=\frac{1}{n\pi}\left\{\pi(\sin n\pi-\sin n\pi)+\int_{-\pi}^{\pi}\sin nt\,dt\right\}$$

$$=\frac{1}{n\pi}\left\{\pi(0)-\frac{1}{n}\{\cos n\pi-\cos n\pi)\right\}=0$$

次に b_n を求めます．

$$b_n=\frac{1}{\pi}\int_{-\pi}^{\pi} f(t)\sin nt\,dt=\frac{1}{\pi}\int_{-\pi}^{\pi} t\sin nt\,dt$$

ここで部分積分の定理を用いて

$$b_n=\frac{1}{n\pi}\left\{-\pi(\cos n\pi+\cos n\pi)+\int_{-\pi}^{\pi}\cos nt\,dt\right\}$$

$$=\frac{1}{n\pi}\left\{-2\pi\cos n\pi+\frac{1}{n}(\sin n\pi+\sin n\pi)\right\}=\frac{-2}{n}\cos n\pi=\frac{-2}{n}(-1)^n$$

以上の結果をまとめると

$$a_0=0$$
$$a_n=0$$
$$b_n=\frac{-2}{n}(-1)^n$$

よって三角波 $f(t)$ は次の形で近似できます．

$$f(t)=\sum_{n=1}^{\infty}\left(\frac{-2}{n}(-1)^n\sin nt\right)$$

この結果を具体的に多項式の形で書くと次のようになります．

$$f(t)=2\left(\sin t-\frac{1}{2}\sin 2t+\frac{1}{3}\sin 3t-\frac{1}{4}\sin 4t+\frac{1}{5}\sin 5t-\cdots\right)$$

これを Excel で計算してみましょう．

まず A 列に t の値を -3.2 から 3.2 まで（1 周期分），0.2 ずつ入力します．B 列で三角波 $f(t)$ を計算します．これは B2 セルに「＝A2」と入れて，オートフィルで下までコピーします.

C2 セルに「=2*(SIN(A2)−SIN(2*A2)/2+SIN(3*A2)/3−SIN(4*A2)/4)」の数式を入力します.

これは上の多項式の第 4 項（$n=4$）までに相当します.

	A	B	C	D	E	F	G
1	t	$f(t)$	フーリエ級数展開				
2	-3.2	-3.2	=2*(SIN(A2)-SIN(2*A2)/2+SIN(3*A2)/3-SIN(4*A2)/4)				
3	-3	-3					
4	-2.8	-2.8					

そしてオートフィルで数式をコピーします.

	A	B	C
1	t	$f(t)$	フーリエ級数展開
2	-3.2	-3.2	0.465270258
3	-3	-3	
4	-2.8	-2.8	
5	-2.6	-2.6	
6	-2.4	-2.4	
7	-2.2	-2.2	
8	-2	-2	
9	-1.8	-1.8	
10	-1.6	-1.6	
11	-1.4	-1.4	
12	-1.2	-1.2	
13	-1	-1	
14	-0.8	-0.8	
15	-0.6	-0.6	
16	-0.4	-0.4	
17	-0.2	-0.2	
18	0	0	
19	0.2	0.2	
20	0.4	0.4	
21	0.6	0.6	
22	0.8	0.8	
23	1	1	
24	1.2	1.2	
25	1.4	1.4	
26	1.6	1.6	
27	1.8	1.8	
28	2	2	
29	2.2	2.2	
30	2.4	2.4	
31	2.6	2.6	
32	2.8	2.8	
33	3	3	
34	3.2	3.2	

	A	B	C
1	t	$f(t)$	フーリエ級数展開
2	-3.2	-3.2	0.465270258
3	-3	-3	-1.10468763
4	-2.8	-2.8	-2.360564408
5	-2.6	-2.6	-2.994066197
6	-2.4	-2.4	-2.96336627
7	-2.2	-2.2	-2.483830527
8	-2	-2	-1.894441227
9	-1.8	-1.8	-1.478205448
10	-1.6	-1.6	-1.335137008
11	-1.4	-1.4	-1.370494114
12	-1.2	-1.2	-1.391683667
13	-1	-1	-1.246125796
14	-0.8	-0.8	-0.914634438
15	-0.6	-0.6	-0.508746024
16	-0.4	-0.4	-0.183053183
17	-0.2	-0.2	-0.025670589
18	0	0	0
19	0.2	0.2	0.025670589
20	0.4	0.4	0.183053183
21	0.6	0.6	0.508746024
22	0.8	0.8	0.914634438
23	1	1	1.246125796
24	1.2	1.2	1.391683667
25	1.4	1.4	1.370494114
26	1.6	1.6	1.335137008
27	1.8	1.8	1.478205448
28	2	2	1.894441227
29	2.2	2.2	2.483830527
30	2.4	2.4	2.96336627
31	2.6	2.6	2.994066197
32	2.8	2.8	2.360564408
33	3	3	1.10468763
34	3.2	3.2	-0.465270258

グラフを描くと次のようになります.

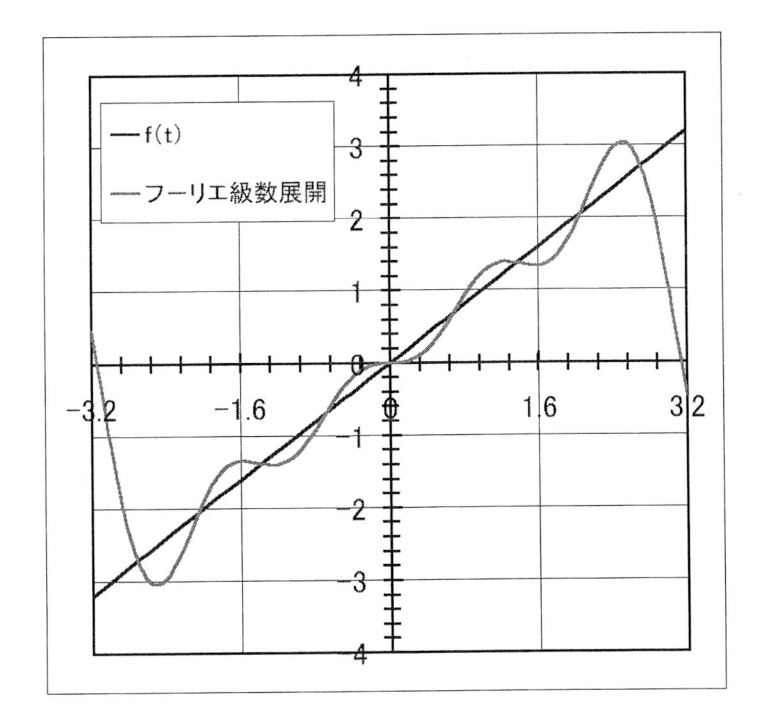

第９項（$n=9$）まで計算すると次のようになります．かなり元の三角波に近づいています．

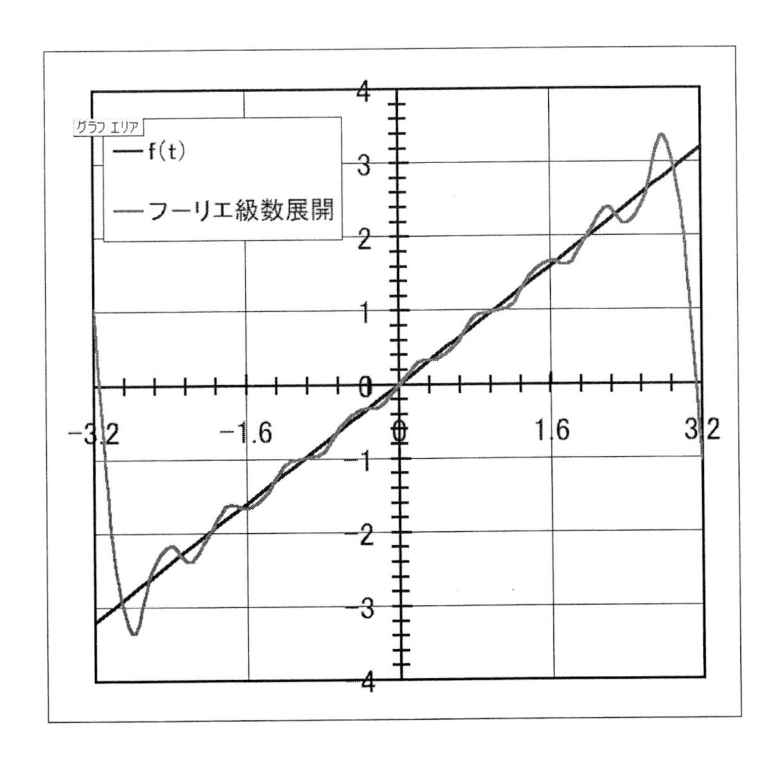

11.4 デルタ関数のフーリエ級数展開

デルタ関数$\delta(t)$は次のような値を持ちます.

$$\delta(t)=\begin{cases}\infty & (t=0)\\ 0 & (t\neq 0)\end{cases}$$

つまり$\delta(t)$はtがほとんどすべてのところで 0 の値を持ち, $t=0$ のときだけ無限大の値を持ちます.

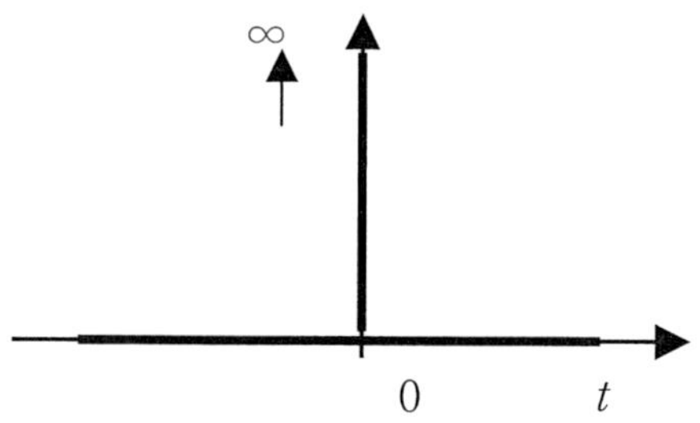

$\delta(t)$は一種の**超関数**（普通の形では定義できない関数）で, 無限積分すると 1 になります.

$$\int_{-\infty}^{\infty}\delta(t)\,dt=1$$

また任意の関数$f(t)$との積の積分は, $f(0)$を与えます.

$$\int_{-\infty}^{\infty}\delta(t)f(t)\,dt=f(0)$$

デルタ関数を 2π ごとの周期関数とみなして（この関数を**シャー関数**ともいう）フーリエ級数展開します. 上の性質を使ってフーリエ係数を求めます.

$$a_0=\frac{1}{\pi}\int_{-\pi}^{\pi}\delta(t)\,dt=\frac{1}{\pi}$$

$$a_n=\frac{1}{\pi}\int_{-\pi}^{\pi}\delta(t)\cos nt\,dt=\frac{1}{\pi}\cos 0=\frac{1}{\pi}$$

$$b_n=\frac{1}{\pi}\int_{-\pi}^{\pi}\delta(t)\sin nt\,dt=\frac{1}{\pi}\sin 0=0$$

従って

$$\delta(t)=\frac{1}{2\pi}+\sum_{n=1}^{\infty}\left(\frac{1}{\pi}\cos nt\right)$$

となり, 具体的に多項式の形に書くと次のようになります.

$$\delta(t)=\frac{1}{\pi}(0.5+\cos t+\cos 2t+\cos 3t+\cos 4t+\cos 5t+\cos 6t+\cdots)$$

これを Excel で計算します．まず A 列に t の値を -3.2 から 3.2 まで 0.1 ずつ入力します．

元のデルタ関数 $\delta(t)$ は Excel で計算もグラフにもできません．近似的にフーリエ級数展開されたものだけを計算する事にします．

「＝1/PI()＊(0.5＋COS(A2)＋COS(2＊A2)＋COS(3＊A2)＋COS(4＊A2)＋COS(5＊A2)＋COS(6＊A2))」の数式を B2 セルに入力します．

これは上の多項式の第 6 項までに相当します．そしてオートフィルを行います．

グラフを描くと次のようになります．

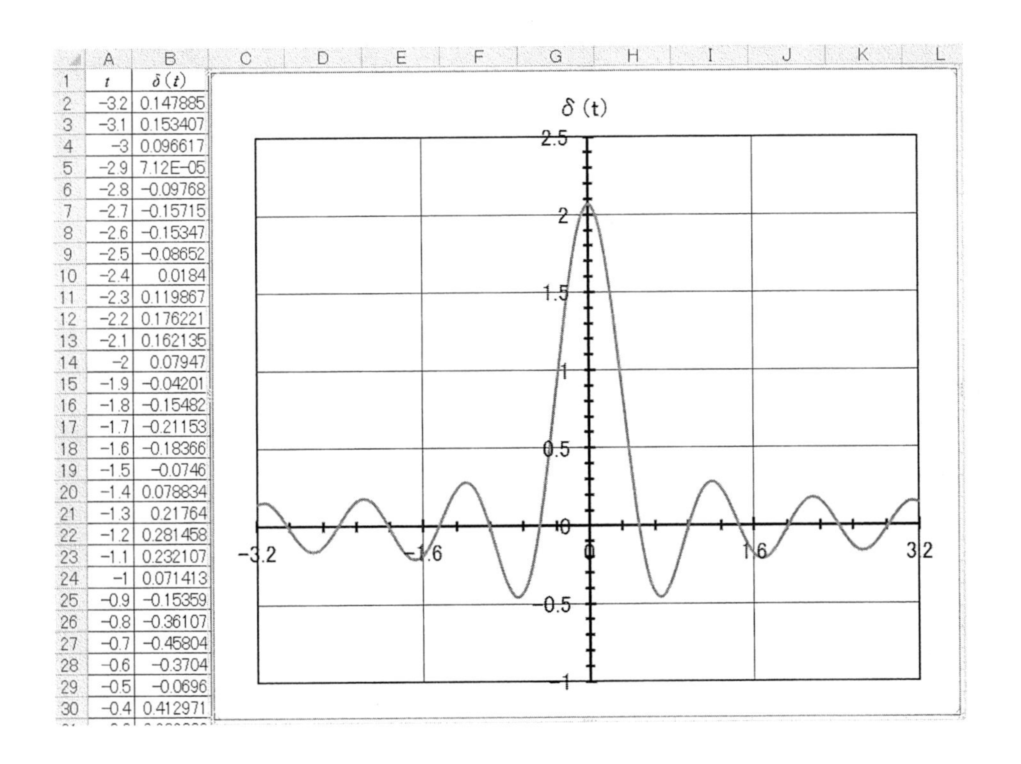

	A	B
1	t	$\delta(t)$
2	-3.2	0.147885
3	-3.1	0.153407
4	-3	0.096617
5	-2.9	7.12E-05
6	-2.8	-0.09768
7	-2.7	-0.15715
8	-2.6	-0.15347
9	-2.5	-0.08652
10	-2.4	0.0184
11	-2.3	0.119867
12	-2.2	0.176221
13	-2.1	0.162135
14	-2	0.07947
15	-1.9	-0.04201
16	-1.8	-0.15482
17	-1.7	-0.21153
18	-1.6	-0.18366
19	-1.5	-0.0746
20	-1.4	0.078834
21	-1.3	0.21764
22	-1.2	0.281458
23	-1.1	0.232107
24	-1	0.071413
25	-0.9	-0.15359
26	-0.8	-0.36107
27	-0.7	-0.45804
28	-0.6	-0.3704
29	-0.5	-0.0696
30	-0.4	0.412971

第 20 項まで計算すると次のようになります．

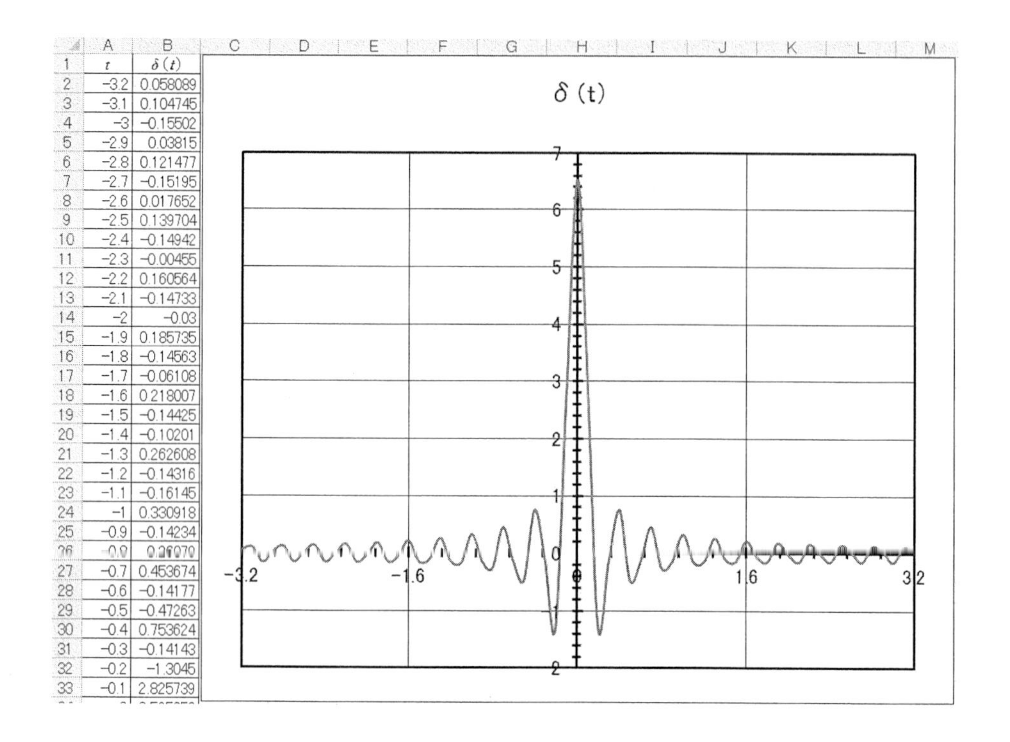

	A	B
1	t	$\delta(t)$
2	−3.2	0.058089
3	−3.1	0.104745
4	−3	−0.15502
5	−2.9	0.03815
6	−2.8	0.121477
7	−2.7	−0.15195
8	−2.6	0.017652
9	−2.5	0.139704
10	−2.4	−0.14942
11	−2.3	−0.00455
12	−2.2	0.160564
13	−2.1	−0.14733
14	−2	−0.03
15	−1.9	0.185735
16	−1.8	−0.14563
17	−1.7	−0.06108
18	−1.6	0.218007
19	−1.5	−0.14425
20	−1.4	−0.10201
21	−1.3	0.262608
22	−1.2	−0.14316
23	−1.1	−0.16145
24	−1	0.330918
25	−0.9	−0.14234
26	−0.8	[illegible]
27	−0.7	0.453674
28	−0.6	−0.14177
29	−0.5	−0.47263
30	−0.4	0.753624
31	−0.3	−0.14143
32	−0.2	−1.3045
33	−0.1	2.825739

$t=0$ 以外のところでは値は 0 に収束し，$t=0$ では値が大きくなっています．

デルタ関数のことを**単位衝撃関数**または**インパルス関数**ともいいます．まるで衝撃波のような形をしているからです．

フーリエ級数展開の結果を見るとわかるように，デルタ関数はあらゆる周波数成分の波を含んでいます．このため，あるシステムの周波数応答性は，この関数を入力するだけで，あらゆる周波数に対して調べることができることになります．

練習問題

$f(t)=|t|$ $(-\pi<t<\pi)$（つまり $-\pi<t<0$ のとき $-t$，$0\leqq t<\pi$ のとき t の関数）をフーリエ級数展開して，元の関数と比較しましょう．

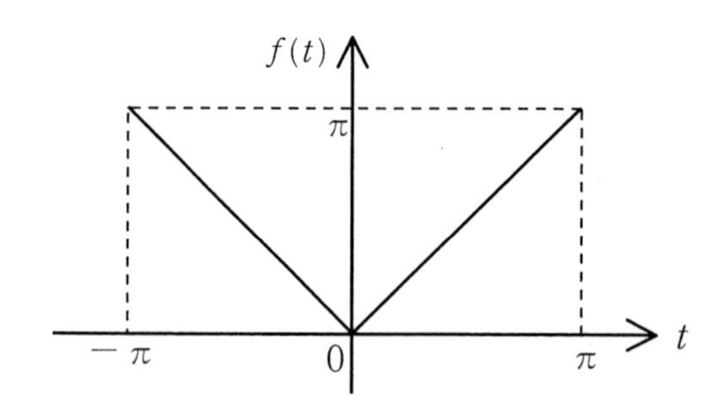

12. 微分方程式

微分方程式は理工学の様々な分野で広く用いられています．古くはニュートンの運動方程式に始まり，電磁気学や量子力学等の，自然界の基礎となる原理は，ほとんど微分方程式で表されます．微分方程式を用いることによって，自然現象は驚くほど簡潔に表現できます．しかし一部の線形微分方程式以外は，解析的に解の関数を求めることは非常に困難です．数値計算法はこの分野で今や，なくてはならないものになっています．

ここでは最も簡単な，1階の常微分方程式の**正規形**の解を数値的に求めることにします．1階の常微分方程式の正規形は，次のような形をした方程式です．

$$y' = f(x,\ y) \tag{12.1}$$

この式を満足する y の関数を求めることを，**微分方程式を解く**といいます．そして y を x の関数 $g(x)$ で表したものを，**解**といいます．

右辺の $f(x,\ y)$ が x だけの関数のとき，この微分方程式を**直接積分形**といいます．これは，通常の積分の形なので，9章で示した方法で解けます（といっても難しいことが多い）．

右辺の $f(x,\ y)$ が x と y の関数であれば，特別の場合以外は，解くのはかなり困難です．その特別な場合の一つが**変数分離形**です．変数分離形とは，等号をはさんで，x と y の関数を完全に分けることができる微分方程式です．変数を分離できるので，比較的簡単に解けます．

例として $y' = 2xy$ という微分方程式を解析的に解くとします．

$$\frac{dy}{dx} = 2xy$$

より

$$\frac{1}{y}\,dy = 2x\,dx$$

両辺を積分します．

$$\int \frac{1}{y}\,dy = \int\ 2x\,dx$$

$$\log y = x^2 + C \qquad \text{（ただし }C\text{ は任意定数）}$$

Cを定義し直して次のような形になります.

$$y = C\exp(x^2) \quad （ただし C は正の任意定数）$$

これが**一般解**です.

数値を使って解くには，初期条件が必要になるので，**特殊解**（C の値の定まった解）のみしか求めることができません．しかし，これでも自然科学の分野では非常に有用です.

12.1 オイラー法

常微分方程式を数値的に解くとき，最も考え方の簡単な方法は**オイラー法**です．これはほとんど微分方程式の定義どおりに解く方法です.

解 y の関数を $g(x)$ として，（12.1）式を差分法の形で書くと次のようになります（8 章参照）.

$$\frac{g(x+h)-g(x)}{h} = f(x,\ y)$$

従って

$$g(x+h) = f(x,\ y)h + g(x)$$

x の刻み幅を h，初期値を$(x_0,\ y_0)$とします．i 番目の点 $(x_i,\ y_i)$ での(12.1)式の $f(x_i,\ y_i)$ を計算すると，それは点 $(x_i,\ y_i)$ での傾きです．従って，上の式より，x_i から h 離れた x_{i+1} の点での y の値 y_{i+1} は，次の式で求められます.

$$y_{i+1} = f(x_i,\ y_i)h + y_i \tag{12.2}$$

これを次々に繰り返して数値を求めていく方法がオイラー法です.

例として $y'=2xy$ を，$x=0$ のとき $y=1$ の初期条件で解くとします．刻み幅を 0.1 として $x=0$ から 2 まで計算します．精度の検証のために解析解 $y=\exp(x^2)$ も一緒に計算します．（12.2）式は次のようになります.

$$y_{i+1} = (2x_i y_i)0.1 + y_i \tag{12.3}$$

Excel では次のようになります.

まず A 列に x の値を 0 から 2 まで 0.1 ずつ入れます．B 列にオイラー法で計算した値を入れます．B2 セルには初期値の「1」を，B3 セルには「＝2＊A2＊B2＊0.1＋B2」の数式を入力します．B 列の下のセルにはこの数式をオートフィルしてコピーします.

比較のために C 列には真の答えである $\exp(x^2)$ を計算しておきます.

C2 セルに「＝EXP(A2^2)」の数式を入れて，オートフィルします．

	A	B
1	x	$y'=2xy$ の解
2	0	1
3	0.1	=2*A2*B2*0.1+B2
4	0.2	
5	0.3	
6	0.4	
7	0.5	
8	0.6	
9	0.7	
10	0.8	
11	0.9	
12	1	
13	1.1	
14	1.2	
15	1.3	
16	1.4	
17	1.5	
18	1.6	
19	1.7	
20	1.8	
21	1.9	
22	2	

	A	B	C
1	x	$y'=2xy$ の解	$\exp(x^2)$
2	0	1	=EXP(A2^2)
3	0.1	1	
4	0.2	1.02	
5	0.3	1.0608	
6	0.4	1.124448	
7	0.5	1.21440384	
8	0.6	1.335844224	
9	0.7	1.496145531	
10	0.8	1.705605905	
11	0.9	1.97850285	
12	1	2.334633363	
13	1.1	2.801560036	
14	1.2	3.417903243	
15	1.3	4.238200022	
16	1.4	5.340132028	
17	1.5	6.835368995	
18	1.6	8.885979694	
19	1.7	11.7294932	
20	1.8	15.71752088	
21	1.9	21.3758284	
22	2	29.49864319	

グラフを描いて比較すると，次のようになります．

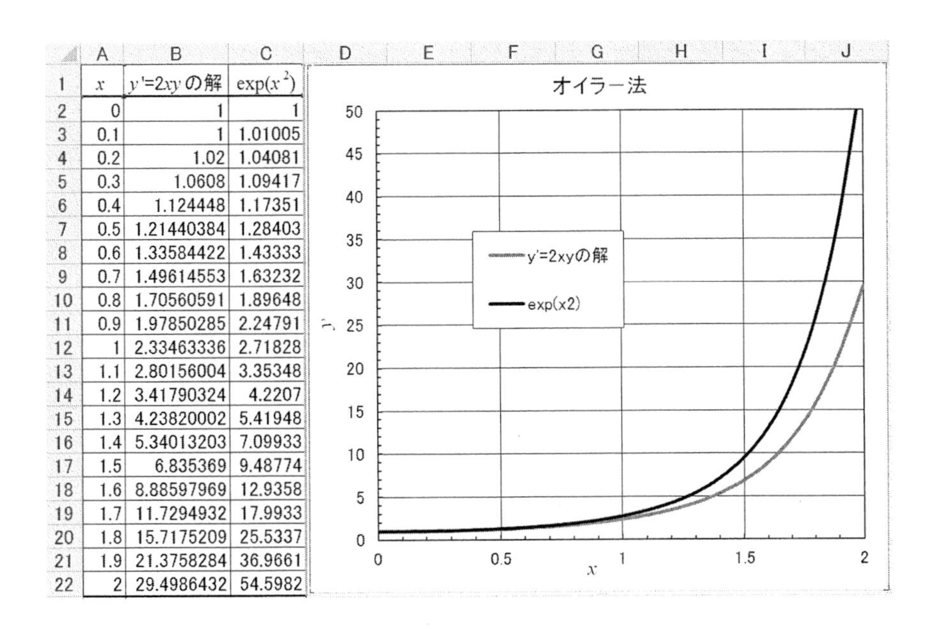

	A	B	C
1	x	$y'=2xy$ の解	$\exp(x^2)$
2	0	1	1
3	0.1	1	1.01005
4	0.2	1.02	1.04081
5	0.3	1.0608	1.09417
6	0.4	1.124448	1.17351
7	0.5	1.21440384	1.28403
8	0.6	1.33584422	1.43333
9	0.7	1.49614553	1.63232
10	0.8	1.70560591	1.89648
11	0.9	1.97850285	2.24791
12	1	2.33463336	2.71828
13	1.1	2.80156004	3.35348
14	1.2	3.41790324	4.2207
15	1.3	4.23820002	5.41948
16	1.4	5.34013203	7.09933
17	1.5	6.835369	9.48774
18	1.6	8.88597969	12.9358
19	1.7	11.7294932	17.9933
20	1.8	15.7175209	25.5337
21	1.9	21.3758284	36.9661
22	2	29.4986432	54.5982

精度がかなり低いことがわかります．この原因の一つは刻み幅が 0.1 と比較的大きいためです．0.01 ごとに計算すると次の図のようになります．

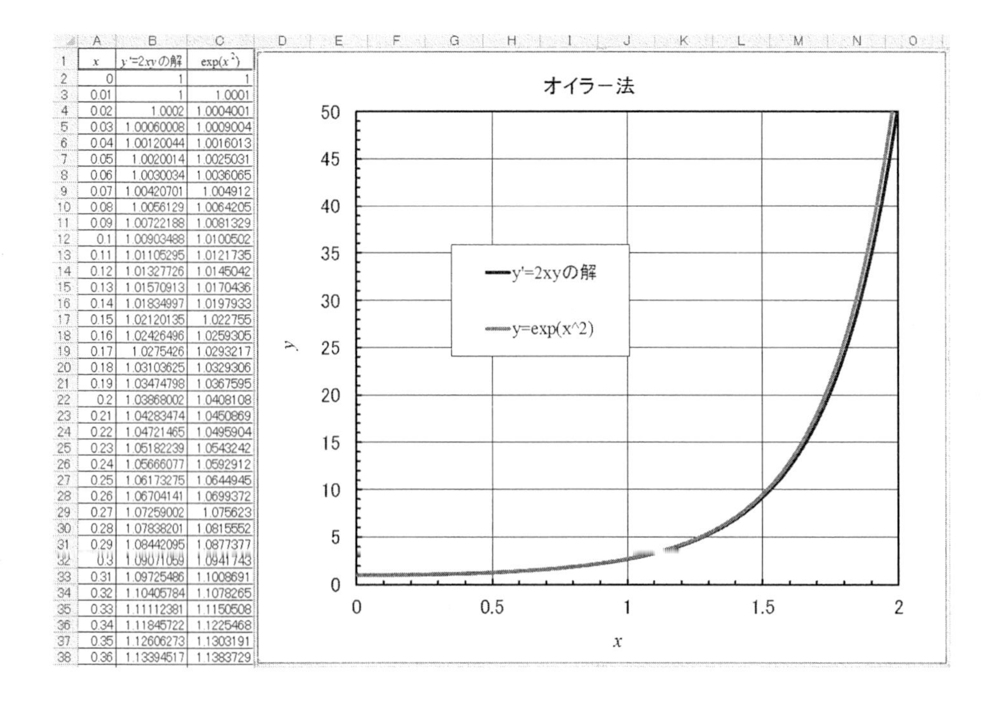

	A	B	C
1	x	y'=2xyの解	exp(x^2)
2	0	1	1
3	0.01	1	1.0001
4	0.02	1.0002	1.0004001
5	0.03	1.00060008	1.0009004
6	0.04	1.00120044	1.0016013
7	0.05	1.0020014	1.0025031
8	0.06	1.0030034	1.0036065
9	0.07	1.00420701	1.004912
10	0.08	1.0056129	1.0064205
11	0.09	1.00722188	1.0081329
12	0.1	1.00903488	1.0100502
13	0.11	1.01105295	1.0121735
14	0.12	1.01327726	1.0145042
15	0.13	1.01570913	1.0170436
16	0.14	1.01834997	1.0197933
17	0.15	1.02120135	1.022755
18	0.16	1.02426496	1.0259305
19	0.17	1.0275426	1.0293217
20	0.18	1.03103625	1.0329306
21	0.19	1.03474798	1.0367595
22	0.2	1.03868002	1.0408108
23	0.21	1.04283474	1.0450869
24	0.22	1.04721465	1.0495904
25	0.23	1.05182239	1.0543242
26	0.24	1.05666077	1.0592912
27	0.25	1.06173275	1.0644945
28	0.26	1.06704141	1.0699372
29	0.27	1.07259002	1.075623
30	0.28	1.07838201	1.0815552
31	0.29	1.08442095	1.0877377
32	0.3	1.09071059	1.0941743
33	0.31	1.09725486	1.1008691
34	0.32	1.10405784	1.1078265
35	0.33	1.11112381	1.1150508
36	0.34	1.11845722	1.1225468
37	0.35	1.12606273	1.1303191
38	0.36	1.13394517	1.1383729

かなり精度は上がっていますがそれでもなお誤差があります．しかも計算量は大きく増加します．これ以上刻み幅を小さくしてもあまり精度の向上は得られず，かえって計算による累積誤差が増えてきます．

12.2　ルンゲ-クッタ法

ルンゲ-クッタ法は次の公式で計算します．

$$x_{i+1}=x_i+h$$

$$y_{i+1}=y_i+(k_1+2k_2+2k_3+k_4)/6$$

ここで k_1，k_2，k_3，k_4 は次の式で計算します．

$$k_1=f(x_i,\ y_i)h$$

$$k_2=f\left(x_i+\frac{h}{2},\ y_i+\frac{k_1}{2}\right)h$$

$$k_3=f\left(x_i+\frac{h}{2},\ y_i+\frac{k_2}{2}\right)h$$

$$k_4=f(x_i+h,\ y_i+k_3)h$$

少し計算手順は複雑ですが，桁違いに精度が高くなります．

$f(x, y)$ が x だけの関数 $f(x)$ ならば，この公式はシンプソンの公式（9.7 節参照）の h を，$h/2$ にしたものと等しくなります．つまりルンゲ-クッタの公式は，積分形のシンプソンの公式を，正規形の微分方程式に拡張したものといえます．

先程と同じ微分方程式を Excel で計算するには次のように行います．

A 列に x，B 列に k_1，C 列に k_2，D 列に k_3，E 列に k_4, そして F 列に解の関数である y の値を入れます．

A2 セルに「0」，F2 セルに初期値の「1」の数値を入れます．

B3 セルに「＝2＊A2＊F2＊0.1」，C3 セルに「＝2＊(A2+0.05)＊(F2+B3/2)＊0.1」の数式を入れます．

	A	B
1	x	k_1
2	0	
3	0.1	=2*A2*F2*0.1

	A	B	C
1	x	k_1	k_2
2	0		
3	0.1	0	=2*(A2+0.05)*(F2+B3/2)*0.1

D3 セルに「＝2＊(A2+0.05)＊(F2+C3/2)＊0.1」の数式を入れます．

	A	B	C	D
1	x	k_1	k_2	k_3
2	0			
3	0.1	0	0.01	=2*(A2+0.05)*(F2+C3/2)*0.1

E3 セルに「＝2＊(A2+0.1)＊(F2+D3)＊0.1」の数式を入れます．

	A	B	C	D	E
1	x	k_1	k_2	k_3	k_4
2	0				
3	0.1	0	0.01	0.0101	=2*(A2+0.1)*(F2+D3)*0.1

F3 セルに「＝F2＋(B3+2＊C3+2＊D3+E3)/6」の数式を入れます．

	A	B	C	D	E	F
1	x	k_1	k_2	k_3	k_4	$y'=2xy$ の解
2	0					1
3	0.1	0	0.01	0.0101	0.0202	=F2+(B3+2*C3+2*D3+E3)/6

比較のために G 列には解析解の $\exp(x^2)$ を計算します．

	A	B	C	D	E	F	G
1	x	k_1	k_2	k_3	k_4	$y'=2xy$ の解	$\exp x^2$
2	0					1	1
3	0.1	0	0.01	0.0101	0.0202	1.01005017	1.01005
4	0.2						
5	0.3						
6	0.4						
7	0.5						
8	0.6						
9	0.7						
10	0.8						
11	0.9						
12	1						
13	1.1						
14	1.2						
15	1.3						
16	1.4						
17	1.5						
18	1.6						
19	1.7						
20	1.8						
21	1.9						
22	2						

B3 セルから G3 セルまで選択し，$x=2$ までオートフィルします．

	A	B	C	D	E	F	G
1	x	k_1	k_2	k_3	k_4	$y'=2xy$ の解	$\exp x^2$
2	0					1	1
3	0.1	0	0.01	0.0101	0.0202	1.01005017	1.01005
4	0.2	0.0202	0.0306	0.0308	0.0416	1.04081077	1.04081
5	0.3	0.0416	0.0531	0.0534	0.0657	1.09417427	1.09417
6	0.4	0.0657	0.0789	0.0794	0.0939	1.17351081	1.17351
7	0.5	0.0939	0.1098	0.1106	0.1284	1.28402526	1.28403
8	0.6	0.1284	0.1483	0.1494	0.172	1.43332899	1.43333
9	0.7	0.172	0.1975	0.1992	0.2286	1.63231519	1.63232
10	0.8	0.2285	0.262	0.2645	0.3035	1.89647847	1.89648
11	0.9	0.3034	0.3482	0.352	0.4047	2.24790259	2.24791
12	1	0.4046	0.4655	0.4713	0.5438	2.71827018	2.71828
13	1.1	0.5437	0.6279	0.6368	0.7381	3.35346019	3.35348
14	1.2	0.7378	0.8561	0.8698	1.0136	4.22064559	4.2207
15	1.3	1.013	1.1818	1.2029	1.4101	5.41937928	5.41948
16	1.4	1.409	1.6535	1.6864	1.9896	7.09912473	7.09933
17	1.5	1.9878	2.347	2.3991	2.8495	9.48733548	9.48774
18	1.6	2.8462	3.3822	3.4653	4.1448	12.9350291	12.9358
19	1.7	4.1392	4.9515	5.0856	6.127	17.9917611	17.9933
20	1.8	6.1172	7.3676	7.5865	9.2082	25.5306794	25.5337
21	1.9	9.191	11.147	11.508	14.075	36.9600624	36.9661
22	2	14.045	17.153	17.759	21.888	54.5863087	54.5982

オイラー法と比べると，1 000 倍程度に飛躍的に精度が上がっていることがわかります．グラフでも解析解との差は見えません．

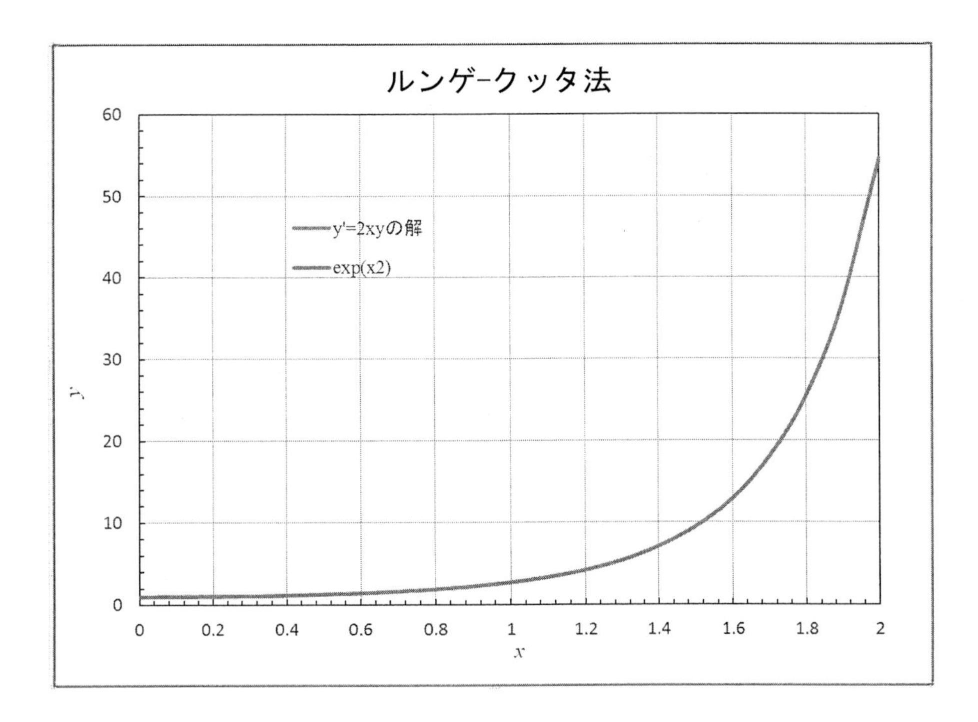

その他の方法では**ミルン法**などがあります．これは計算した値をフィードバックして，修正しながら計算する方法で，**予測子**，**修正子**と呼ばれる二つの解を同時に用います．考え方も計算もかなり複雑になります．

練習問題

(1)　$y'=2y$ の微分方程式を，$x=0$ のとき $y=1$ の初期条件で，オイラー法を用いて解いてみましょう．また，この結果が $y=\exp(2x)$ と等しくなることを確認しましょう．このとき刻み幅を 0.01 として $x=0$ から 2 まで計算します．$y'=ay$ の一般解は $y=C\exp(ax)$ になります（ただし C は正の任意定数）．

(2)　$y'=-x/y$ の微分方程式を，$x=0$ のとき $y=1$ の初期条件で，オイラー法を用いて解いてみましょう．このとき刻み幅を 0.01 として $x=0$ から 1 まで計算します．また，解析解と比較してみましょう．

(3)　$y'=\exp(x)/y$ の微分方程式を，$x=0$ のとき $y=\sqrt{2}$ の初期条件で，オイラー法を用いて解いてみましょう．このとき刻み幅を 0.01 として $x=0$ から 2 まで計算します．また，解析解と比較してみましょう．

13. 確率と統計

表計算ソフトは本来，統計処理を得意としているので，Excel にもたくさんの統計処理に関する機能があります．しかし統計の数学理論は非常に難解で，初等数学では手に負えないことも多いものです．そのため多くの統計解析の本は，数学理論の説明を避けて，Excel の関数やツールの使用法の説明だけになっています．ここでは，数学的な考え方を身に付けるために，簡単な確率計算と，それに伴う統計の基礎を，Excel を使って説明します．

13.1 場合の数

(1) 順列

A と B の二つの文字を並べる順番は，すぐわかるように，AB と BA の 2 通りです．Excel で表を作ると次のようになります．

	A	B
1	順列1	順列2
2	A	B
3	B	A

A と B と C の三つの文字を並べる順番は，全部で何通りあるか，考えましょう．答えは，ABC，ACB，BAC，BCA，CAB，CBA の 6 通りですが，やみくもに考えてもよくわからなくなります．Excel を使って次のような表を作ります．

	A	B	C	D	E	F
1	順列1	順列2	順列3	順列4	順列5	順列6
2	A		B		C	
3	B	C	A	C	A	B
4	C	B	C	A	B	A

1 番目にくるものは，A，B，C の，三つの中の一つで，3 通りです．1 番目が決まれば，残りは二つなので，残り二つを並べる順番は先程と同じ 2 通りです．最初に A がくるときと，B がくるときと，C がくるときは同時に起こらないので，すべての場合の数は 2＋2＋2＝6 通りです．このような計算法則を**和の法則**といいます．もっと簡単に計算しようとすると，3 通りの中に，各々2 通りずつあるわけで

すから，2 通りに 3 通りを掛けて，3×2=6 通りになります．このような計算法則を**積の法則**といいます．

同様に A，B，C，D の四つを並べる順番は，次の表になります．1 番目にくるものは 4 通りで，後の三つを並べる順番は先程と同じで，3×2=6 通りです．従って積の法則から 4×3×2=24 通りです．

	A	B	C	D	E	F	G	H	I	J	K	L	M	N	O	P	Q	R	S	T	U	V	W	X
1	A						B						C						D					
2	B		C		D		A		C		D		A		B		D		A		B		C	
3	C	D	A	D	B	C	C	D	A	D	A	C	B	D	A	D	A	B	B	C	A	C	A	B
4	D	C	D	A	C	B	D	C	D	A	C	A	D	B	D	A	B	A	C	B	C	A	B	A

以上のことから異なる n 個のものを並べる順番は，$n!$ 通りであると考えられます．ここで $n!$ は n の階乗を表し，$n!=n(n-1)\cdots 2\cdot 1$ になります．

今度は A，B，C，D の四つの中から二つを並べる順番を考えます．先程と同じように 1 番目には 4 通りあります．

	A	B	C	D	E	F	G	H	I	J	K	L
1	A			B			C			D		
2	B	C	D	A	C	D	A	B	D	A	B	C

残りは三つで，その中の一つを並べるのは 3 通りです．従って 4×3 で 12 通りになります．つまり n 個の中から r 個のものを並べる順番の数は n から 1 ずつ減らしながら，r 回掛ければよいことになります．一般に n 個の中から r 個のものを並べる順番の数を，**順列**といって次の式で表します．

$$
{}_nP_r = n(n-1)\cdots(n-r+1) = \frac{n(n-1)\cdots(n-r+1)(n-r)\cdots 2\cdot 1}{(n-r)\cdots 2\cdot 1}
$$

$$
= \frac{n!}{(n-r)!} \qquad (13.1)
$$

この式で $n=r$ ならば，$0!=1$ として，${}_nP_n=n!$ となります．

Excel で順列の計算を行うには，統計の中の PERMUT 関数（英語で順列を permutation といいます）を使います．Excel で数式「=PERMUT(4,2)」を計算すると，12 となります．

	A	B
1	${}_4P_2$=	=PERMUT(4,2)

	A	B
1	${}_4P_2$=	12

(2) 組合せ

n 個の中から，順番は無視して r 個選ぶ場合の数を，**組合せ**といいます．先程と同じ表を使って，A，B，C，D の四つの中から二つを選ぶ組合せを考えます．

	A	B	C	D	E	F	G	H	I	J	K	L
1	A			B			C			D		
2	B	C	D	A	C	D	A	B	D	A	B	C
3	①	②	③	①	④	⑤	②	④	⑥	③	⑤	⑥

選ばれた 2 個の順列は 2 通りなので，表の中には二つずつ同じ組合せがあります．下の番号の同じものは同じ組合せです．従って，組合せの数は 12/2＝6 通りとなります．

一般に，n 個の中から r 個を選ぶ組合せは，先の n 個の中から r 個並べる順列で，選ばれた r 個の順列を 1 にすることに相当します．従って（13.1）式から次のような式になります．

$$ {}_nC_r = \frac{{}_nP_r}{{}_rP_r} = \frac{n!}{r!(n-r)!} \qquad (13.2) $$

Excel で組合せの計算を行うには，数学／三角の中の COMBIN 関数（英語で組合せを combination といいます）を使います．Excel で数式「＝COMBIN(4,2)」を計算すると，6 となります．

	A	B
1	${}_4C_2$=	=COMBIN(4,2)

	A	B
1	${}_4C_2$=	6

練習問題

20 人が走るレース（競馬とか競輪とか競艇）で 1 位と 2 位の順列の数を計算しましょう．さらに 1 位と 2 位と 3 位の順列は何通りあるか計算しましょう．

13.2 確　　　率

偶然だけに支配される実験や観測を**試行**といい，試行の結果を**事象**といいます．サイコロを振ることや，くじを引くことは試行です．サイコロを振った結果，3 の目が出れば，これは事象です．互いに影響を及ぼさないような試行を**独立試行**といいます．

全試行の中で，ある事象が起きると期待される割合を，**確率**といいます．もしすべての事象が同じ程度に起こると期待できれば，確率は次の計算式で求めることができます．

確率＝（ある事象の場合の数）÷（全事象の場合の数）

すべての事象が同じ確からしさ，ということは例えば，サイコロが精度よく作られているとか，くじがよく混ざっているとか，いうことです．現実には，理論的に確率が計算できない事象は多く，その場合は試行によって実験的に確率を求めるしかありません．試行を実際に何回か行って，ある事象が現れた回数を**度数**といい，度数を全体の試行回数で割ったものを**相対度数**といいます．

(1)　乱　　数

Excel の上で試行を行ってみましょう．簡単にするために，コインを投げて表か裏を出すように，2 通りの場合を考えます．これを数字の 0 と 1 で表します．コインを投げる代わりに，Excel の RAND 関数を用います．RAND() は乱数を発生する関数で，0 以上で 1 より小さい（つまり 0 はあっても，1 になることはない）まったく乱雑な数値を発生します．（ ）の中の引数はいりません．この RAND() を 2 倍すると 0 以上 2 未満の乱数が得られます．その乱数を INT 関数で，小数点以下を切り捨てて整数にすると，ほぼ同じ確率を持つ 0 と 1 の乱数が作れます．Excel で「＝INT(RAND() ＊2)」の数式を入れて Enter を押すと 0 か 1 が表示されます．

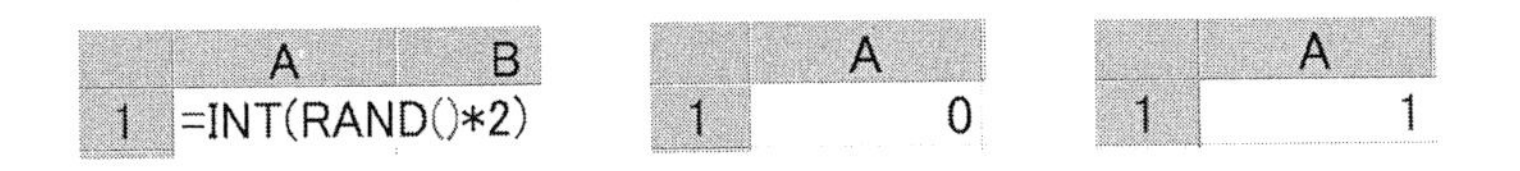

ここで再計算の F9 キーを押すと 0 か 1 が，また 0 か 1 になります．何度も F9 キーを叩いてまったくデタラメに 0 と 1 が出てくることを確かめてください．このように RAND() の関数は計算する度に違う数を出力します．

(2)　モンテカルロシミュレーション

今度は別の表を作ります．A 列には試行回数を 1 から 100 まで入れます．B 列には先程と同じ「＝INT(RAND( ) ＊2)」の数式を入れます．C2 セルには 1 が出る相対度数を計算するため，「＝SUM(B$2:B2)/A2」の数式を入れます．これは 1 が出た回数を試行回数で割ることを表しています．

	A	B	C	D
1	試行回数	コイン	相対度数	
2	1	0	=SUM(B$2:B2)/A2	

これらの数式を試行回数 100 回までオートフィルします．試行回数と相対度数のグラフを描くと次のようになります．

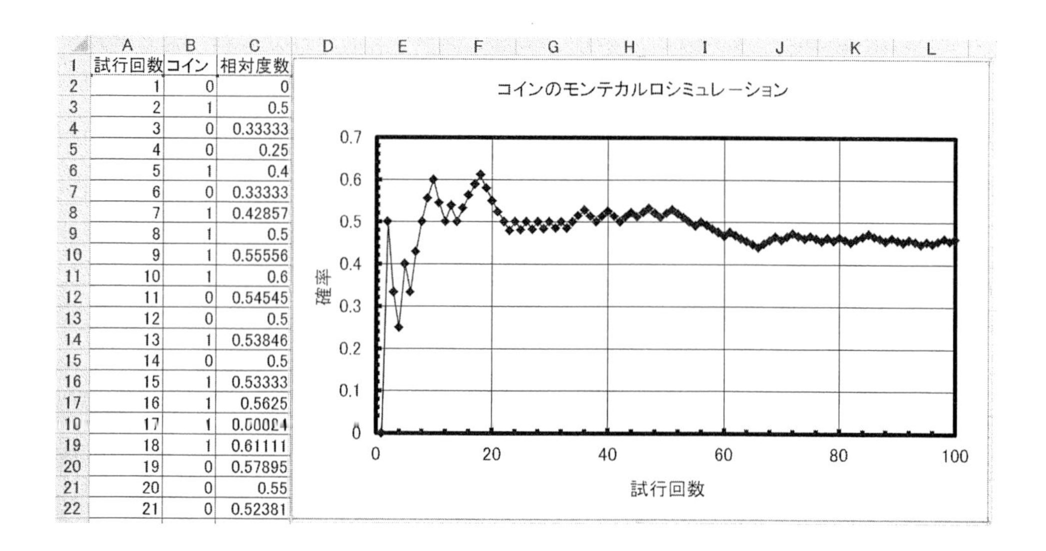

	A	B	C
1	試行回数	コイン	相対度数
2	1	0	0
3	2	1	0.5
4	3	0	0.33333
5	4	0	0.25
6	5	1	0.4
7	6	0	0.33333
8	7	1	0.42857
9	8	1	0.5
10	9	1	0.55556
11	10	1	0.6
12	11	0	0.54545
13	12	0	0.5
14	13	1	0.53846
15	14	0	0.5
16	15	1	0.53333
17	16	1	0.5625
18	17	1	0.58824
19	18	1	0.61111
20	19	0	0.57895
21	20	0	0.55
22	21	0	0.52381

試行回数が少ないときは相対度数が大きく変動していますが，試行回数が多くなると，しだいに 0.5 の理論的確率に近づいているように見えます．グラフと表は連動しているので F9 キーを押すと，また 100 回試行を行った結果が表示されます．これを繰り返すと，ときどき次のような偏った結果が出ます．

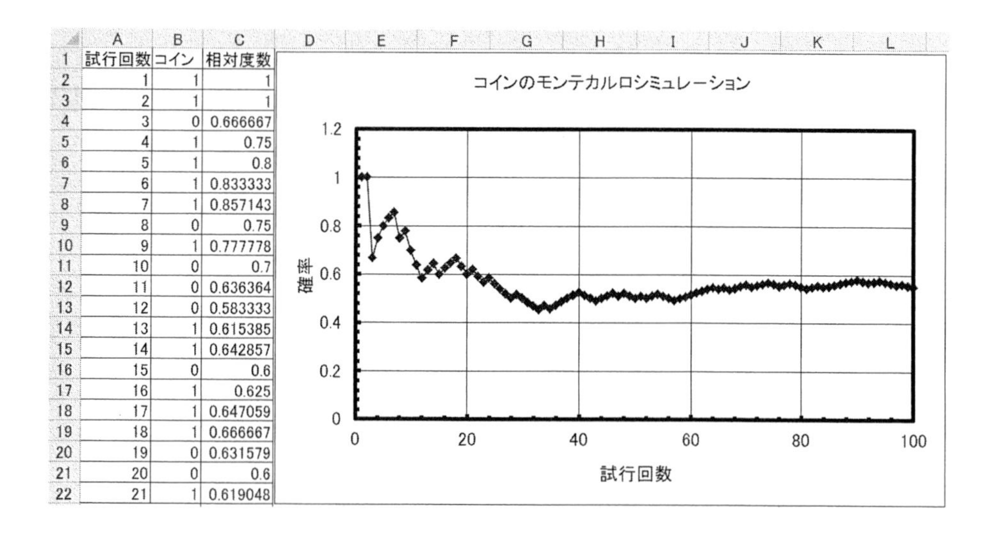

	A	B	C
1	試行回数	コイン	相対度数
2	1	1	1
3	2	1	1
4	3	0	0.666667
5	4	1	0.75
6	5	1	0.8
7	6	1	0.833333
8	7	1	0.857143
9	8	0	0.75
10	9	1	0.777778
11	10	0	0.7
12	11	0	0.636364
13	12	0	0.583333
14	13	1	0.615385
15	14	1	0.642857
16	15	0	0.6
17	16	1	0.625
18	17	1	0.647059
19	18	1	0.666667
20	19	0	0.631579
21	20	0	0.6
22	21	1	0.619048

相対度数が 0.5 から大きく離れているのは，100 回でもまだ試行回数が少ないためと考えられます．同じ試行の，試行回数 1000 回の結果は次のようになって，0.5 に近づいていることがわかります．

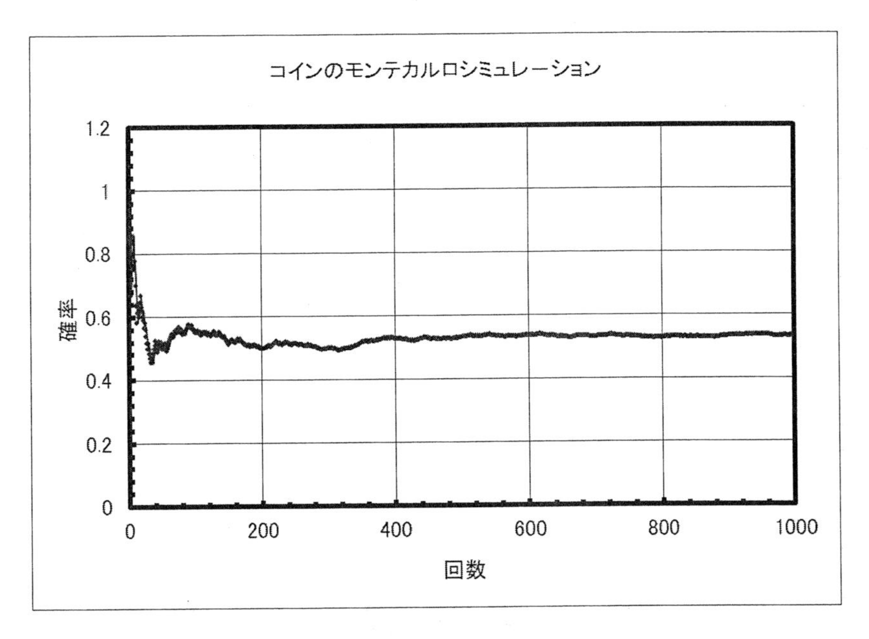

この計算実験から，統計的確率を十分信頼できるように理論的確率に近づけるには，膨大な数の試行が必要であることがわかります．一般に，試行回数は多いほど，相対度数は真の確率に近づきます．これを**大数の定理**といいます．十分大きな試行回数の相対度数を**統計的確率**といいます．このようにコンピュータの乱数を利用して試行を行う方法を，**モンテカルロ法**（または**モンテカルロシミュレーション**）といいます．

(3)　コイン 1 枚の確率分布

コインを 1 枚投げる試行の試行回数が多くなると，表が出る確率は 1/2，裏が出る確率も 1/2 の理論値に近づくことがわかりました．ここで裏が出る事象を 0，表が出る事象を 1 として，x という変数を割り当てると，次の表になります．

事象 x	0	1
確率 $p(x)$	1/2	1/2

このように事象に対する値 x を**確率変数**といい，x に対する確率 $p(x)$ の分布を**確率分布**といいます．コインを 1 枚投げる場合，すべての確率変数に対する確率は一様に等しいので，**一様分布**といいます．1 個のサイコロを振るときなども，理想的には確率は一様分布です．対応する確率変数 x と確率 $p(x)$ を掛けて，すべて足したものを x の**期待値**または**平均**といい，1 枚のコインの，平均 m は次のようになります．

$$m=\sum_{x=0}^{1} xp(x)=0\cdot\frac{1}{2}+1\cdot\frac{1}{2}=\frac{1}{2}$$

平均 m と x の差 $x-m$ を，**偏差**といいます．偏差の 2 乗，$y=(x-m)^2$ を確率変数に定義して，確率分布を書き直すと次のようになります．

事象 x	0	1
偏差$(x-m)$	$-1/2$	$1/2$
$y=(x-m)^2$	$1/4$	$1/4$
確率 $p(x)$	$1/2$	$1/2$

ここで y の平均を**分散** V といい，コイン 1 枚の場合，次の式で表されます．

$$V=\sum_x y\,p(x)=\sum_x (x-m)^2\,p(x)=\frac{1}{4}\cdot\frac{1}{2}+\frac{1}{4}\cdot\frac{1}{2}=\frac{1}{4}=0.25$$

また分散 V の平方根を**標準偏差**σといい，コイン 1 枚の場合，次の式で表されます．

$$\sigma=\sqrt{V}=\sqrt{\frac{1}{4}}=\frac{1}{2}=0.5$$

(4)　コイン 2 枚の確率分布

もう少し複雑な場合を考えましょう．今度はコインを 2 枚投げて，その二つの値を足します．

Excel で 2 枚のコインを投げる試行のモンテカルロシミュレーションを計算しましょう．まず A 列に試行回数を 1 から 100 まで入れておきます．次の B2 に，2 枚のコインを投げる試行の数式を「=INT(RAND( ) ＊2)+INT(RAND( ) ＊2)」と入れます．この数式は，前のコイン 1 枚の計算を，2 回足すことになります．ただしこの数式を通常の計算のように「=2＊INT(RAND() ＊2)」としてはいけません．乱数の RAND 関数は計算する度に違う値を出力するので，一つの乱数を 2 倍することと，二つの乱数を足すことは，まったく意味が異なります．この式を試行回数 100 までオートフィルします．

	A	B	C
1	試行回数	コイン2枚の和	
2	1	=INT(RAND()*2)+INT(RAND()*2)	

	A	B
1	試行回数	コイン2回の和
2	1	1
3	2	1
4	3	2
5	4	0
6	5	0
7	6	0
8	7	0
9	8	1
10	9	2
11	10	0
12	11	2
13	12	1

ここで相対度数の表を作ります．D2 から D4 セルにコイン 2 枚の事象の 0，1，2 を入れます．E1 セルに「＝COUNTIF(B$2,B$101,D2)/100」の数式を入れます．この関数は，B$2 から B$101 セルの中で，D2 の値と，同じ値のセルの個数，つまり D2 の値の度数を計算する関数です．この度数を，試行回数の 100 で割って，相対度数を求めています．この数式を E4 セルまでオートフィルすると相対度数の表ができます．このようなものを**相対度数分布**といいます．

	D	E	F
1	コイン2枚の和	相対度数	
2	0	=COUNTIF(B$2:B$101,D2)/100	
3	1		
4	2		

	D	E
1	コイン2枚の和	相対度数
2	0	0.28
3	1	0.48
4	2	0.24

ここで統計的な平均と分散，標準偏差を計算します．試行されたデータから直接，平均や分散，標準偏差を出すために，Excel ではそれぞれ AVERAGE 関数，VARP 関数，STDEVP 関数が用意されています．平均 m の計算は「＝AVERAGE(B2:B101)」の数式になります．分散 V は，「＝VARP(B2:B101)」の数式になります．

	D	E	F
1	コイン2枚の和	相対度数	
2	0	0.26	
3	1	0.48	
4	2	0.26	
5			
6	平均m＝	=AVERAGE(B2:B101)	

	D	E	F
1	コイン2枚の和	相対度数	
2	0	0.26	
3	1	0.48	
4	2	0.26	
5			
6	平均m＝	1	
7	分散V＝	=VARP(B2:B101)	

標準偏差σは「＝STDEVP(B2:B101)」という計算式になります．

	D	E	F
1	コイン2枚の和	相対度数	
2	0	0.26	
3	1	0.48	
4	2	0.26	
5			
6	平均m＝	1	
7	分散V＝	0.52	
8	標準偏差σ＝	=STDEVP(B2:B101)	

相対度数を縦棒グラフで表すと次のようになります．

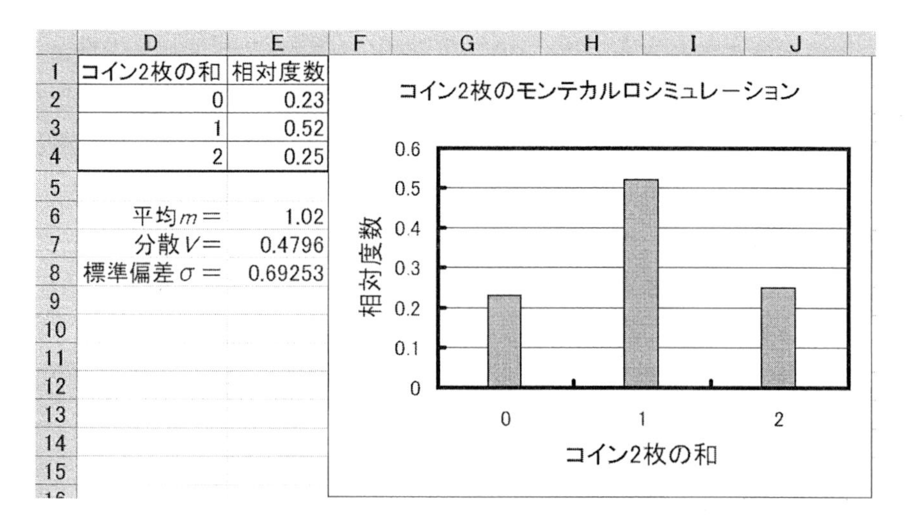

	D	E
1	コイン2枚の和	相対度数
2	0	0.23
3	1	0.52
4	2	0.25
5		
6	平均m＝	1.02
7	分散V＝	0.4796
8	標準偏差σ＝	0.69253

度数分布は中心の $x=1$ が多くなっていることがわかります.

ここでコインを 2 枚投げるときの，理論的な確率分布を考えましょう．2 枚のコインは各々，独立な値をとるので，次の 4 通りの場合が考えられます.

$$0+0=0, \qquad 0+1=1, \qquad 1+0=1, \qquad 1+1=2$$

1 枚のコインの表が出る確率と裏が出る確率は，どちらも 1/2 なので，上の 4 通りはすべて $1/2\times1/2=1/4$ の確率です．しかし 1 になるときは 2 通りあるので，$1/4\times2=1/2$ となります．結果として得られる事象の値は 0，1，2 の 3 通りで，それぞれの確率は 1/4，1/2，1/4 となります．事象の値を変数 x とし，x に対する確率を $p(x)$ として表にすると，次のようになります.

x	0	1	2
$y=(x-m)^2$	1	0	1
$p(x)$	1/4	1/2	1/4

この場合の平均 m は次のようになります.

$$m=\sum_{x=1}^{2} xp(x)=0\cdot\frac{1}{4}+1\cdot\frac{1}{2}+2\cdot\frac{1}{4}=1$$

ここで分散 V は，次の式で表されます.

$$V=\sum_{x=1}^{2} yp(x)=\sum_{x=1}^{2} (x-m)^2 p(x)=1\cdot\frac{1}{4}+0\cdot\frac{1}{2}+1\cdot\frac{1}{4}=\frac{1}{2}$$

また標準偏差σは，分散 Vの平方根から，次の値になります.

$$\sigma=\sqrt{V}=\sqrt{\frac{1}{2}}=0.7071067$$

計算された結果は，モンテカルロシミュレーションと近い値になっています.

(5)　コイン 16 枚の確率分布

さらに多くのコインを投げて和をとるモンテカルロシミュレーションを行ってみましょう．例として 16 枚のコインを投げる試行を，1000 回行うことを考えます．まず A 列に試行回数を 1 から 1000 まで入れておきます．次の B2 セルに，16 枚のコインを投げる試行の数式を，「＝INT(RAND() ＊ 2) ＋ INT(RAND() ＊ 2) ＋ INT(RAND() ＊ 2) ＋ INT(RAND() ＊ 2) ＋ INT(RAND() ＊ 2) ＋ INT(RAND() ＊ 2) ＋ INT(RAND() ＊ 2) ＋ INT(RAND() ＊ 2) ＋ INT(RAND() ＊ 2) ＋ INT(RAND() ＊ 2) ＋ INT(RAND() ＊ 2) ＋ INT(RAND() ＊ 2) ＋ INT(RAND() ＊ 2) ＋ INT(RAND() ＊ 2) ＋ INT(RAND()＊2)＋INT(RAND()＊2)」と入れます．少し長い数式なので入力が大変ですが，同じ項が 16 個並んでいるだけです．この数式は，前のコイン 1 枚の計算を，16 回足すことになります．なぜ 16 枚なのかというと，理論的な分散や標準偏差が整数になるため，あとで理論的な計算と比較しやすいからです．この式を試行回数 1000 までオートフィルします．

	A	B	
1	試行回数	コイン16枚の和	
2	1	=INT(RAND()*2)+INT(RAND()*2)	
3	2	+INT(RAND()*2)+INT(RAND()*2)	
4	3	+INT(RAND()*2)+INT(RAND()*2)	
5	4	+INT(RAND()*2)+INT(RAND()*2)	
6	5	+INT(RAND()*2)+INT(RAND()*2)	
7	6	+INT(RAND()*2)+INT(RAND()*2)	
8	7	+INT(RAND()*2)+INT(RAND()*2)	
9	8	+INT(RAND()*2)+INT(RAND()*2)	

	A	B
1	試行回数	コイン16枚の和
2	1	10
3	2	6
4	3	9
5	4	5
6	5	6
7	6	9
8	7	10
9	8	9
10	9	7
11	10	7
12	11	7
13	12	6
14	13	9
15	14	11
16	15	9
17	16	11
18	17	12
19	18	10
20	19	8
21	20	8
22	21	8

16 枚のコインを投げて和をとった，1000 回の相対度数分布は次のようになります．D2 から D18 セルにコイン 16 枚の事象の 0，1，2，･･･16 を入れます．E1 セルに「＝COUNTIF(B$2,B$1001,D2)/1000」の数式を入れます．この関数は B$2 から B$1001 セルの中で，D2 の値と同じ値のセルの個数，つまり D2 の値の度数を計算する関数です．この度数を，試行回数の 1000 で割って，相対度数を求めています．この数式を E18 セルまでオートフィルすると相対度数の表ができます．平均や分散，標準偏差も求めておきましょう．平均は「＝AVERAGE(B2:B1001)」の数

式で計算します．分散は「＝VARP(B2:B1001)」の数式で計算します．標準偏差は「＝STDEVP(B2:B1001)」の数式で計算します．

	D	E	F	G
1	コイン16枚の和	相対度数		
2	0	=COUNTIF(B$2:B$1001,D2)/1000		
3	1			
4	2			
5	3			
6	4			
7	5			
8	6			
9	7			
10	8			
11	9			
12	10			
13	11			
14	12			
15	13			
16	14			
17	15			
18	16			

	D	E
1	コイン16枚の和	相対度数
2	0	0
3	1	0.001
4	2	0.002
5	3	0.01
6	4	0.026
7	5	0.056
8	6	0.13
9	7	0.174
10	8	0.201
11	9	0.183
12	10	0.131
13	11	0.055
14	12	0.024
15	13	0.006
16	14	0.001
17	15	0
18	16	0

	D	E	F
20	平均 m＝	=AVERAGE(B2:B1001)	

	D	E	F
20	平均 m＝	8.097	
21	分散 V＝	=VARP(B2:B1001)	

	D	E	F
20	平均 m＝	8.097	
21	分散 V＝	3.90759	
22	標準偏差 σ＝	=STDEVP(B2:B1001)	

相対度数分布のグラフを描くと次のようになります．

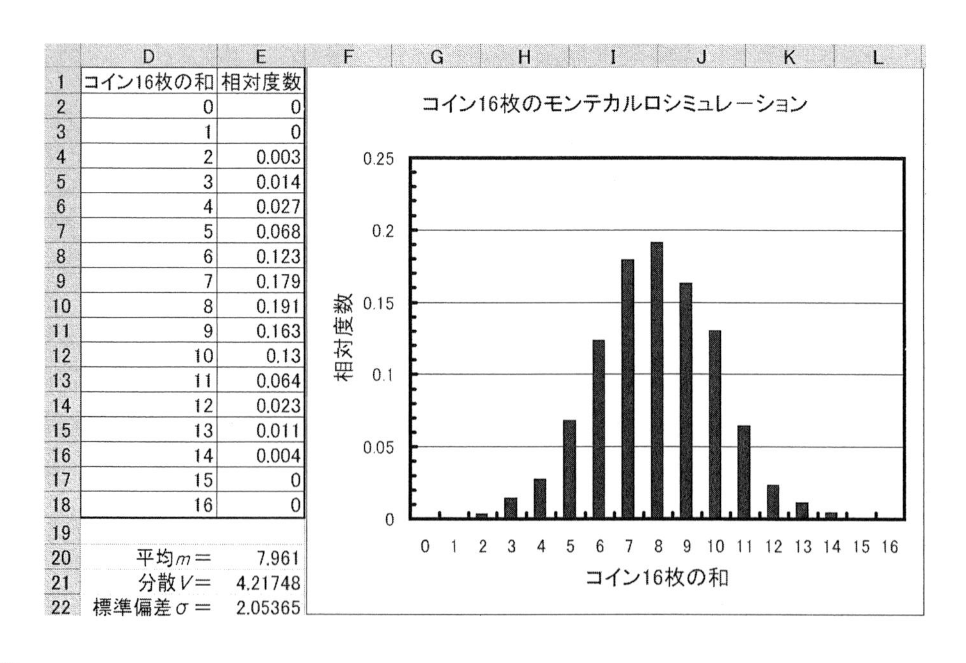

	D	E
1	コイン16枚の和	相対度数
2	0	0
3	1	0
4	2	0.003
5	3	0.014
6	4	0.027
7	5	0.068
8	6	0.123
9	7	0.179
10	8	0.191
11	9	0.163
12	10	0.13
13	11	0.064
14	12	0.023
15	13	0.011
16	14	0.004
17	15	0
18	16	0
19		
20	平均 m＝	7.961
21	分散 V＝	4.21748
22	標準偏差 σ＝	2.05365

2 枚のときよりもさらに中心に確率が集中した，山のような分布になっていることがわかります．一般に確率変数を足し合わせると，平均に確率が集中します．これを**中心極限定理**（または**ラプラスの定理**）といいます．

練習問題

(1) コイン 16 枚を投げて，x 枚表が出る確率 $p(x)$ は，$p(x) = {}_{16}C_x / 2^{16}$ の式になります．この式から x と $p(x)$ の表を Excel で作り，平均と分散，標準偏差の理論値を求めて，13.2 節の(5)の結果と比較してみましょう．

(2) 一つのサイコロを 1000 回振るモンテカルロシミュレーションを Excel で行い，1 から 6 の目が出る相対度数表を作りましょう．その結果，すべての目の統計的確率が一様になることを確かめましょう．1 から 6 の目を持つサイコロを振る関数は，Excel では「=INT(RAND()*6+1)」になります．また Excel でサイコロの目 x と，確率 $p(x)$ の表を作り，平均と分散，標準偏差の理論値を求めて，モンテカルロシミュレーションの結果と比較してみましょう．

(3) コインを 4 枚投げて，表が出る枚数の確率分布を，モンテカルロシミュレーションと理論計算で求め，グラフを描いて比較しましょう．また，それぞれの平均と分散と標準偏差を求めて．比較しましょう．

13.3　二　項　分　布

先程の 13.2 節の（4）の 2 枚のコインや，（5）の 16 枚のコインで見てきたように，同じ確率の試行を何回か行って，その和をとる場合を考えましょう．ある試行を 1 回行って，ある事象が p の確率で起こるとします．すると，ある事象が起こらない確率は $1-p$ で，これを q とします（$q=1-p$）．n 回の試行を行って，ある事象が r 回起こる組合せは，（13.2）式より ${}_nC_r$ です．従って，n 回の試行を行って，ある事象が r 回起こる確率 $B(n,p,r)$は，次の式になります．

$$B(n,\ p,\ r) = {}_nC_r p^r q^{n-r} = \frac{n!}{r!(n-r)!}\ p^r(1-p)^{n-r} \tag{13.3}$$

この式で表される確率分布を，**二項分布**といいます．すべての確率を足せば 1 になるので，当然次の式が成り立ちます．

$$\sum_{r=0}^{n} B(n,\ p,\ r) = \sum_{r=0}^{n} {}_nC_r p^r q^{n-r} = 1 \tag{13.4}$$

(1)　Excel で二項分布の計算

理論的な二項分布（13.3）式のみ計算して，理想的な確率分布を作ってみましょう．13.2 節の(5)と同じく，コイン 16 枚を投げる場合を考えると次の式になります．

$$B(16,\ 0.5,\ 0.5) = {}_{16}C_r\ 0.5^{16}$$

これを Excel で計算します．数式は $n=16$ なので次のようになります．A 列に r を 0 から 16 まで入れておきます．B2 セルに「＝COMBIN(16,A2)＊0.5^16」の数式を入れます．

	A	B	C
1	r	二項分布	
2	0	=COMBIN(16,A2)*0.5^16	

後はこの数式を $r=16$ のところまでオートフィルします．縦棒グラフで描くと次のようになります．

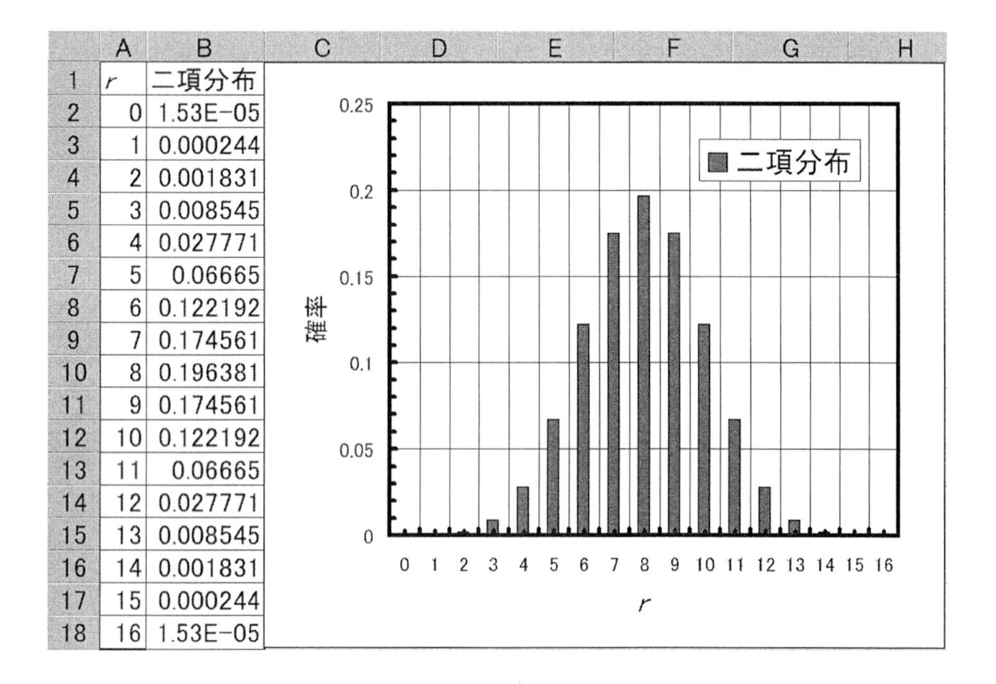

	A	B
1	r	二項分布
2	0	1.53E-05
3	1	0.000244
4	2	0.001831
5	3	0.008545
6	4	0.027771
7	5	0.06665
8	6	0.122192
9	7	0.174561
10	8	0.196381
11	9	0.174561
12	10	0.122192
13	11	0.06665
14	12	0.027771
15	13	0.008545
16	14	0.001831
17	15	0.000244
18	16	1.53E-05

グラフの形はモンテカルロシミュレーションで計算したときとほとんど同じ形であることがわかります．ちなみに Excel では二項分布を計算する BINOMDIST 関数も用意されています．その関数を使うと，数式は「＝BINOMDIST(A2,16,0.5,0)」となります．

(2) 平均と分散

二項分布の平均 m は次のように，r と二項分布 $B(n,\ p,\ r)$ の積の和になります．r が 0 のとき，積は 0 なので，$r=1$ から足していきます．

$$m=\sum_{r=1}^{n} rB(n,\ p,\ r)=\sum_{r=1}^{n} r\,{}_nC_r\,p^r q^{n-r}=\sum_{r=1}^{n} r\frac{n!}{r!(n-r)!}p^r q^{n-r}$$

$$=\sum_{r=1}^{n}\frac{n(n-1)!}{(r-1)!(n-r)!}p\,p^{r-1}q^{n-r}=np\sum_{r=1}^{n}{}_{n-1}C_{r-1}\,p^{r-1}\,q^{n-r}$$

ここでΣの中に対して，$R=r-1$，$N=n-1$ の変数変換を行うと，(13.4) 式と同じなので，次のようになります．

$$m=np\sum_{R=0}^{N}{}_NC_R\,p^R q^{N-R}=np \tag{13.5}$$

つまり n 回の試行のうち，ある事象が起こる平均は np 回になります．しかしこれは，p がもともと，ある事象の確率ですから，当然の結果です．

次に分散 V を計算します．

$$V=\sum_{r=0}^{n}(r-m)^2\,{}_nC_r\,p^r q^{n-r}=\sum_{r=0}^{n}(r^2-2rm+m^2)\,{}_nC_r\,p^r q^{n-r}$$

$$=\sum_{r=0}^{n} r^2\,{}_nC_r\,p^r q^{n-r}-2m\sum_{r=0}^{n} r\,{}_nC_r\,p^r q^{n-r}+m^2\sum_{r=0}^{n}{}_nC_r\,p^r q^{n-r}$$

$$=\sum_{r=0}^{n} r^2\,{}_nC_r\,p^r q^{n-r}-m^2$$

第 1 項のみを取り出して計算します．

$$\sum_{r=0}^{n} r^2\,{}_nC_r\,p^r q^{n-r}=\sum_{r=1}^{n} r^2\frac{n!}{r!(n-r)!}\ p^r q^{n-r}=\sum_{r=1}^{n} r\frac{n(n-1)!}{(r-1)!(n-r)!}p^r q^{n-r}$$

$$=\sum_{r=1}^{n}\{(r-1)+1\}\frac{n(n-1)!}{(r-1)!(n-r)!}p^r q^{n-r}$$

$$=\sum_{r=1}^{n}\frac{n(n-1)(n-2)!}{(r-2)!(n-r)!}p^2 p^{r-2}q^{n-r}+\sum_{r=1}^{n}\frac{n(n-1)!}{(r-1)!(n-r)!}\ p\,p^{r-1}q^{n-r}$$

$$=n(n-1)\,p^2\sum_{r=2}^{n}{}_{n-2}C_{r-2}\,p^{r-2}q^{n-r}+np\sum_{r=1}^{n}{}_{n-1}C_{r-1}\,p^{r-1}\,q^{n-r}$$

(13.4) 式からΣは 1 になるので，次のようになります．

$$=n(n-1)\,p^2+np=n^2p^2-np^2+np$$

従って分散 V は次のようになります

$$V=n^2p^2-np^2+np-m^2=n^2p^2-np^2+np-n^2p^2=np-np^2=np(1-p)=npq$$

分散から標準偏差σは次のように求まります．

$$\sigma=\sqrt{npq} \tag{13.6}$$

今回の，16 枚のコイン投げの場合，$n=16$，$p=q=0.5$ なので，平均 $m=8$，分散 $V=4$，標準偏差$\sigma=2$ になります．これはモンテカルロシミュレーションの結果とほぼ一致しています．

練習問題

コインを 100 枚投げる二項分布を Excel で計算しましょう．また理論的な平均，分散，標準偏差を計算しましょう．

13.4 正 規 分 布

(1) 正規分布の導出

ここで 2 項分布（13.3）式の試行回数 n が大きいときを考えましょう．二項分布（13.3）式を，確率変数 r の関数とみなして $f(r)$とし，その対数を考えます．

$$\log f(r)=\log {}_nC_r p^r q^{n-r}=\log \frac{n!}{r!(n-r)!}p^r q^{n-r}$$

$$=\log n!-\log r!-\log(n-r)!+r\log p+(n-r)\log q$$

式の中の $\log n!$ は，n が大きいとき，区分求積法（9.1 節参照）を用いて，次のように近似できます．

$$\log n!=\log(1\times2\times3\times\cdots\times n)=\log 1+\log 2+\log 3+\cdots+\log n$$

$$\fallingdotseq \int_1^n \log x\,dx=\left[x\log x-x\right]_1^n=n\log n-n+1$$

n が大きい場合は，最後の 1 が無視できて，$\log n! \fallingdotseq n\log n-n$ となります．これを**スターリング近似**といいます（9.6 節の練習問題(8)参照）．このスターリング近似を用いると $\log f(r)$ は次のように近似できます．

$$\log f(r)$$

$$\fallingdotseq n\log n-n-(r\log r-r)-\{(n-r)\log(n-r)-(n-r)\}+r\log p+(n-r)\log q$$

$$=r(\log p-\log q)-r\log r-(n-r)\log(n-r)+n\log n+n\log q$$

さらに $\log f(r)$をテイラー展開（第 10 章参照）するため，ここで $\log f(r)$ の 1 回微分と 2 回微分を計算しておきます．

$$\frac{d\log f(r)}{dr}=\log p-\log q-\log r+\log(n-r)$$

$$\frac{d^2 \log f(r)}{dr^2} = -\frac{1}{r} - \frac{1}{n-r}$$

この結果を使って，$\log f(r)$ を平均 m の近くで，2 次までのテイラー展開で近似すると，次のようになります．

$$\log f(r) \fallingdotseq \log f(m) + \{\log p - \log q - \log m + \log(n-m)\}(r-m) + \frac{1}{2}\left(-\frac{1}{m} - \frac{1}{n-m}\right)(r-m)^2$$

ここで（13.5）式から $m=np$ なので 1 次の項が消えて，次のように簡単になります．

$$\log f(r) \fallingdotseq \log f(m) - \frac{1}{2npq}(r-m)^2$$

（13.6）式から $npq=\sigma^2$ なので，次の形になります．

$$\log f(r) \fallingdotseq \log f(m) - \frac{1}{2\sigma^2}(r-m)^2$$

$$f(r) \fallingdotseq f(m) \exp\left\{-\frac{(r-m)^2}{2\sigma^2}\right\} \tag{13.7}$$

指数関数の前の $f(m)$ を決めるために，次の関数の積分を考えます．

$$I = \int_{-\infty}^{\infty} \exp(-x^2)dx = 2\int_0^{\infty} \exp(-x^2)dx$$

変数 x を uv に置き換えて，v を係数と考えると $dx/du=v$ より次のようになります．

$$I = 2\int_0^{\infty} \exp(-u^2v^2)\, v\, du$$

さらに x を単純に v に置き換えただけの I と掛け合わせると，次のように積分の 2 乗の計算になります．

$$I^2 = 4\int_0^{\infty} \exp(-v^2)\, dv \int_0^{\infty} \exp(-u^2v^2)\, v du$$

$$= 4\int_0^{\infty}\int_0^{\infty} \exp\{-(1+u^2)v^2\}\, v\, dv\, du$$

ここで v^2 を s とおくと，$ds/dv=2v$ より，次の形になります．

$$= 4\int_0^{\infty}\int_0^{\infty} \exp\{-(1+u^2)s\}\frac{1}{2} ds\, du = 2\int_0^{\infty}\left[\frac{-\exp(1+u^2)s}{1+u^2}\right]_0^{\infty} du$$

$$= 2\int_0^{\infty} \frac{1}{1+u^2} du$$

さらに$u=\tan\theta$とすると，$du/d\theta=1/\cos^2\theta$, $u \Rightarrow \infty$のとき$\theta=\pi/2$より次のように変数変換できます．

$$I^2=2\int_0^{\frac{\pi}{2}} \frac{1}{1+\tan^2\theta}\frac{1}{\cos^2\theta}d\theta=2\int_0^{\frac{\pi}{2}} \cos^2\theta \frac{1}{\cos^2\theta}d\theta=\int_0^{\frac{\pi}{2}} 2\,d\theta=\pi$$

よって次の式が成り立ちます．

$$\int_{-\infty}^{\infty} \exp(-x^2)\,dx=\sqrt{\pi}$$

この式を**ガウスの積分公式**，積分の中の関数を**ガウス関数**といいます．ここで（13.7）式に近づけるために，x を$(r-m)/\sigma\sqrt{2}$に置き換えると，$dx/dr=1/\sigma\sqrt{2}$より，上のガウスの積分公式は次の形になります．

$$\int_{-\infty}^{\infty} \exp\left\{-\frac{(r-m)^2}{2\sigma^2}\right\}\frac{1}{\sigma\sqrt{2}}dr=\sqrt{\pi}$$

$$\int_{-\infty}^{\infty} \frac{1}{\sigma\sqrt{2\pi}}\exp\left\{-\frac{(r-m)^2}{2\sigma^2}\right\}dr=1$$

これはつまり(13.7)式の$f(m)$を$1/\sigma\sqrt{2\pi}$にすれば，確率のすべてを足し合わせたものが 1 になることを示しています．そこで最終的に，離散的な確率変数rを，連続変数xに変えて，（13.7）式を次のように書き換えます．

$$f(x)=\frac{1}{\sigma\sqrt{2\pi}}\exp\left\{-\frac{(x-m)^2}{2\sigma^2}\right\}=N(m,\sigma^2) \qquad (13.8)$$

これを**正規分布**（または**ガウス分布**）といいます．

(2) Excel で計算

試行回数を増加すると，二項分布が正規分布に近づくことを，Excel で実際に計算して示しましょう．例えば$n=100$のときには（13.5），（13.6）式から，平均は 50，標準偏差は 5 になります．$n=100$のときの二項分布$B(100,\ 0.5, 0.5)={}_{100}C_r\ 0.5^{100}$と正規分布$N(50,\ 5^2)$を計算して比較します．A 列に$r$を 0 から 100 まで入れておきます．B2 セルに二項分布（13.4）式の「=COMBIN(100,A2)*0.5^100」を入れておきます．

	A	B
1	r	二項分布
2	0	=COMBIN(100,A2)*0.5^100

C2 セルには正規分布(13.8)式の，「=1/(5*SQRT(2*PI()))*EXP(−1*(A2−50)^2/(2*5^2))」を入れます．

	A	B	C	D	E	F	G
1	*r*	二項分布	正規分布				
2	0	7.889E-31	=1/(5*SQRT(2*PI()))*EXP(-1*(A2-50)^2/(2*5^2))				

B2 と C2 セルを同時に選択して，$r=100$ までオートフィルします．次の図は，散布図と棒グラフの複合グラフで描いたものです（複合グラフの作成方法は省略します）．

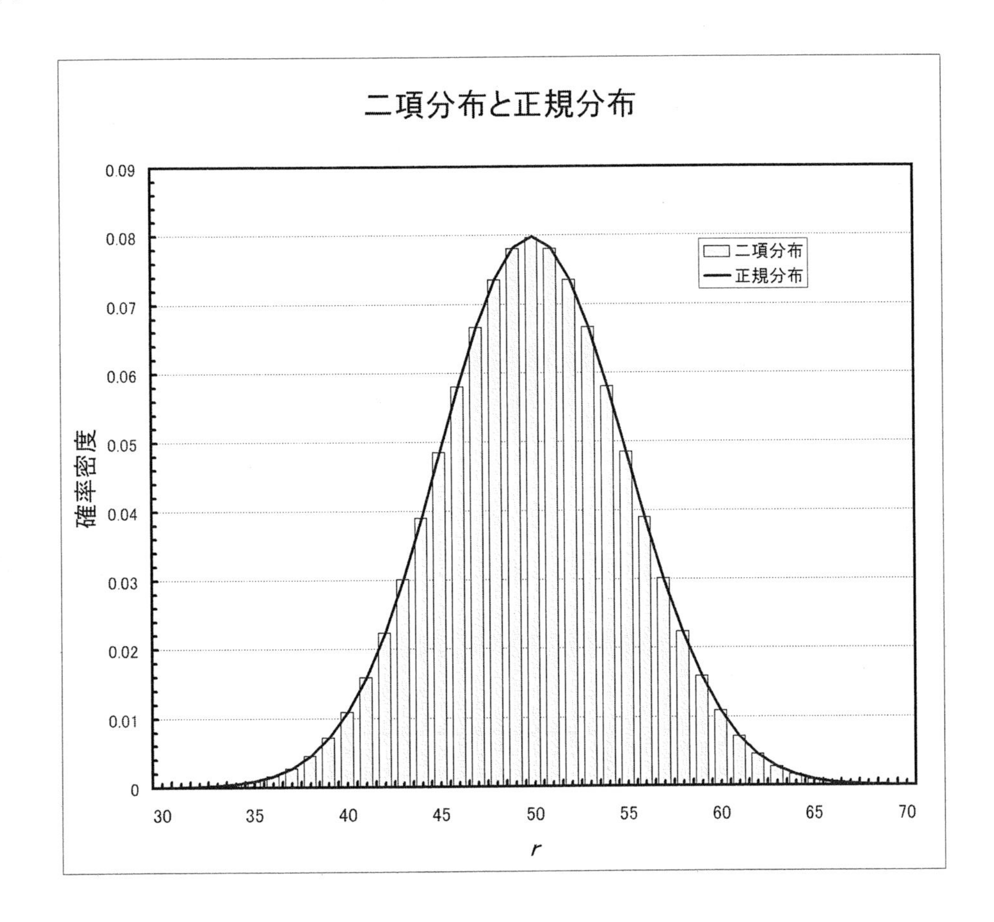

二項分布と正規分布がほとんど一致していることがわかります．二項分布は離散的な値を計算する関数ですが，正規分布は連続関数です．

コイン 1 枚のときには一様分布だったのが，枚数を増やすと正規分布に近づいて，平均値に確率密度が集中することを示しました．さらに，どんな分布でも，多数の分布を足し合わせた分布の n の大きい極限は，正規分布になることが数学的に証明されています．これを中心極限定理（またはラプラスの定理）といいます．つまり，確率変数で表される多くの事象は，ほとんど正規分布で表すことができます．このため統計解析では，正規分布が非常によく使われます．

(3)　標準正規分布と累積分布

平均 m が 0 で，標準偏差 σ が 1 の正規分布を $N(0,1)$ で表し，これを**標準正規分布**といいます．式で表すと次のようになります．

$$N(0,1)=\frac{1}{\sqrt{2\pi}}\exp\left(-\frac{x^2}{2}\right) \tag{13.9}$$

標準正規分布を Excel で計算してグラフにしてみましょう．Excel には正規分布を計算する NORMDIST 関数があります．A 列に x の値を−4 から 4 まで 0.4 ずつ入れておきます．B2 セルに「＝NORMDIST(A2,0,1,FALSE)」の数式を入れます．(　)の中の引数は左から変数 x，平均，標準偏差を表しています．標準偏差の 2 乗ではないところに気をつけてください．最後の文字列は FALSE なら通常の確率分布関数を計算し，TRUE ならば**累積分布関数**という積分値を計算します．C2 セルに「＝NORMDIST(A2,0,1,TRUE)」の数式を入れます．

	A	B	C	D
1	x	分布関数	累積関数	
2	−4	=NORMDIST(A2,0,1,FALSE)		

	A	B	C	D	E
1	x	分布関数	累積関数		
2	−4	0.00013	=NORMDIST(A2,0,1,TRUE)		

B2 と C2 セルを同時に選択し，この数式を $x=4$ までオートフィルして，グラフを描くと，次のような標準正規分布ができます．

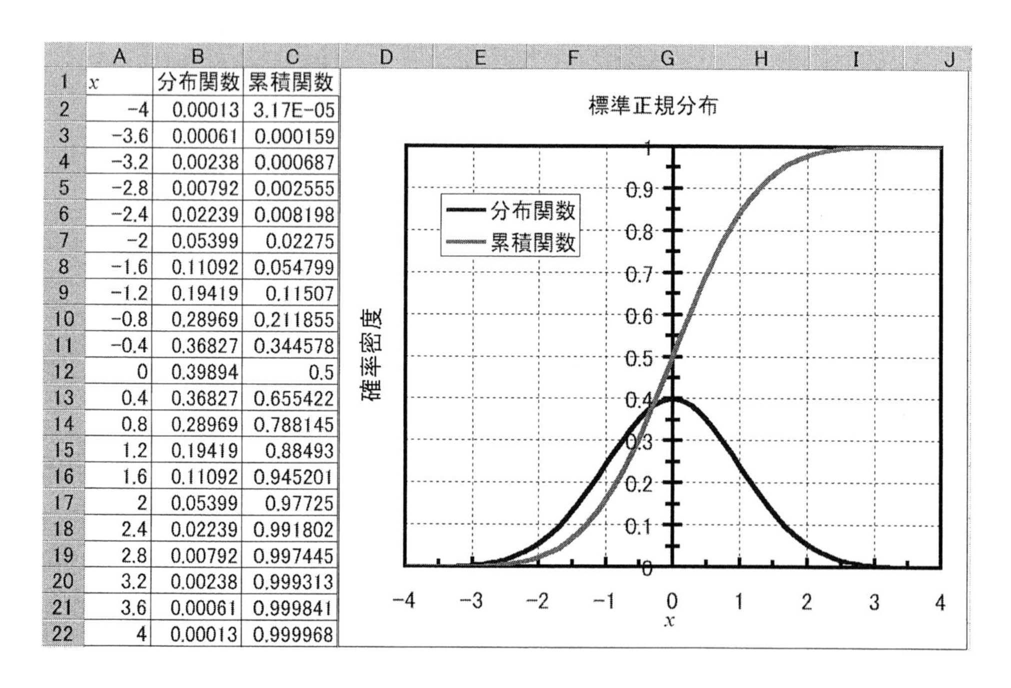

	A	B	C
1	x	分布関数	累積関数
2	−4	0.00013	3.17E−05
3	−3.6	0.00061	0.000159
4	−3.2	0.00238	0.000687
5	−2.8	0.00792	0.002555
6	−2.4	0.02239	0.008198
7	−2	0.05399	0.02275
8	−1.6	0.11092	0.054799
9	−1.2	0.19419	0.11507
10	−0.8	0.28969	0.211855
11	−0.4	0.36827	0.344578
12	0	0.39894	0.5
13	0.4	0.36827	0.655422
14	0.8	0.28969	0.788145
15	1.2	0.19419	0.88493
16	1.6	0.11092	0.945201
17	2	0.05399	0.97725
18	2.4	0.02239	0.991802
19	2.8	0.00792	0.997445
20	3.2	0.00238	0.999313
21	3.6	0.00061	0.999841
22	4	0.00013	0.999968

正規分布の累積関数は（13.8）式から次の式になります．

$$P(m,\ \sigma^2)=\int_{-\infty}^{x} N(m,\ \sigma^2)\,dx=\int_{-\infty}^{x}\frac{1}{\sigma\sqrt{2\pi}}\exp\left\{-\frac{(x-m)^2}{2\sigma^2}\right\}dx \quad (13.10)$$

ここで $X=\dfrac{x-m}{\sigma}$ とおくと，$\dfrac{dx}{dX}=\sigma$ から次のように変数変換できます．

$$\int_{-\infty}^{x} N(m,\sigma^2)\,dx=\int_{-\infty}^{X}\frac{1}{\sigma\sqrt{2\pi}}\exp\left(-\frac{X^2}{2}\right)\frac{dx}{dX}dX$$

$$=\frac{1}{\sqrt{2\pi}}\int_{-\infty}^{X}\exp\left(-\frac{X^2}{2}\right)dX \quad (13.11)$$

これを**ガウスの誤差関数**といい，標準正規分布（13.9）式の積分になっています．例えば $P(X=0)$ は，次の図の面積を求めていることになります．

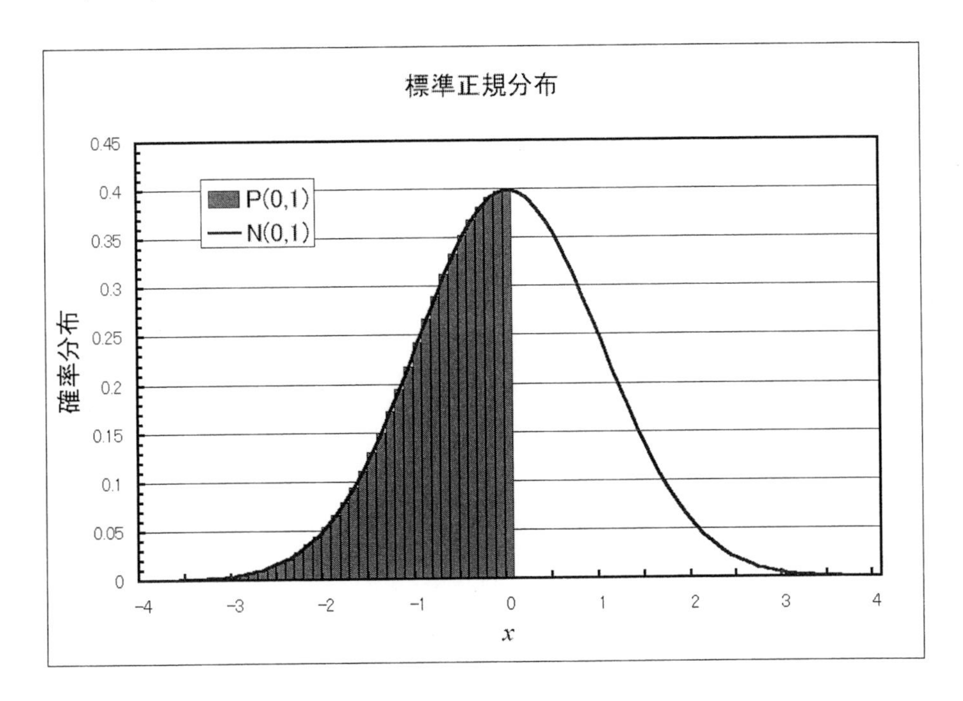

つまり正規分布の累積分布関数は，$X=(x-m)/\sigma$ の変数変換によって，標準正規分布の累積関数に置き換えることができます．そこで x そのままの値よりも，X に比例する値を用いた方が，全体の分布の位置を示すためには便利です．そこで次のような値を**偏差値**といいます．

$$\frac{x-m}{\sigma}\times 10+50 \quad (13.12)$$

x が平均値ならば，偏差値 50 になります．ただし正規分布の累積関数の式（13.10）やガウスの誤差関数の式（13.11）の中の積分は，解析解がかなり難しく，数値積分（9 章の積分を参照）で計算した数値を使って計算する方法が一般的です．そこで従来は標準正規分布の計算結果を数表にして（これを**標準正規分布表**という），様々な正規分布を計算する方法が行われました．しかし Excel を使うと，どのような正規分布でもすぐに計算できるので便利です．実際の統計計算では累積分布関数を使うことが多いため，統計の本では累積分布関数を正規分布と表していることもあります．また累積分布関数の定義には，いくつかの種類があるので気をつけてください．

(4) 入試の偏差値

正規分布の応用例として，次のような問題を，Excel を使って考えましょう．

ある入学試験で 100 人の募集人数に対して 632 人の受験生があって，入学試験の結果は 600 点満点で，平均 264 点，標準偏差 94 点でした．このときの合格の最低点を予想しましょう．

Excel の A 列に 0 から 600 まで点数を入れます．点数に対する正規分布の累積分布関数を B2 セルに「＝NORMDIST(A2,264,94,TRUE)＊632」の式で計算します．また C2 セルに偏差値(13.12)式を「＝(A2－264)＊10/94＋50」の式で計算します．

	A	B	C	D	E
1	点数	正規分布	偏差値		
2	0	=NORMDIST(A2,264,96,TRUE)*632			

	A	B	C	D
1	点数	正規分布	偏差値	
2	0	1.88321	=(A2-264)*10/94+50	

この式を 600 点までオートフィルして計算します．グラフを描くと次のようになります．

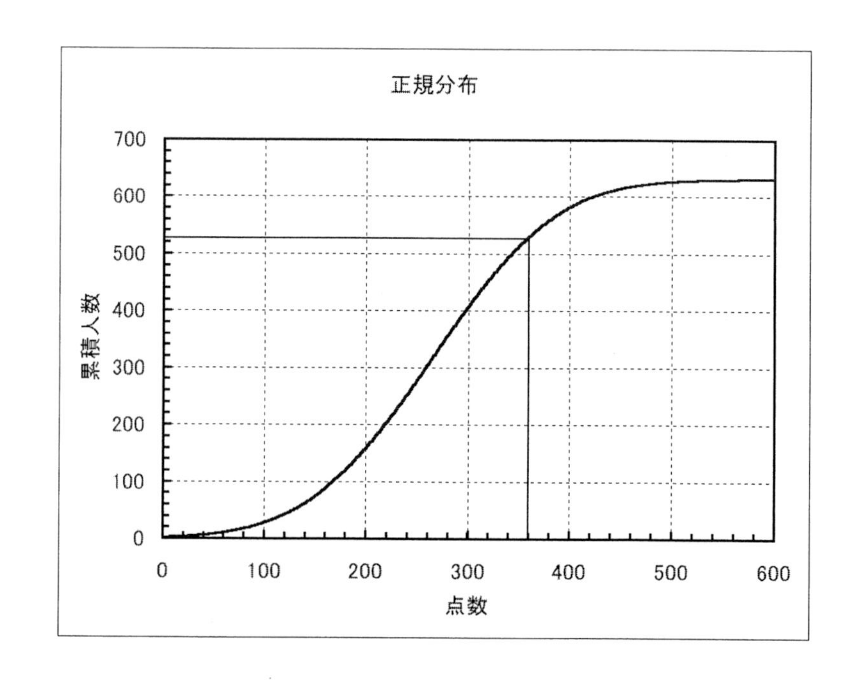

100 人合格ということは，点数の低い方から数えると，累積分布の 532 人目になります．

	A	B	C
358	356	525.225	59.787
359	357	526.876	59.894
360	358	528.511	60
361	359	530.129	60.106
362	360	531.73	60.213
363	361	533.315	60.319
364	362	534.883	60.426
365	363	536.434	60.532
366	364	537.969	60.638

Excel で計算した表から，360 点付近が最低点であると考えられます．360 点の得点を偏差値にすると，60.2 となります．試験の合否予想判定にはこのような方法が取られています．

練習問題

16 歳の男子 500 人の身長が，平均 170cm，標準偏差 6cm の正規分布に従うとき，160cm から 180cm の表を 1cm 間隔で作成し，次の値を求めましょう．

(1)　165cm から 175cm の間にいる人数

(2)　高いほうから 100 人目の身長

14. ベクトルと行列

ここでは線形代数の基本である，ベクトルと行列，および行列式をExcelで計算してみましょう．本来，表計算は，このような計算が得意で，かなり高度な処理もできます．しかし，自動的に計算してしまうので，かえって意味がわかりづらくなります．できるだけわかりやすくするときには，グラフで表現することが有効なのですが，Excelでグラフにすることができるのは2次元までです．そこで，主に2次元のベクトルと行列，および行列式をExcelで解説します．ただし計算法則や計算方法は，3次以上でも同様に成り立ちます．

14.1 ベクトル

ベクトルとは大きさと向きを持った量です．例えば日常的な例では，車で移動するとき，北へ20km，といった量はベクトルです．これに対して，今まで扱ってきた，実数の量は，大きさだけで表されるので，**スカラー**といいます．ベクトルを表すときは，次の図のように座標（つまりグラフ）で表すと便利です．

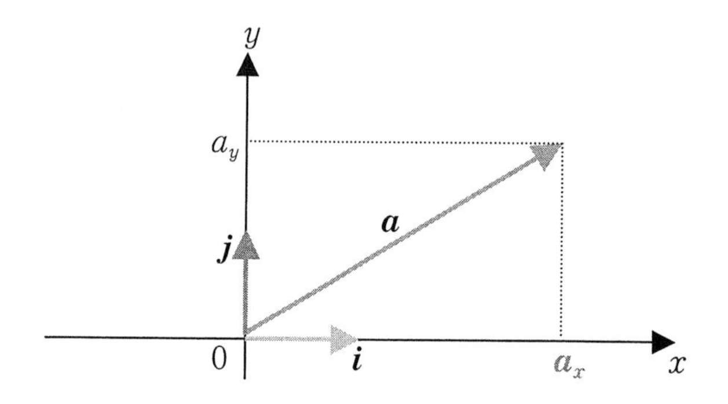

一般にベクトルを $\boldsymbol{a}$，または $\vec{a}$ の記号で表します．平面上の2次元座標で表したとき，ベクトル $\boldsymbol{a}$ の横と縦の大きさを，それぞれ a_x，a_y とすると，次のように，二つの数字の組で表すことができます．

$$\boldsymbol{a} = \vec{a} = (a_x,\ a_y) = \begin{pmatrix} a_x \\ a_y \end{pmatrix}$$

a_x と a_y をベクトル $\boldsymbol{a}$ の**成分**または**要素**といいます．本書ではベクトルは英小文字の太字斜体で表し，要素は基本的に縦に並べて表示します．このとき直角三角形

のピタゴラスの定理から，**ベクトルの大きさ** $|\boldsymbol{a}|$ は次のようになります．

$$|\boldsymbol{a}|=\sqrt{a_x^2+a_y^2}$$

大きさが 0 のベクトルは，成分がすべて 0 で，このようなものは**零ベクトル**といいます．大きさが 1 のベクトルは**単位ベクトル**といいます．

Excel でベクトルを表すには散布図の点で表すことになります．次のベクトルを Excel のグラフで表してみましょう．

$$\boldsymbol{a}=\begin{pmatrix}3\\4\end{pmatrix}$$

A2 セルに見出しをつけ，B2 セルと B3 セルに成分を入れます．ベクトルの（　）は次のように入れることができます．あらかじめ Excel の，「挿入」リボンの「図形」を選択し，基本図形の中のかっこを選びます．そして，B2 と B3 セルをかっこでくくります．

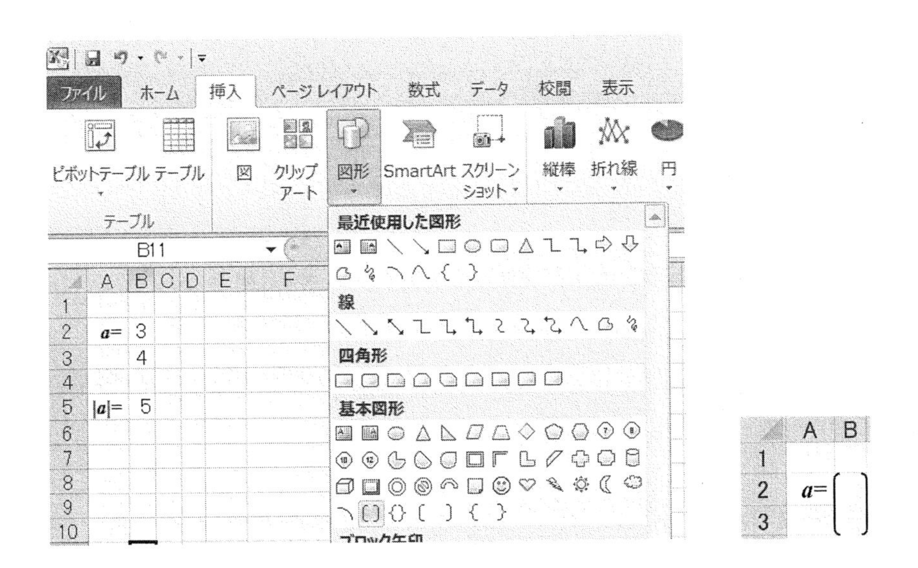

しかしこのままだとセルが見えないので，右クリックのメニューから「図形の書式設定」を選びます．「塗りつぶし」で「塗りつぶしなし(N)」を選んで閉じると，かっこで囲まれたベクトル表示になります．

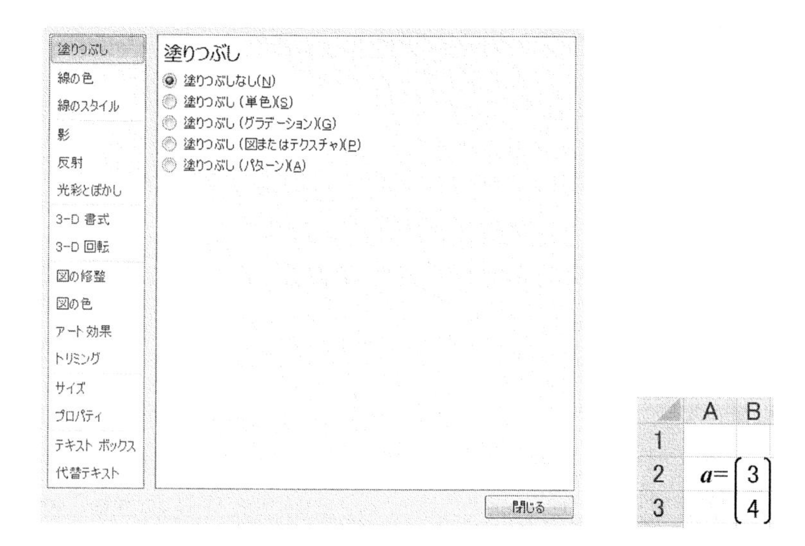

このベクトルの大きさを計算しましょう．B5 セルに「＝SQRT(B2^2＋B3^2)」の数式を入れると，5 となって$\sqrt{3^2+4^2}$と一致していることがわかります．

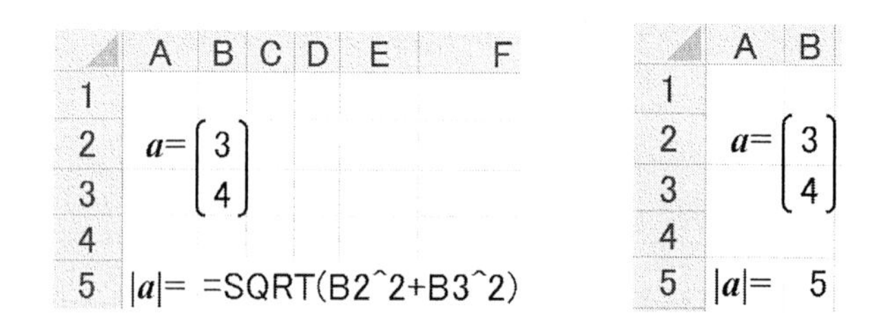

ベクトルを図で表示しましょう．「挿入」リボンの「グラフ」の「散布図」で，「散布図（マーカーのみ)」を選びます．

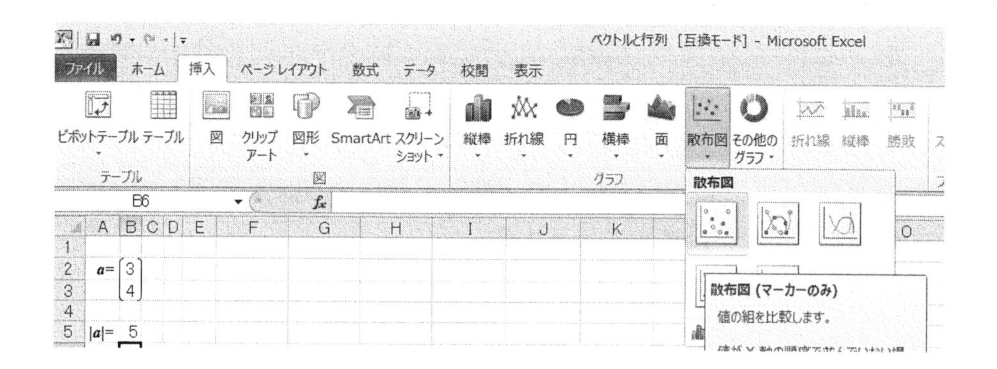

うまく点を書いてくれないときは，「デザイン」リボンの中の「データの選択」を選びます．

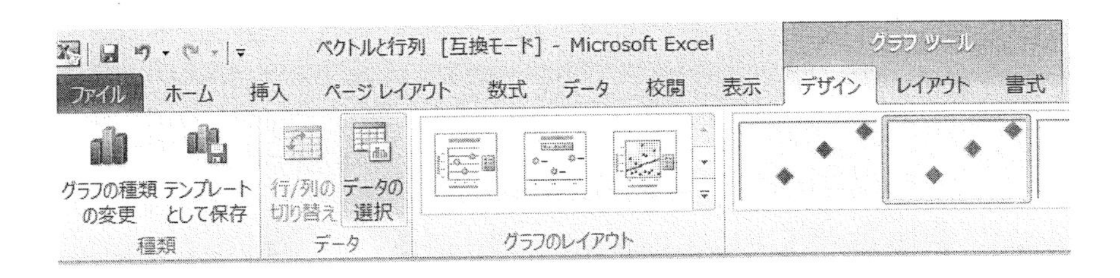

「凡例項目」の中の「系列 1」を選んで，「編集」を押します．

グラフ データの範囲(D):　='ベクトル (2)'!$B$2:$B$3

行/列の切り替え(W)

凡例項目 (系列)(S)

追加(A)　編集(E)　削除(R)

系列1

横 (項目) 軸ラベル(C)

編集(T)

1

2

非表示および空白のセル(H)　OK　キャンセル

「系列名」に「A2」，「系列 X の値」に「B2」，「系列 Y の値」に「B3」のセル番地を入れます．

系列名(N):

='ベクトル (2)'!$A$2　= a=

系列 X の値(X):

='ベクトル (2)'!$B$2　= 3

系列 Y の値(Y):

='ベクトル (2)'!$B$3　= 4

OK　キャンセル

設定方法は直接セル番地を入力するか，入力ボックスの右端のボタンをクリックします．すると範囲指定モードになるので，マウスで直接，表の中の名前，X の値，Y の値の範囲をドラッグして指定します．

ふたたび右端のボタンを押すと，もとの画面に戻ります．これを繰り返すと，すべての入力ボックスにセル範囲を指定することができます．うまく設定できれば，次の図のようにグラフを描くことができます．

ただしベクトルらしく矢印を引くには「挿入」リボンの，「図形」の中の，「線」の矢印を選びます．

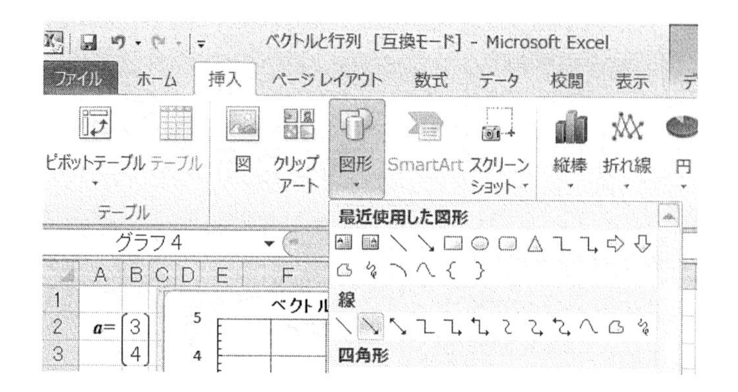

画面上でマウスをドラッグすると矢印が描けます．

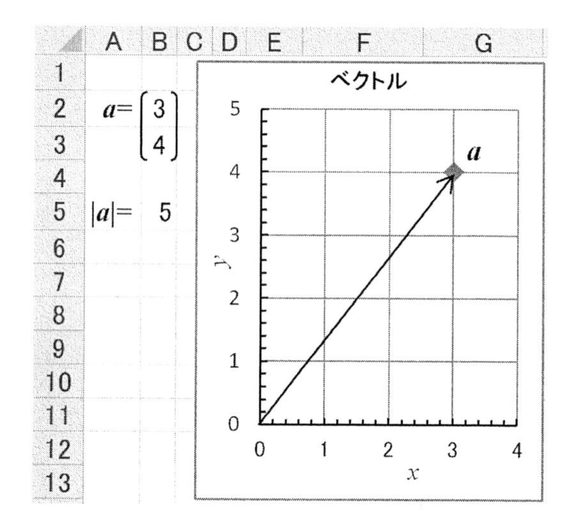

同様にして3次元ベクトルは三つの成分で次のように表せます．

$$\vec{a} = \boldsymbol{a} = (a_x,\ a_y,\ a_z)$$

$$= \begin{pmatrix} a_x \\ a_y \\ a_z \end{pmatrix}$$

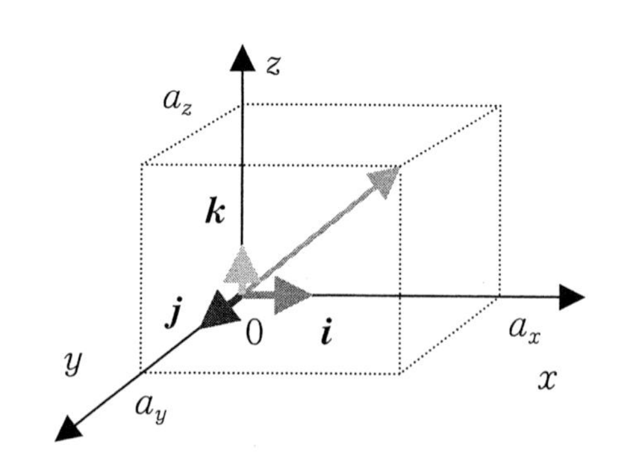

このときのベクトルの大きさは次の式で表せます．

$$|\boldsymbol{a}| = \sqrt{a_x^2 + a_y^2 + a_z^2}$$

私たちの住んでいる世界，または目に見える世界は 3 次元なので，いろいろな量を表すときには 3 次元ベクトルが便利なのですが，Excel でのグラフ表現が困難になります．次に述べるベクトルの計算方法などは，2次元も，それ以上の次元のベクトルも同じなので，基本的には 2 次元ベクトルで説明していきます．

14.2　ベクトルの計算

(1)　足し算と引き算

二つのベクトル $\boldsymbol{a}$ と $\boldsymbol{b}$ を次のように表します．

$$\boldsymbol{a} = \begin{pmatrix} a_x \\ a_y \end{pmatrix}, \quad \boldsymbol{b} = \begin{pmatrix} b_x \\ b_y \end{pmatrix}$$

このとき二つのベクトルの足し算や引き算は次のようになります．

$$\boldsymbol{a} + \boldsymbol{b} = \begin{pmatrix} a_x + b_x \\ a_y + b_y \end{pmatrix}$$

$$\boldsymbol{a} - \boldsymbol{b} = \begin{pmatrix} a_x - b_x \\ a_y - b_y \end{pmatrix}$$

つまり対応する要素を各々，足したり引いたりしたベクトルになります．

この計算を Excel のグラフで表してみましょう．二つのベクトルを次の値にします．

$$\boldsymbol{a} = \begin{pmatrix} 3 \\ 4 \end{pmatrix}, \quad \boldsymbol{b} = \begin{pmatrix} 5 \\ 1 \end{pmatrix}$$

A2 から A3 セルにベクトル $\boldsymbol{a}$，C2 から C3 セルに $\boldsymbol{b}$ の成分を入れます．足し算を計算するため，C5 セルに「＝A2＋C2」の数式を入れて，C6 セルにオートフィルします．引き算を計算するために，C8 セルに「＝A2－C2」の数式を入れて，C9 セルにオートフィルすると，次のような結果になります．

	A	B	C	D
1	a		b	
2	3		5	
3	4		1	
4				
5	$a+b=$		=A2+C2	

	A	B	C	D
1	a		b	
2	3		5	
3	4		1	
4				
5	$a+b=$		8	
6			5	
7				
8	$a-b=$		=A2-C2	

図を描くと次のようになります．

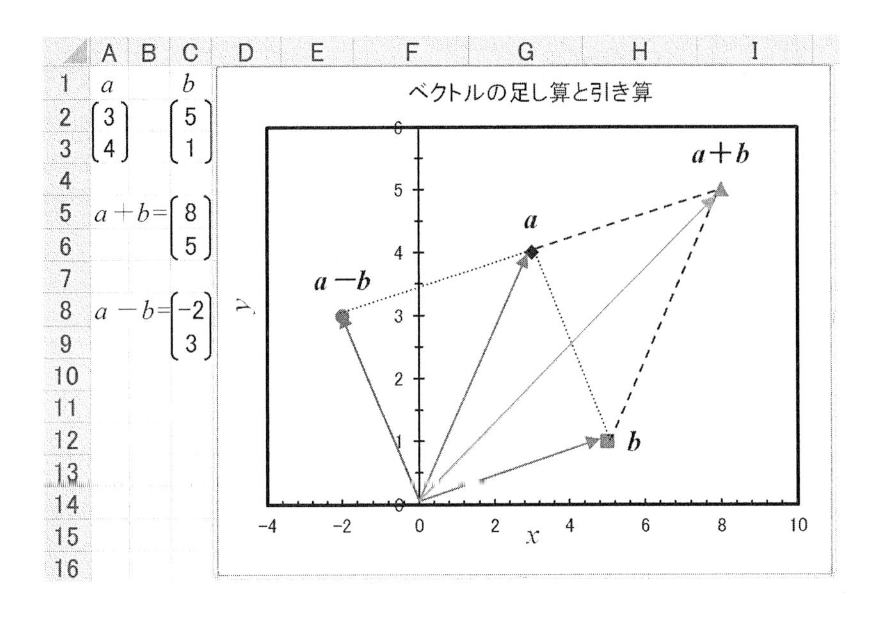

$\boldsymbol{a}$ と $\boldsymbol{b}$，$\boldsymbol{a}+\boldsymbol{b}$，原点が平行四辺形の形になっていることがわかります．また，$\boldsymbol{a}$ と $\boldsymbol{b}$，$\boldsymbol{a}-\boldsymbol{b}$，原点も平行四辺形の形になっていることがわかります．

(2)　スカラーとベクトルの積

ベクトルの定数倍は，次のように各要素の定数倍になります．

$$m\boldsymbol{a}=\begin{pmatrix} ma_x \\ ma_y \end{pmatrix}$$

(3)　線形結合

一般に，あるベクトルが，次のように複数のベクトルの定数倍と，和や差で表されるとき，これを**線形結合**といいます．

$$\boldsymbol{c}=m\boldsymbol{a}+n\boldsymbol{b}$$

二つの平面ベクトル $\boldsymbol{a}$ と $\boldsymbol{b}$ の線形結合を使えば，普通は平面上のベクトルをすべて表すことが可能です．このとき $\boldsymbol{a}$ と $\boldsymbol{b}$ は**線形独立**であるといいます．しかし当たり前ですが，二つのベクトル，$\boldsymbol{a}$ と $\boldsymbol{b}$ が平行のときだけは不可能です．このとき $\boldsymbol{a}$ と $\boldsymbol{b}$ は**線形従属**であるといいます．

線形結合を用いると，ベクトルの表示を計算に便利な形で表示することが出来ます．x 方向の単位ベクトルを $\boldsymbol{i}$，y 方向の単位ベクトルを $\boldsymbol{j}$ とすると，次のようになります．

$$\boldsymbol{i}=\begin{pmatrix}1\\0\end{pmatrix},\qquad \boldsymbol{j}=\begin{pmatrix}0\\1\end{pmatrix}$$

このときベクトル $\boldsymbol{a}$ は次のように，$\boldsymbol{i}$ と $\boldsymbol{j}$ を使って表すことができます．

$$\boldsymbol{a}=\begin{pmatrix}a_x\\a_y\end{pmatrix}=a_x\begin{pmatrix}1\\0\end{pmatrix}+a_y\begin{pmatrix}0\\1\end{pmatrix}=a_x\boldsymbol{i}+a_y\boldsymbol{j}$$

$\boldsymbol{i}$ や $\boldsymbol{j}$ を**基本ベクトル**といい，基本ベクトルを使ってベクトルを表す方法を**基本ベクトル表示**といいます．

同様にして3次元の空間ベクトルは，次のように基本ベクトル表示できます．

$$\vec{a}=\boldsymbol{a}=(a_x,\ a_y,\ a_z)=\begin{pmatrix}a_x\\a_y\\a_z\end{pmatrix}=a_x\begin{pmatrix}1\\0\\0\end{pmatrix}+a_y\begin{pmatrix}0\\1\\0\end{pmatrix}+a_y\begin{pmatrix}0\\0\\1\end{pmatrix}=a_x\boldsymbol{i}+a_y\boldsymbol{j}+a_zk$$

(4)　内積（スカラー積）

ベクトルの**内積**（または**スカラー積**）は次のように定義されています．

$$\boldsymbol{a}\cdot\boldsymbol{b}=(\boldsymbol{a},\ \boldsymbol{b})=|\boldsymbol{a}||\boldsymbol{b}|\cos\theta$$

ただし θ は $\boldsymbol{a}$ と $\boldsymbol{b}$ の間の角度です．つまり内積の結果はベクトルでなく，スカラーになります．このため内積のことをスカラー積，または・（ドット）を使うので**ドット積**とも呼びます．内積の式は，様々な表現がありますが，本書ではしばらく・を用いることにします．行列の積が出てきたときに，また違う表現方法が出てきます．

内積の定義から次のような法則が導き出せます．

$$\boldsymbol{a}\cdot\boldsymbol{b}=\boldsymbol{b}\cdot\boldsymbol{a}\qquad\text{（交換法則）}$$

$$\boldsymbol{a}\cdot\boldsymbol{a}=|\boldsymbol{a}|^2$$

$$\boldsymbol{c}\cdot(\boldsymbol{a}\pm\boldsymbol{b})=\boldsymbol{c}\cdot\boldsymbol{a}\pm\boldsymbol{c}\cdot\boldsymbol{b}\qquad\text{（分配法則）}$$

また $\boldsymbol{a}$ と $\boldsymbol{b}$ の間の角度が $90°$（直角）のときは $\cos 90°=0$ より内積は0になります．これを**ベクトルの直交**といいます．

ここで $\boldsymbol{a}$ と $\boldsymbol{b}$ の内積を，基本ベクトル表示して，分配法則を適用して展開すると次のようになります．

$$\begin{aligned}\boldsymbol{a}\cdot\boldsymbol{b}&=(a_x\boldsymbol{i}+a_y\boldsymbol{j})\cdot(b_x\boldsymbol{i}+b_y\boldsymbol{j})=a_xb_x(\boldsymbol{i}\cdot\boldsymbol{i})+a_xb_y(\boldsymbol{i}\cdot\boldsymbol{j})+a_yb_x(\boldsymbol{i}\cdot\boldsymbol{j})+a_yb_y(\boldsymbol{j}\cdot\boldsymbol{j})\\&=a_xb_x\cdot1+a_xb_y\cdot0+a_yb_x\cdot0+a_yb_y\cdot1=a_xb_x+a_yb_y\end{aligned}$$

つまりベクトルの内積は，対応する要素どうしを掛けて，足せばよいことになります．

このことから同じベクトル同士の内積は，ベクトルの大きさの 2 乗になります．

同様にして三次元ベクトルの内積は，次のようになります．

$$\boldsymbol{a}\cdot\boldsymbol{b}=(a_x\boldsymbol{i}+a_y\boldsymbol{j}+a_z\boldsymbol{k})\cdot(b_x\boldsymbol{i}+b_y\boldsymbol{j}+b_z\boldsymbol{k})=a_xb_x+a_yb_y+a_zb_z$$

2 次元の直交ベクトルの内積を，Excel で計算してみましょう．先程と同じようにベクトル $\boldsymbol{a}$ と $\boldsymbol{b}$ を入れた後，「＝B2＊D2＋B3＊D3」の数式を計算します．

	A	B	C	D	E	F	G
1		*a*		*b*		内積	
2	*x*	3	・	5	=	=B2*D2+B3*D3	
3	*y*	4		1			

	A	B	C	D	E	F
1		*a*		*b*		内積
2	*x*	3	・	5	=	19
3	*y*	4		1		

今度は次のようなベクトルの内積を計算しましょう．

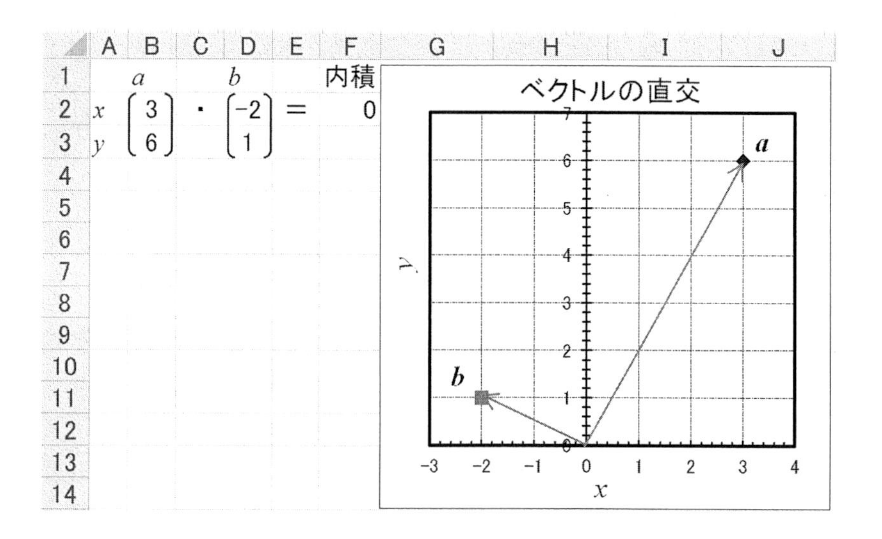

内積の値が 0 で，グラフでもベクトルが直交していることがわかります．

(5) 外積（ベクトル積）

ベクトルには他に**外積**という計算方法もありますが，3 次元のベクトルしか計算できません．外積の計算結果はベクトルになります．従って外積のことを**ベクトル積**ともいいます．これは次のように定義されています．

まず外積のベクトルの方向は $\boldsymbol{a}$ と $\boldsymbol{b}$ の両方のベクトルに直角で，$\boldsymbol{a}$ から $\boldsymbol{b}$ へ右ねじの進む方向になります．そして外積のベクトルの大きさは次のようになります．

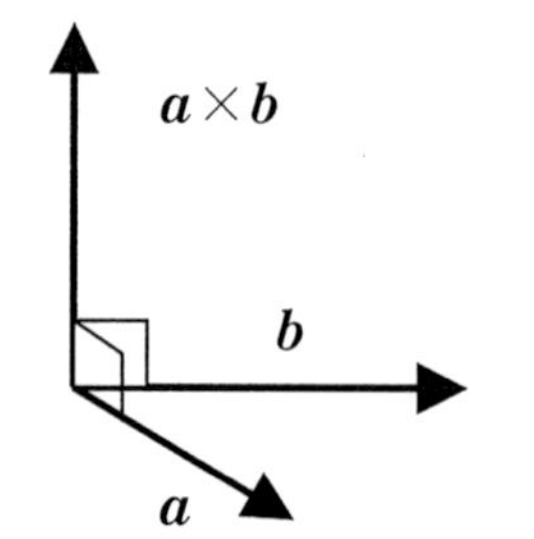

$$|\boldsymbol{a}\times\boldsymbol{b}|=|\boldsymbol{a}||\boldsymbol{b}|\sin\theta$$

定義から，平行なベクトルの外積は $\mathbf{0}$ で，直角の場合は $|\boldsymbol{a}\times\boldsymbol{b}|=|\boldsymbol{a}||\boldsymbol{b}|$ となります．ベクトル $\boldsymbol{a}$ と $\boldsymbol{b}$ の外積を，基本ベクトル表示すると次のようになります．

$$\boldsymbol{a}\times\boldsymbol{b}=(a_x\boldsymbol{i}+a_y\boldsymbol{j}+a_z\boldsymbol{k})\times(b_x\boldsymbol{i}+b_y\boldsymbol{j}+b_z\boldsymbol{k})$$

$$=(a_yb_z-a_zb_y)\,\boldsymbol{i}-(a_xb_z-a_zb_x)\,\boldsymbol{j}+(a_xb_y-a_yb_x)\,\boldsymbol{k} \quad (14.1)$$

ベクトルの外積においては次の法則が成り立ちます．

$$\boldsymbol{a}\times\boldsymbol{b}=-\boldsymbol{b}\times\boldsymbol{a}$$

$$\boldsymbol{a}\times\boldsymbol{a}=\mathbf{0}$$

つまり外積においては，交換法則は成り立ちません．

Excel でベクトルの外積を計算してみましょう．B2 から B4 セルにベクトル $\boldsymbol{a}$ の要素を，D2 から D4セルにベクトル b の要素を入れておきます．F2 セルに「=B3*D4−B4*D3」，F3 セルに「=−1*(B2*D4−B4*D2)」，F4 セルに「=B2*D3−B3*D2」の数式を入れて外積を計算します．

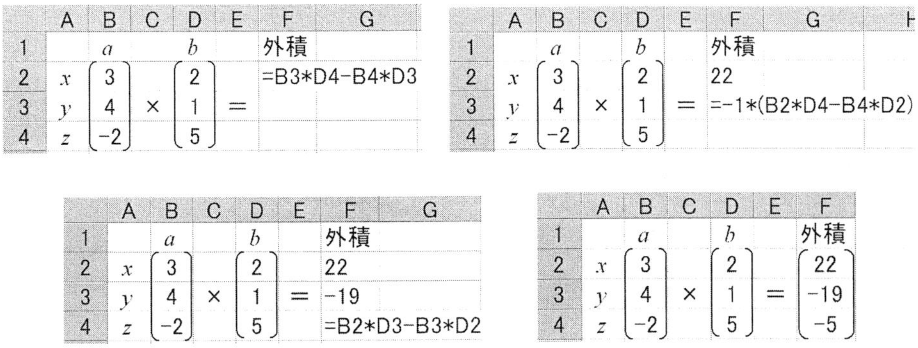

	A	B	C	D	E	F	G
1		a		b		外積	
2	x	3		2		=B3*D4-B4*D3	
3	y	4	×	1	=		
4	z	-2		5			

	A	B	C	D	E	F	G
1		a		b		外積	
2	x	3		2		22	
3	y	4	×	1	=	=-1*(B2*D4-B4*D2)	
4	z	-2		5			

	A	B	C	D	E	F	G
1		a		b		外積	
2	x	3		2		22	
3	y	4	×	1	=	-19	
4	z	-2		5		=B2*D3-B3*D2	

	A	B	C	D	E	F
1		a		b		外積
2	x	3		2		22
3	y	4	×	1	=	-19
4	z	-2		5		-5

練習問題

次のベクトル $\boldsymbol{a}$，$\boldsymbol{b}$ の外積 $\boldsymbol{a}\times\boldsymbol{b}$ を計算しましょう．また $\boldsymbol{a}$ と $\boldsymbol{a}\times\boldsymbol{b}$，$\boldsymbol{b}$ と $\boldsymbol{a}\times\boldsymbol{b}$ の内積を計算して，直交していることを確かめましょう．

(1)　$\boldsymbol{a}=(2,\ 8,\ -1)$，　$\boldsymbol{b}=(1,\ -1,\ 2)$

(2)　$\boldsymbol{a}=(4,\ 2,\ -5)$，　$\boldsymbol{b}=(-2,\ -1,\ 3)$

14.3 行　　列

行列とは数を四角形に並べたもので，具体的なイメージが非常に掴みにくいものです．ここではベクトルの変換を通して，行列の性質を見ていきましょう．2 次元

ベクトル $(x,\ y)$ を，別の2次元ベクトル $(u,\ v)$ に変換するとき，次のような変換式があったとします．

$$\begin{cases} u = ax + by \\ v = cx + dy \end{cases}$$

このように1次の式で表される変換を**1次変換**といいます．この式の係数だけを並べると次のように数の並びになります．

$$\boldsymbol{A} = \begin{pmatrix} a & b \\ c & d \end{pmatrix}$$

このように数字を長方形に並べ，かっこでくくったものを**行列**といいます．ここで横の並びを**行**，縦の並びを**列**といいます．中にある数を行列の**成分**または**要素**といいます．行の個数と，列の個数が等しいものを**正方行列**といいます．縦に2行，横に2列，数を並べたものを2次の正方行列といいます．

行列とベクトルの掛け算を定義して，先の変換式は次のように書き換えられます．

$$\begin{pmatrix} u \\ v \end{pmatrix} = \begin{pmatrix} ax + by \\ cx + dy \end{pmatrix} = \begin{pmatrix} a & b \\ c & d \end{pmatrix} \begin{pmatrix} x \\ y \end{pmatrix} = \boldsymbol{A} \begin{pmatrix} x \\ y \end{pmatrix}$$

(1) 零 行 列

行列の要素がすべて0ならば，すべてのベクトルは零ベクトルに変換されます．これを**零行列**といい，次のような記号 $\boldsymbol{O}$ と式で表します．

$$\boldsymbol{O} = \begin{pmatrix} 0 & 0 \\ 0 & 0 \end{pmatrix}$$

零行列を Excel で計算してみましょう．次のようにベクトル $(x,\ y)$ と零行列を入力します．E2セルには「＝A2＊C2＋B2＊C3」，E3セルには「＝A3＊C2＋B3＊C3」の数式を入れて計算すると，変換された点は原点になります．

	A	B	C	D	E	F
1	零行列		(x, y)		(u,v)	
2	0	0	3	＝	=A2*C2+B2*C3	
3	0	0	4		0	

	A	B	C	D	E	F
1	零行列		(x, y)		(u,v)	
2	0	0	3	＝	0	
3	0	0	4		=A3*C2+B3*C3	

2次元ベクトル $(x,\ y)$ と $(u,\ v)$ をグラフにすると次のようになります．

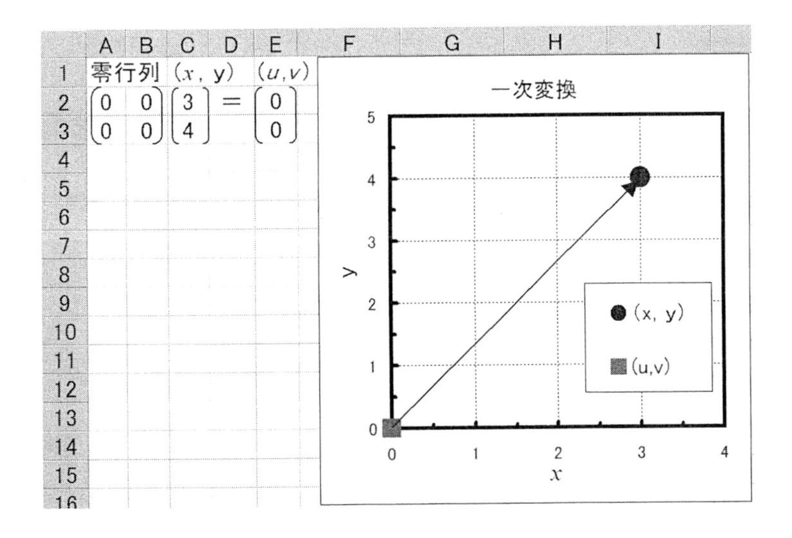

(2)　単位行列

まったくベクトルが変化しなければ，$u=x$，$v=y$ なので行列は次のようになります．

$$\begin{pmatrix} u \\ v \end{pmatrix} = \begin{pmatrix} 1 & 0 \\ 0 & 1 \end{pmatrix} \begin{pmatrix} x \\ y \end{pmatrix} = \boldsymbol{E} \begin{pmatrix} x \\ y \end{pmatrix}$$

$$\boldsymbol{E} = \begin{pmatrix} 1 & 0 \\ 0 & 1 \end{pmatrix}$$

この $\boldsymbol{E}$ を**単位行列**といいます．

単位行列を Excel で計算してみましょう．当たり前ですが，まったく変化しない結果が得られます．

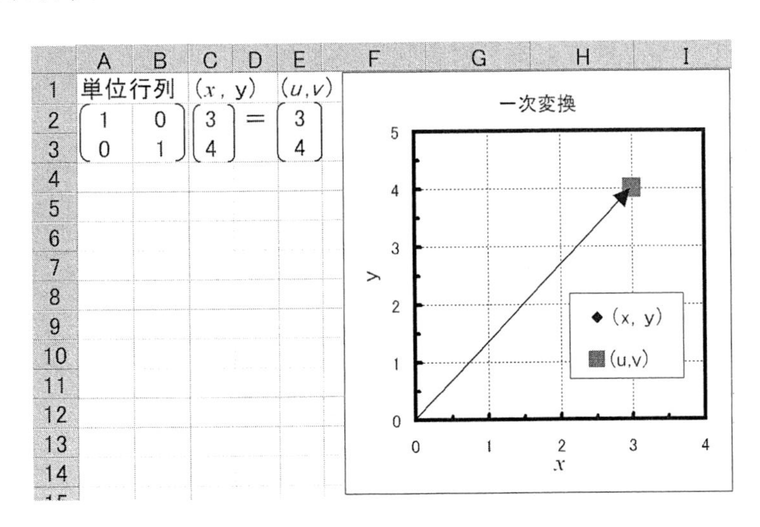

グラフを描いても点が二つの点が重なっているため，一つしか表示されません．

(3) 相似変換

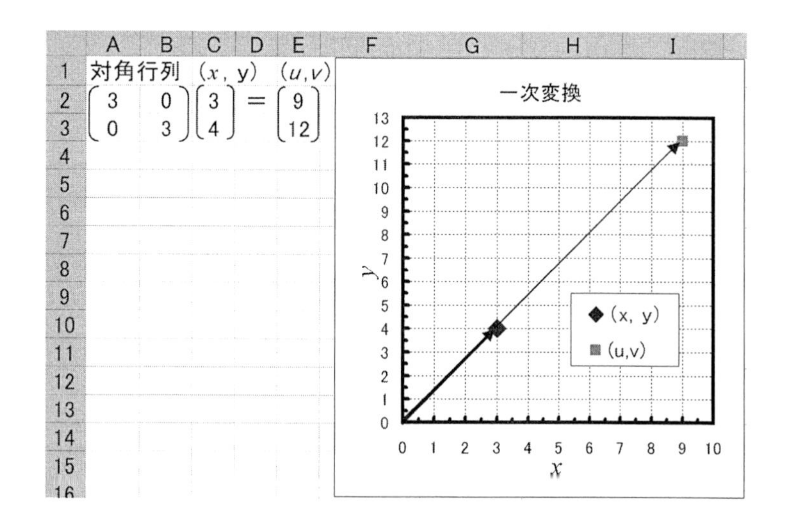

同様にしてベクトルの方向は変えずに大きさだけをm倍する行列は次のようになります．

$$\begin{pmatrix} a & b \\ c & d \end{pmatrix} = \begin{pmatrix} m & 0 \\ 0 & m \end{pmatrix}$$

先程の，単位行列の要素の 1 を 3 に変えると，図のようになります．ベクトルが 3 倍になっていることがわかります．方向が同じで大きさが異なるベクトルへの変換を**相似変換**といいます．正方行列で，左上から右下の対角線上にある要素を**対角要素**といい，対角要素以外の要素がすべて 0 の行列は**対角行列**といいます．

(4) 回転の行列

今度はベクトル$(x,\ y)$を，原点のまわりで反時計方向に角度θ回転する変換を考えましょう．

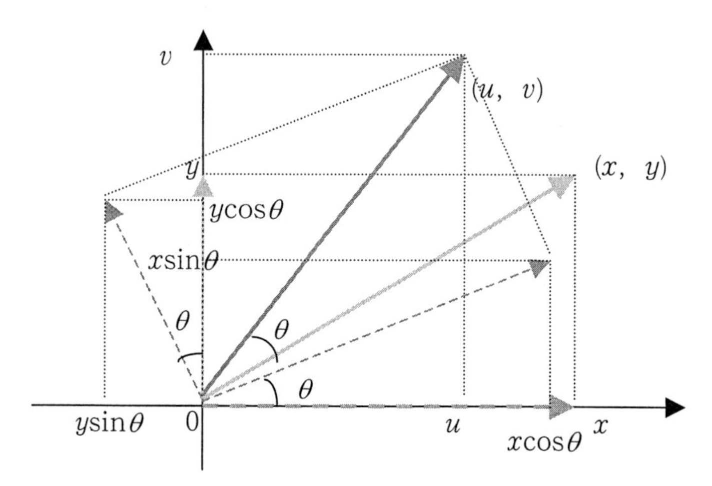

図より，このときの変換式は次のようになることがわかります．

$$\begin{pmatrix} x \\ 0 \end{pmatrix} \Rightarrow \begin{pmatrix} x\cos\theta \\ x\sin\theta \end{pmatrix}$$

$$\begin{pmatrix} 0 \\ y \end{pmatrix} \Rightarrow \begin{pmatrix} -y\sin\theta \\ y\cos\theta \end{pmatrix}$$

ベクトル$\begin{pmatrix} x \\ y \end{pmatrix}$が角度$\theta$回転して，ベクトル$\begin{pmatrix} u \\ v \end{pmatrix}$になったとすると，

$$\begin{pmatrix} x \\ y \end{pmatrix} = \begin{pmatrix} x \\ 0 \end{pmatrix} + \begin{pmatrix} 0 \\ y \end{pmatrix} \Rightarrow \begin{pmatrix} u \\ v \end{pmatrix} = \begin{pmatrix} x\cos\theta \\ x\sin\theta \end{pmatrix} + \begin{pmatrix} -y\sin\theta \\ y\cos\theta \end{pmatrix} = \begin{pmatrix} \cos\theta & -\sin\theta \\ \sin\theta & \cos\theta \end{pmatrix}\begin{pmatrix} x \\ y \end{pmatrix}$$

従ってこのときの変換の行列は次のようになります．

$$\begin{pmatrix} \cos\theta & -\sin\theta \\ \sin\theta & \cos\theta \end{pmatrix}$$

これを**回転の行列**といいます．

先程の Excel の行列を書き換えて回転する変換を計算してみましょう．

B5 セルに回転する角度を入れておきます．Radian で 1.57 は約 90° のことです．A2 セルには「＝COS(B5)」，B2 セルには「＝－SIN(B5)」，A3 セルには「＝SIN(B5)」，B3 セルには「＝COS(B5)」の数式を入れます．

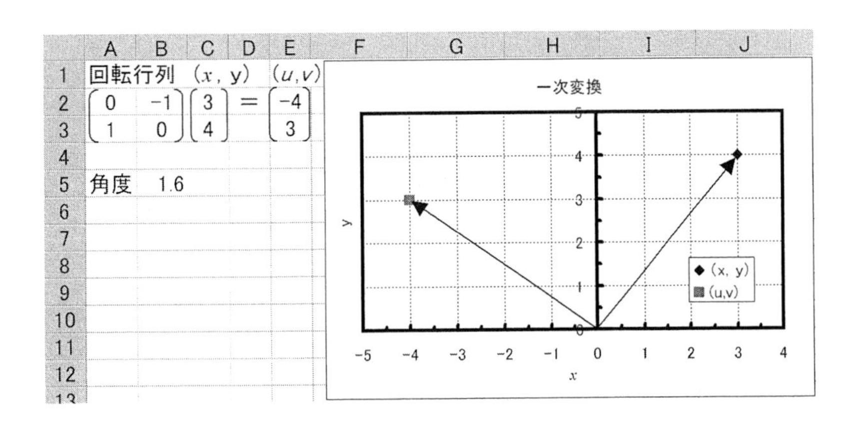

ベクトルが 90° 回転していることがわかります．

練習問題

角度を度数表示で入力して，ベクトルが回転する表を作り，いろいろな角度を入力してみましょう．

(5) 転置行列

行列の行と列を入れ替えてできる行列を**転置行列**といいます．つまり行列 $\boldsymbol{A}=\begin{pmatrix} a & b \\ c & d \end{pmatrix}$ の転置行列は，${}^t\boldsymbol{A}=\begin{pmatrix} a & c \\ b & d \end{pmatrix}$ になります．転置行列において対角要素は変化せず，対角要素を中心に要素が入れ替わります．Excel で転置行列を計算してみましょう．行列 $\boldsymbol{A}$ を A2 から B3 セルまで入れておきます．転置行列 ${}^t\boldsymbol{A}$ は D2 から E3 セルで計算するとして，マウスでドラッグして選択します．「数式」リボンの「関数の挿入」を選びます．数式バー横の関数の貼り付けボタン f_x を押してもかまいません．

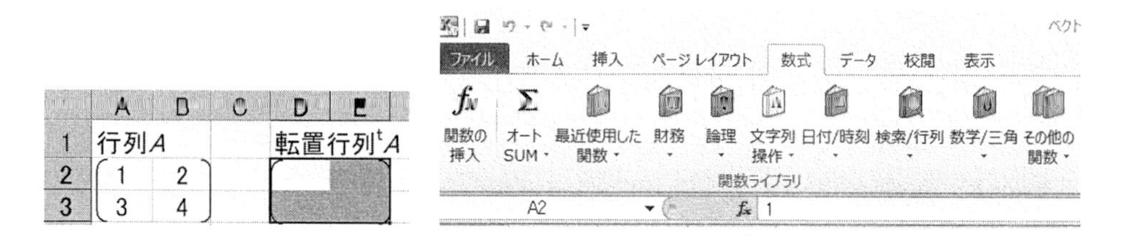

「検索／行列」の中の「TRANSPOSE」関数を選択して，「OK」を押します．

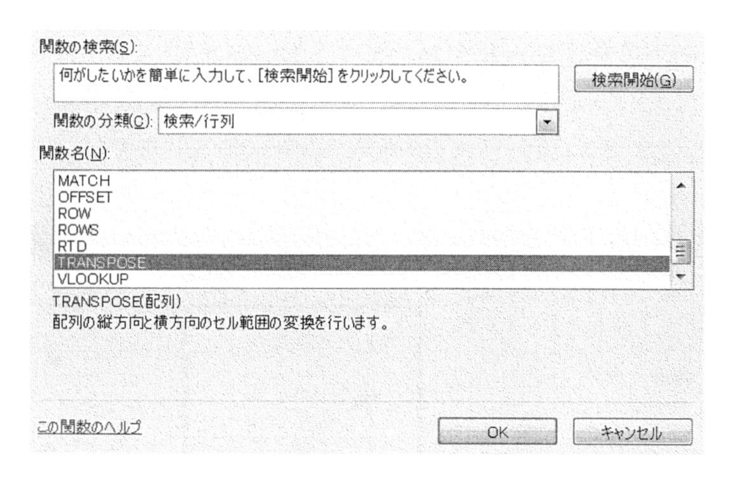

「配列」に「A2:B3」を入力します．ここで「OK」を押さずに，すべての要素を計算するためには，Ctrl と Shift キーを押しながら，同時に Enter キーを押します．

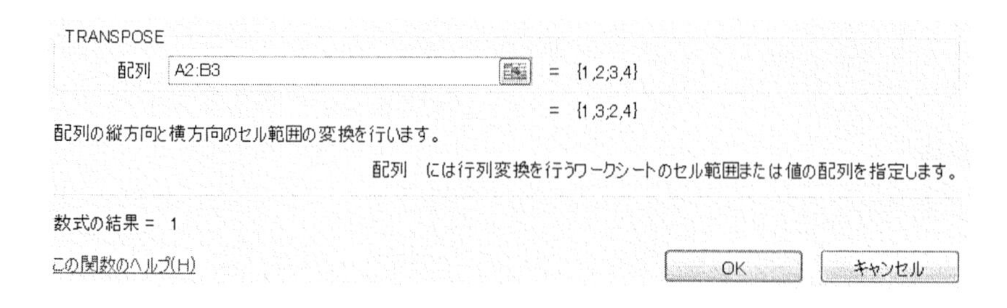

	A	B	C	D	E
1	行列A			転置行列ᵗA	
2	1	2		1	3
3	3	4		2	4

これで転置行列が計算できました.

転置行列が元の行列と等しくなるような行列を，**対称行列**といいます．2次の対称行列 $\boldsymbol{A}$ の要素は，$\begin{pmatrix} a & b \\ b & c \end{pmatrix}$ の形になります.

練習問題

回転の行列の転置行列が，逆方向の回転を表すことを確かめましょう.

14.4　行列の計算

(1)　足し算と引き算

二つの行列を次のように表します.

$$\boldsymbol{A}=\begin{pmatrix} a & b \\ c & d \end{pmatrix}, \qquad \boldsymbol{B}=\begin{pmatrix} e & f \\ g & h \end{pmatrix}$$

このとき行列 $\boldsymbol{A}$ と $\boldsymbol{B}$ の和や差は次のように計算されます.

$$\boldsymbol{A}\pm\boldsymbol{B}=\begin{pmatrix} a & b \\ c & d \end{pmatrix}\pm\begin{pmatrix} e & f \\ g & h \end{pmatrix}=\begin{pmatrix} a\pm e & b\pm f \\ c\pm g & d\pm h \end{pmatrix}$$

Excel で行列の足し算は次のように行います．A2 から B3 に行列 $\boldsymbol{A}$ の要素を，D2 から E3 まで行列 $\boldsymbol{B}$ の要素を入れておきます．G2 セルに「＝A2＋D2」の数式を入れ，H3 までオートフィルします.

	A	B	C	D	E	F	G	H
1	行列A			行列B			行列の和	
2	1	2	+	5	6	=	=A2+D2	
3	3	4		7	8			

	A	B	C	D	E	F	G	H
1	行列A			行列B			行列の和	
2	1	2	+	5	6	=	6	8
3	3	4		7	8		10	12

これで対応する要素の足し算が計算できました.

Excel で行列の引き算は次のように行います．足し算のときと同じように，行列 $\boldsymbol{A}$ の要素と行列 $\boldsymbol{B}$ の要素を入れておきます．G2 セルに「＝A2－D2」の数式を入れ，H3 までオートフィルします.

	A	B	C	D	E	F	G	H
1	行列A			行列B			行列の差	
2	1	2	-	5	6	=	=A2-D2	
3	3	4		7	8			

	A	B	C	D	E	F	G	H
1	行列A			行列B			行列の差	
2	1	2	-	5	6	=	-4	-4
3	3	4		7	8		-4	-4

これで対応する要素の引き算が計算できました.

(2) スカラーと行列の積

行列と定数 m の積は，次のように要素をすべて m 倍することと同じです.

$$m\begin{pmatrix} u \\ v \end{pmatrix} = m\boldsymbol{A}\begin{pmatrix} x \\ y \end{pmatrix} = m\begin{pmatrix} a & b \\ c & d \end{pmatrix}\begin{pmatrix} x \\ y \end{pmatrix} = \begin{pmatrix} a & b \\ c & d \end{pmatrix}\begin{pmatrix} mx \\ my \end{pmatrix} = \begin{pmatrix} ma & mb \\ mc & md \end{pmatrix}\begin{pmatrix} x \\ y \end{pmatrix}$$

これは元のベクトルを m 倍することに等しい結果が得られます.

(3) 行列の積

行列 $\boldsymbol{A}$ と行列 $\boldsymbol{B}$ の積は次のようにして導くことができます. 2つの行列を次のように表します.

$$\boldsymbol{A} = \begin{pmatrix} a & b \\ c & d \end{pmatrix}, \qquad \boldsymbol{B} = \begin{pmatrix} e & f \\ g & h \end{pmatrix}$$

1 次変換を 2 回続けて行うことを式で表すと次のようになります.

$$\begin{pmatrix} u \\ v \end{pmatrix} = \boldsymbol{AB}\begin{pmatrix} x \\ y \end{pmatrix} = \begin{pmatrix} a & b \\ c & d \end{pmatrix}\begin{pmatrix} e & f \\ g & h \end{pmatrix}\begin{pmatrix} x \\ y \end{pmatrix} = \begin{pmatrix} a & b \\ c & d \end{pmatrix}\begin{pmatrix} ex+fy \\ gx+hy \end{pmatrix}$$

$$= \begin{pmatrix} a(ex+fy)+b(gx+hy) \\ c(ex+fy)+d(gx+hy) \end{pmatrix} = \begin{pmatrix} (ae+bg)x+(af+bh)y \\ (ce+dg)x+(cf+dh)y \end{pmatrix} = \begin{pmatrix} ae+bg & af+bh \\ ce+dg & cf+dh \end{pmatrix}\begin{pmatrix} x \\ y \end{pmatrix}$$

行列部分だけを取り出すと次のような関係になります.

$$\boldsymbol{AB} = \begin{pmatrix} a & b \\ c & d \end{pmatrix}\begin{pmatrix} e & f \\ g & h \end{pmatrix} = \begin{pmatrix} ae+bg & af+bh \\ ce+dg & cf+dh \end{pmatrix} \qquad (14.2)$$

例えば，行列の積 $\boldsymbol{AB}$ の，第 1 行第 1 列の要素は，前の行列 $\boldsymbol{A}$ の第 1 行と，後の行列 $\boldsymbol{B}$ の第 1 列との内積になっています. 同様にして，各要素は計算されています.

これを Excel で計算しましょう. Excel には行列の積を計算する関数があります. 行列 $\boldsymbol{A}$ と行列 $\boldsymbol{B}$ を適当に入れておきます. 行列の積を計算する F2 から G3 セルを，マウスをドラッグして選択します.「数式」リボンの「関数の挿入」を選びます．数式バー横の関数の貼り付けボタン f_x を押してもかまいません．

	A	B	C	D	E	F	G
1	行列*A*		行列*B*			行列の積	
2	1	2	5	6	=		
3	3	4	7	8			

大きな行列を計算するときなどは Excel の MMULT **関数**を使うと便利です．「数学／三角」の中の「MMULT」関数を選択して，「OK」を押します．

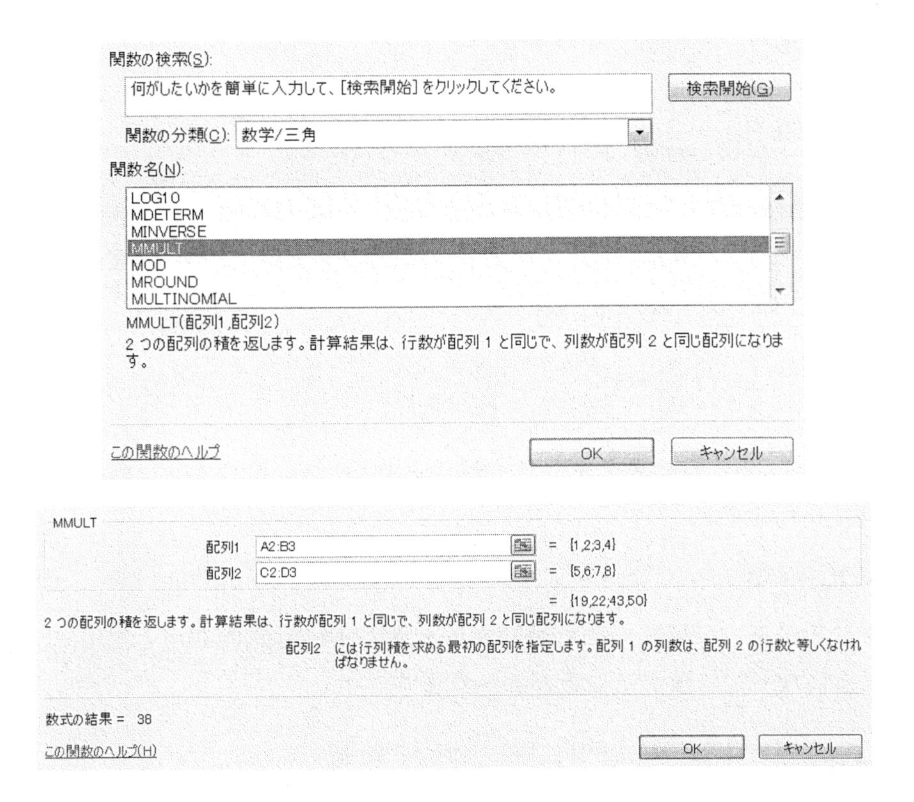

「配列 1」に行列 A,「配列 2」に行列 $\boldsymbol{B}$ の範囲を選択します．ここで，そのまま「OK」を押すと，一つのセルしか計算されません．すべての要素を計算するためには，Ctrl と Shift キーを押しながら，同時に Enter キーを押します．

	A	B	C	D	E	F	G
1	行列*A*		行列*B*			行列の積	
2	1	2	5	6	=	19	22
3	3	4	7	8		43	50

これで行列の積が計算できました．3 次以上の行列の積も同様に計算できます．

行列の積において次の計算法則が成り立ちます．

$(\boldsymbol{AB})\,\boldsymbol{C}=\boldsymbol{A}\,(\boldsymbol{BC})$ （結合法則）

$\boldsymbol{A}\,(\boldsymbol{B}+\boldsymbol{C})=\boldsymbol{AB}+\boldsymbol{AC}$ （分配法則）

$(\boldsymbol{A}+\boldsymbol{B})\,\boldsymbol{C}=\boldsymbol{AB}+\boldsymbol{BC}$ （分配法則）

単位行列との積は，変化しません．

$$\boldsymbol{AE}=\boldsymbol{EA}=\begin{pmatrix} a & b \\ c & d \end{pmatrix}\begin{pmatrix} 1 & 0 \\ 0 & 1 \end{pmatrix}=\begin{pmatrix} 1 & 0 \\ 0 & 1 \end{pmatrix}\begin{pmatrix} a & b \\ c & d \end{pmatrix}=\begin{pmatrix} a & b \\ c & d \end{pmatrix}=\boldsymbol{A}$$

零行列との積は，零行列になります．

$$\boldsymbol{AO}=\boldsymbol{OA}=\begin{pmatrix} a & b \\ c & d \end{pmatrix}\begin{pmatrix} 0 & 0 \\ 0 & 0 \end{pmatrix}=\begin{pmatrix} 0 & 0 \\ 0 & 0 \end{pmatrix}\begin{pmatrix} a & b \\ c & d \end{pmatrix}=\begin{pmatrix} 0 & 0 \\ 0 & 0 \end{pmatrix}=\boldsymbol{O}$$

気をつけなければいけないのは，次のように，一般の行列の積には交換法則が成り立たないことです（$\boldsymbol{BA}\neq\boldsymbol{AB}$）．つまり一般的には $\boldsymbol{BA}$ と $\boldsymbol{AB}$ は等しくありません．例えば（14.2）式の順番を入れ替えて，

$$\boldsymbol{BA}=\begin{pmatrix} e & f \\ g & h \end{pmatrix}\begin{pmatrix} a & b \\ c & d \end{pmatrix}=\begin{pmatrix} ae+fc & eb+fd \\ ag+hc & gb+hd \end{pmatrix}$$

この結果は(14.2)式の結果とまったく違います．ただし次のような**積の転置行列の法則**が成り立ちます．

$$^t(\boldsymbol{AB})={}^t\boldsymbol{B}\,{}^t\boldsymbol{A} \tag{14.3}$$

これを 2 次の正方行列について示しましょう．（14.3）式の右辺と左辺は，それぞれ次のようになって一致することがわかります．

$$^t(\boldsymbol{AB})={}^t\begin{pmatrix} ae+bg & af+bh \\ ce+dg & cf+dh \end{pmatrix}=\begin{pmatrix} ae+bg & ce+dg \\ af+bh & cf+dh \end{pmatrix}$$

$$^t\boldsymbol{B}\,{}^t\boldsymbol{A}=\begin{pmatrix} e & g \\ f & h \end{pmatrix}\begin{pmatrix} a & c \\ b & d \end{pmatrix}=\begin{pmatrix} ae+bg & ce+dg \\ af+bh & cf+dh \end{pmatrix}$$

練習問題

(1) Excel で計算した転置行列の積を計算し，$^t(\boldsymbol{AB})={}^t\boldsymbol{B}\,{}^t\boldsymbol{A}$ であることを確かめましょう．

(2) 対角行列 $\begin{pmatrix} 2 & 0 \\ 0 & 3 \end{pmatrix}$ の 2 乗が $\begin{pmatrix} 2^2 & 0 \\ 0 & 3^2 \end{pmatrix}$ になることを確かめましょう．一般に対角行列 $\begin{pmatrix} a & 0 \\ 0 & b \end{pmatrix}$ の n 乗は，$\begin{pmatrix} a^n & 0 \\ 0 & b^n \end{pmatrix}$ になります．

(3) 次の行列の積が，零行列になることを，Excelで計算して確かめましょう．

$$\begin{pmatrix} 2 & 1 \\ 4 & 2 \end{pmatrix}\begin{pmatrix} 1 & -2 \\ -2 & 4 \end{pmatrix}$$

一般に$\boldsymbol{AB}=\boldsymbol{O}$で$\boldsymbol{A}\neq\boldsymbol{O}$，$\boldsymbol{B}\neq\boldsymbol{O}$のとき，行列$\boldsymbol{A}$，$\boldsymbol{B}$を**零因子**といいます．

(4) 行列$\begin{pmatrix} 0 & 1 \\ 0 & 0 \end{pmatrix}$の 2 乗が$\boldsymbol{O}$になることを確かめましょう．一般に自分自身を何乗かすると$\boldsymbol{O}$になる行列を，**べき零行列**といいます．

(5) 2次の正方行列$\boldsymbol{A}=\begin{pmatrix} a & b \\ c & d \end{pmatrix}$に対して，$\boldsymbol{A}^2-(a+d)\boldsymbol{A}+(ad-bc)\boldsymbol{E}=\boldsymbol{O}$が成り立つことを確かめましょう．これを**ハミルトン・ケーリーの公式**といいます．

14.5 逆 行 列

行列$\boldsymbol{A}$の**逆行列**を$\boldsymbol{A}^{-1}$で表すと，逆行列には次の性質があります．

$$\boldsymbol{A}\boldsymbol{A}^{-1}=\boldsymbol{A}^{-1}\boldsymbol{A}=\boldsymbol{E} \qquad \text{（ただし}\boldsymbol{E}\text{は単位行列）}$$

この意味を見るために，例えば次のような1次変換があったとします．

$$\begin{pmatrix} u \\ v \end{pmatrix}=\boldsymbol{A}\begin{pmatrix} x \\ y \end{pmatrix}$$

両辺に逆行列$\boldsymbol{A}^{-1}$を掛けると次のようになります．

$$\boldsymbol{A}^{-1}\begin{pmatrix} u \\ v \end{pmatrix}=\boldsymbol{A}^{-1}\boldsymbol{A}\begin{pmatrix} x \\ y \end{pmatrix}=\boldsymbol{E}\begin{pmatrix} x \\ y \end{pmatrix}=\begin{pmatrix} x \\ y \end{pmatrix}$$

これはもとの一次変換の**逆変換**を表しています．

(1) 逆行列の計算

2次の正方行列の逆行列を得るために，次のような1次変換を考えます．

$$\begin{pmatrix} u \\ v \end{pmatrix}=\boldsymbol{A}\begin{pmatrix} x \\ y \end{pmatrix}=\begin{pmatrix} a & b \\ c & d \end{pmatrix}\begin{pmatrix} x \\ y \end{pmatrix}=\begin{pmatrix} ax+by \\ cx+dy \end{pmatrix}$$

この式から次のような二つの連立方程式を得ます．

$$\begin{cases} u=ax+by \\ v=cx+dy \end{cases}$$

途中は省略しますが，x，yについて解くと次のような式になります．

$$\begin{cases} x=\dfrac{d}{ad-bc}u-\dfrac{b}{ad-bc}v \\ y=\dfrac{-c}{ad-bc}u+\dfrac{a}{ad-bc}v \end{cases}$$

行列とベクトルの形に書き直すと次のようになります.

$$\begin{pmatrix} x \\ y \end{pmatrix} = \frac{1}{ad-bc}\begin{pmatrix} d & -b \\ -c & a \end{pmatrix}\begin{pmatrix} u \\ v \end{pmatrix} = \boldsymbol{A}^{-1}\begin{pmatrix} u \\ v \end{pmatrix} \tag{14.4}$$

つまり2次の正方行列 $\boldsymbol{A}=\begin{pmatrix} a & b \\ c & d \end{pmatrix}$ の逆行列は, $\boldsymbol{A}^{-1}=\frac{1}{ad-bc}\begin{pmatrix} d & -b \\ -c & a \end{pmatrix}$ となります. このとき $ad-bc$ の値が0ならば, この行列の逆行列は存在しません. 逆行列が存在する行列（つまり $ad-bc \neq 0$ の行列）を**正則行列**といいます.

ここで逆行列の存在しない, $ad-bc=0$ の連立方程式とは, どのようなものか見てみましょう. $ad-bc=0$ から $ad=bc$, よって $d/b=c/a$ なります. この比を k とおくと, $c=ka$, $d=kb$ より次のような連立方程式となります.

$$\begin{cases} u=ax+by \\ v=k(ax+by) \end{cases}$$

もし $v=ku$ ならば, 二つの式は等しくなるので, x と y には $u=ax+by$ という1次関数の関係が出るだけで, 一つに定まりません. これは無数の解が存在するので, **不定**といいます.

一方, もし $v \neq ku$ ならば, 矛盾する式となって, この式を満足する x と y は存在しないので, 解はありません. これを**不能**といいます. いずれにしても $ad-bc=0$ のときには連立方程式が解けないことになります. このように $ad-bc=0$ で, 逆行列の存在しない行列を**特異行列**といいます.

Excel には逆行列を計算する関数が用意されています. 逆行列を Excel で計算してみましょう. 行列 $\boldsymbol{A}$ を A2 から B3 セルまで入れておきます. 逆行列 $\boldsymbol{A}^{-1}$ は D2 から E3 セルで計算するとして, マウスでドラッグして選択します.「数式」リボンの「関数の挿入」を選びます. 数式バー横の関数の貼り付けボタン *fx* を押してもかまいません.

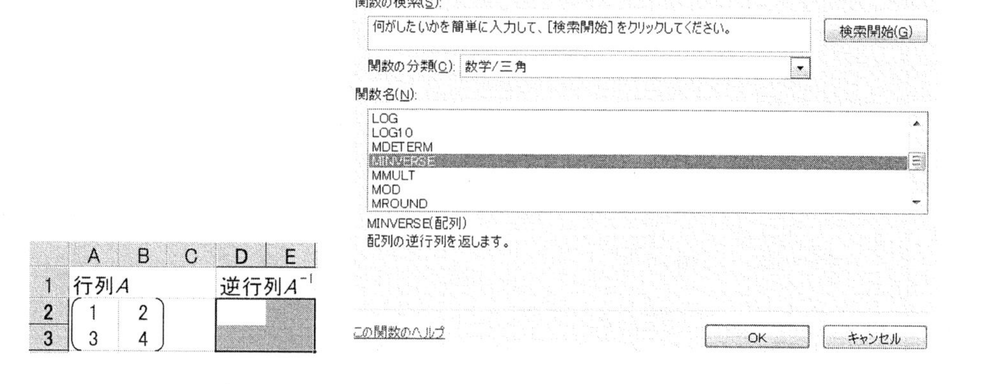

「数学／三角」の中の**「MINVERSE」関数**を選択して，「OK」を押します．

「配列」に「A2:B3」を入力します．ここでそのまま「OK」を押さずに，Ctrl と Shift キーを押しながら，同時に Enter キーを押します．

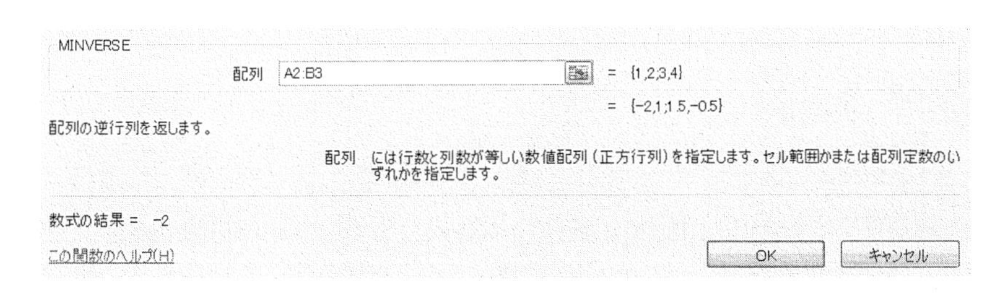

	A	B	C	D	E
1	行列A			逆行列A^{-1}	
2	1	2		−2	1
3	3	4		1.5	−1

これで逆行列が計算できました．

(2)　直交行列

転置行列と元の行列の積が単位行列に等しい行列を**直交行列**といいます．2 次の正方行列 $\boldsymbol{A}=\begin{pmatrix} a & b \\ c & d \end{pmatrix}$ が直交行列ならば次の式が成り立ちます．

$$^t\boldsymbol{A}\boldsymbol{A}=\boldsymbol{E}$$

このことから直交行列の転置行列と，逆行列は一致します．

$$^t\boldsymbol{A}=\boldsymbol{A}^{-1}$$

回転を表す行列 $\begin{pmatrix} \cos\theta & -\sin\theta \\ \sin\theta & \cos\theta \end{pmatrix}$ （14.3 節(4)参照），は直交行列です．

(3)　連立方程式の解

逆行列を使って，連立方程式の解を計算することができます．（14.4）式の u，v がわかっているときは，x，y が計算できます．

Excel で次のような連立方程式を解いてみましょう．

$$\begin{cases} 5x-y=-7 \\ 4x+2y=-14 \end{cases}$$

これをベクトルと行列で表すと次のようになります．

$$\begin{pmatrix}5 & -1\\4 & 2\end{pmatrix}\begin{pmatrix}x\\y\end{pmatrix}=\boldsymbol{A}\begin{pmatrix}x\\y\end{pmatrix}=\begin{pmatrix}-7\\-14\end{pmatrix}$$

従って

$$\begin{pmatrix}x\\y\end{pmatrix}=\boldsymbol{A}^{-1}\begin{pmatrix}-7\\-14\end{pmatrix}$$

上の式を Excel のワークシート上に書いてみます．逆行列 $\boldsymbol{A}^{-1}$ を計算するために C6 から D7 セルまでを選択します．「数式」リボンの「関数の挿入」を選びます．数式バー横の関数の貼り付けボタン f_x を押してもかまいません．「数学／三角」の中の「MINVERSE」関数を選択して，「OK」を押します．配列には「A3:B4」を入れます．

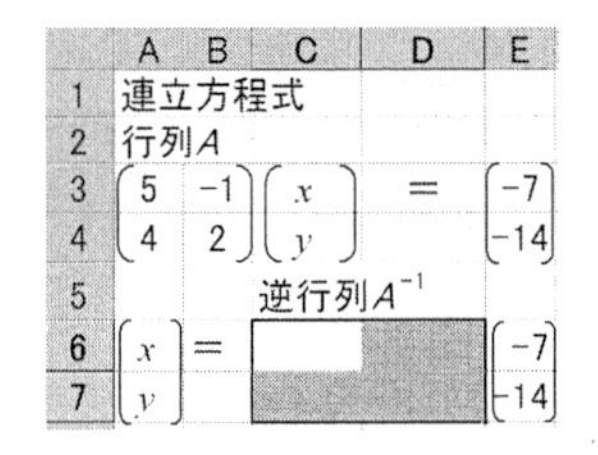

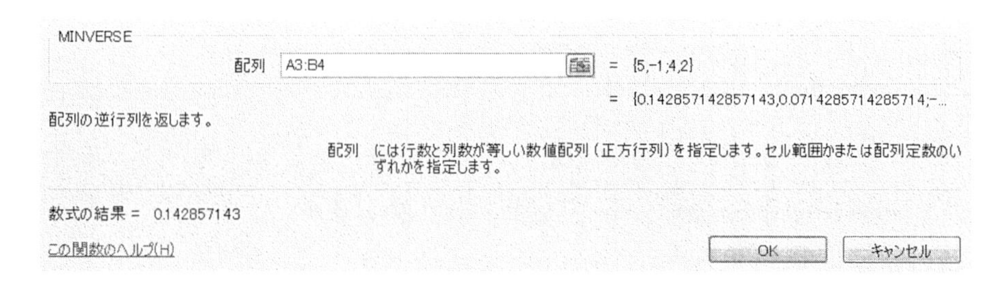

Ctrl と Shift キーを押しながら，同時に Enter キーを押します．逆行列 $\boldsymbol{A}^{-1}$ が計算できました．あとは x，y を得るために逆行列 $\boldsymbol{A}^{-1}$ と定数ベクトルの掛け算を計算します．ここでベクトルも行列の 1 種と考えれば，MMULT 関数で行列とベクトルの掛け算が計算できます．G6 と G7 セルを同時にドラッグで選択します．「関数の挿入」を選びます．数式バー横の関数の貼り付けボタン f_x を押してもかまいません．「数学／三角」の中の「MMULT」関数を選択して，「OK」を押します．「配列 1」に「C6:D7」，「配列 2」に「E6:E7」の範囲を選択します．Ctrl と Shift キーを押しながら，同時に Enter キーを押します．すると次のような値が得られます．

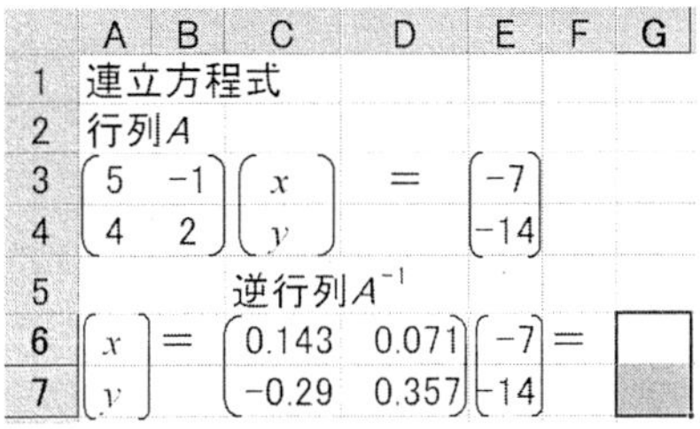

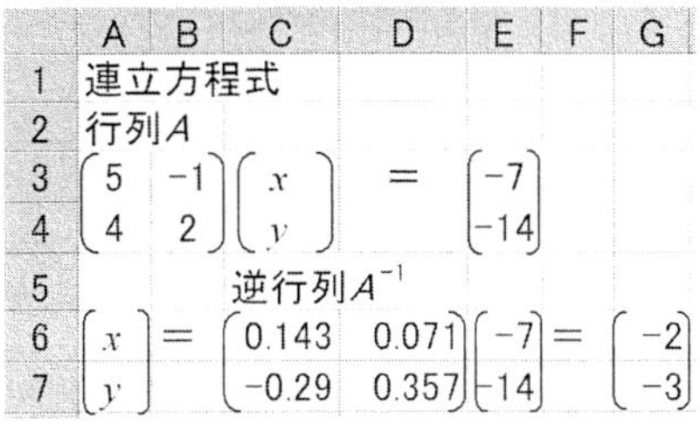

	A	B	C	D	E	F	G
1	連立方程式						
2	行列A						
3	5	−1	x	=	−7		
4	4	2	y		−14		
5			逆行列A^{-1}				
6	x	=	0.143	0.071	−7	=	
7	y		−0.29	0.357	−14		

	A	B	C	D	E	F	G
1	連立方程式						
2	行列A						
3	5	−1	x	=	−7		
4	4	2	y		−14		
5			逆行列A^{-1}				
6	x	=	0.143	0.071	−7	=	−2
7	y		−0.29	0.357	−14		−3

$x=-2$，$y=-3$ の解が得られました．

3 元以上の連立方程式についても同様の方法で解くことができます．

練習問題

次の連立方程式を，Excel で逆行列を計算して解きましょう．

(1) $\begin{cases} x-3y+2z=1 \\ 3x-y+z=-4 \\ x+5y-2z=-3 \end{cases}$ (2) $\begin{cases} 2x+3y+z=4 \\ -x+2y+3z=5 \\ 3x+5y-2z=-5 \end{cases}$

14.6 行 列 式

(1) 行列式の値

行列 $\boldsymbol{A}=\begin{pmatrix} a & b \\ c & d \end{pmatrix}$ の逆行列が $\boldsymbol{A}^{-1}=\dfrac{1}{ad-bc}\begin{pmatrix} d & -b \\ -c & a \end{pmatrix}$ であることを前の節で示しました．このとき，分母の式 $ad-bc$ には特別な意味がありました．そこでこの式を行列の**行列式**といって，次のように表します．

$$\det\boldsymbol{A}=|\boldsymbol{A}|=\begin{vmatrix} a & b \\ c & d \end{vmatrix}=ad-bc \tag{14.5}$$

det は determinant の省略したもので，英語で行列式を表しています．左上から右下対角線の要素を掛けて＋，左下から右上対角線の要素をかけて－と計算します．

Excel で行列式を計算しましょう．Excel には行列式を計算する関数が用意されています．行列式の縦線は罫線で表します．A2 から B3 に行列式の要素を入力し，A2 から B3 セルを同時に選択して，マウスを右クリックします．メニューの「セルの書式設定」を選択します．「罫線」で太い線を左右の枠に設定して，「OK」を押します．

	A	B
1	行列式|A|	
2	1	2
3	3	4

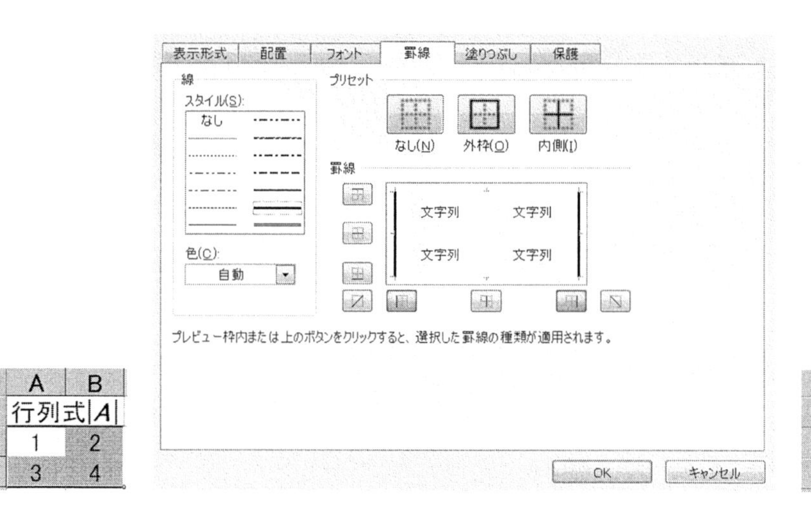

	A	B
1	行列式|A|	
2	1	2
3	3	4

Excel には行列式を計算する MDETERM 関数があるので，これを使って計算してみましょう．D2 セルを選んで，「＝MDETERM(A2:B3)」と入力して，行列式が計算できます．

	A	B	C	D	E	F
1	行列式|A|					
2	1	2	=	=MDETERM(A2:B3)		
3	3	4				

	A	B	C	D
1	行列式|A|			
2	1	2	=	−2
3	3	4		

行列式の計算は，次数が上がると急激に複雑になります．3 次の正方行列の行列式は次のようになります．右下がりの斜めに並んでいる要素の積は＋，右上がりの斜めに並んでいる要素の積は−で計算します．

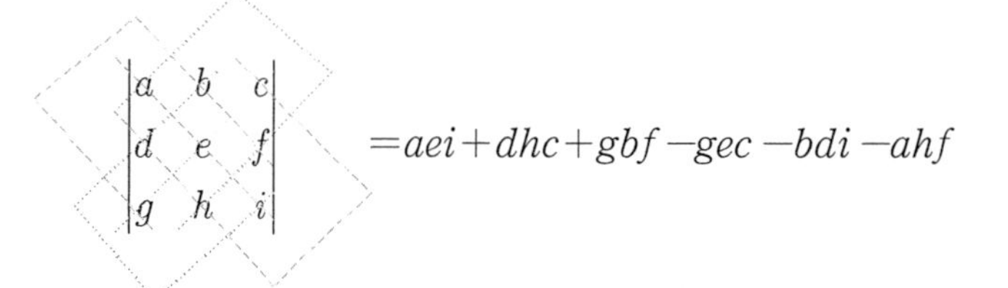

$$\begin{vmatrix} a & b & c \\ d & e & f \\ g & h & i \end{vmatrix} = aei + dhc + gbf - gec - bdi - ahf$$

これを**サラスの方法**といいます．しかし 4 次以上の行列式では複雑すぎて公式はありません．専門書にはこれらの行列式の計算方法が載っていますが，実際には Excel で計算したほうがいいかもしれません．

(2) 連立方程式の解

行列式を使って連立方程式を解くことができます．(14.4) 式を連立方程式の形にすると次のようになります．

$$
\begin{cases}
x=\dfrac{ud-bv}{ad-bc} \\[2ex]
y=\dfrac{av-uc}{ad-bc}
\end{cases}
$$

この分数式を，行列式を使って表すと，分母，分子がそれぞれ行列式になります．

$$
x=\frac{\begin{vmatrix} u & b \\ v & d \end{vmatrix}}{|\boldsymbol{A}|},\qquad y=\frac{\begin{vmatrix} a & u \\ c & v \end{vmatrix}}{|\boldsymbol{A}|}
$$

つまり x の分子の行列式は $|\boldsymbol{A}|$ の中の x の係数を定数ベクトルに置き換えたものであり，y の分子の行列式は $|\boldsymbol{A}|$ の中の y の係数を定数ベクトルに置き換えたものです．これを**クラメルの公式**といい，3 元以上の連立方程式にも成り立ちます．

Excel で次のような連立方程式を解いてみましょう．

$$
\begin{cases}
5x-y=-7 \\[2ex]
4x+2y=-14
\end{cases}
$$

この連立方程式をベクトルと行列で表すと次のようになります．

$$
\begin{pmatrix} 5 & -1 \\ 4 & 2 \end{pmatrix}\begin{pmatrix} x \\ y \end{pmatrix}=\boldsymbol{A}\begin{pmatrix} x \\ y \end{pmatrix}=\begin{pmatrix} -7 \\ -14 \end{pmatrix}
$$

上の式を Excel のワークシート上に書いてみます．G3 セルに行列 $\boldsymbol{A}$ の行列式 $|\boldsymbol{A}|$ を計算するために，「=MDETERM(A3:B4)」の数式を入れて Enter を押します．クラメルの公式に従って，x と y の分子の行列式を作ります．すでに値は表の中にありますから，コピーと貼り付けで作ると簡単です．後は各々の行列式を MDETERM 関数で計算します．

	A	B	C	D	E	F	G	H
1	行列式による連立方程式の解							
2	行列*A*						行列式｜*A*｜	
3	5	-1	*x*	=	-7		=MDETERM(A3:B4)	
4	4	2	*y*		-14			

	A	B	C	D	E	F	G	H
1	行列式による連立方程式の解							
2	行列*A*						行列式｜*A*｜	
3	5	-1	*x*	=	-7		14	
4	4	2	*y*		-14			
5								
6		-7	-1					
7	*x* =	-14	2	=	=MDETERM(B6:C7)			
8			14		14			

最後に分数を計算すれば，解が求められます．

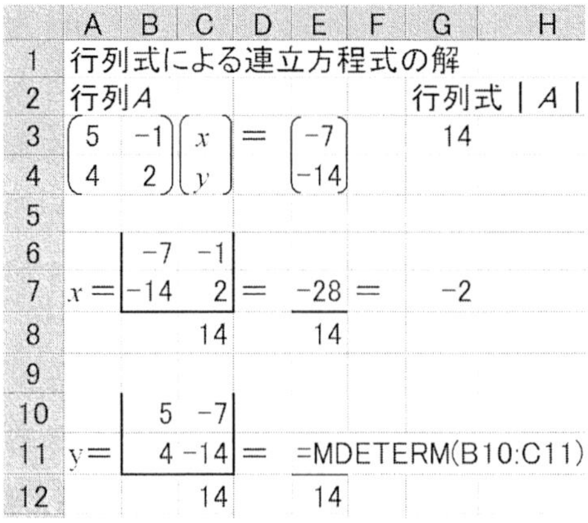

	A	B	C	D	E	F	G	H
1	行列式による連立方程式の解							
2	行列A						行列式｜A｜	
3	5	-1	x	=	-7		14	
4	4	2	y		-14			
5								
6		-7	-1					
7	x =	-14	2	=	-28	=	-2	
8			14		14			
9								
10		5	-7					
11	y=	4	-14	=	=MDETERM(B10:C11)			
12			14		14			

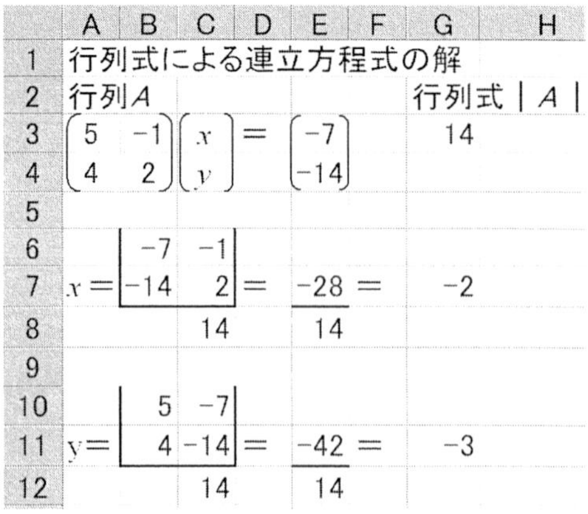

	A	B	C	D	E	F	G	H
1	行列式による連立方程式の解							
2	行列A						行列式｜A｜	
3	5	-1	x	=	-7		14	
4	4	2	y		-14			
5								
6		-7	-1					
7	x =	-14	2	=	-28	=	-2	
8			14		14			
9								
10		5	-7					
11	y=	4	-14	=	-42	=	-3	
12			14		14			

このようにして $x=-2$，$y=-3$ の解が求められます．

練習問題

次の連立方程式を，Excel で行列式を計算して解きましょう．

(1) $\begin{cases} x+y+z=4 \\ 2x+y+3z=11 \\ x-2y+3z=11 \end{cases}$　　(2) $\begin{cases} x+2y-3z=-16 \\ 3x+y+z=2 \\ -2x+4y+z=29 \end{cases}$

(3)　ベクトルの外積

行列式を使うと,ベクトルの外積（14.1 節の(4)参照）が次のような形で表されます．

$$\boldsymbol{a}\times\boldsymbol{b}=\begin{vmatrix} i & j & k \\ a_x & a_y & a_z \\ b_x & b_y & b_z \end{vmatrix}=(a_y b_z-a_z b_y)\,\boldsymbol{i}+(a_z b_x-a_x b_z)\,\boldsymbol{j}+(a_x b_y-a_y b_x)\,\boldsymbol{k}$$

この式の右辺は（14.1）式と同じになっています．

次のような外積を Excel で計算してみましょう．

$$\boldsymbol{a}\times\boldsymbol{b}=\begin{pmatrix} 1 \\ 4 \\ -1 \end{pmatrix}\times\begin{pmatrix} 2 \\ -2 \\ 3 \end{pmatrix}=\begin{vmatrix} i & j & k \\ 1 & 4 & -1 \\ 2 & -2 & 3 \end{vmatrix}$$

B3 から D3 セルに $\boldsymbol{a}$ のベクトルの要素を，B4 から D4 セルに $\boldsymbol{b}$ のベクトルの要素を入れます．F2 セルに $\boldsymbol{i}$ 成分の，「＝MDETERM(C3:D4)」の数式を入れます．F3 セルには $\boldsymbol{j}$ 成分の，「＝－(B3＊D4－D3＊B4)」の数式を入れます．MDETERM 関数は，離れた値を使って計算できないので，$\boldsymbol{j}$ 成分だけはこのように計算します．

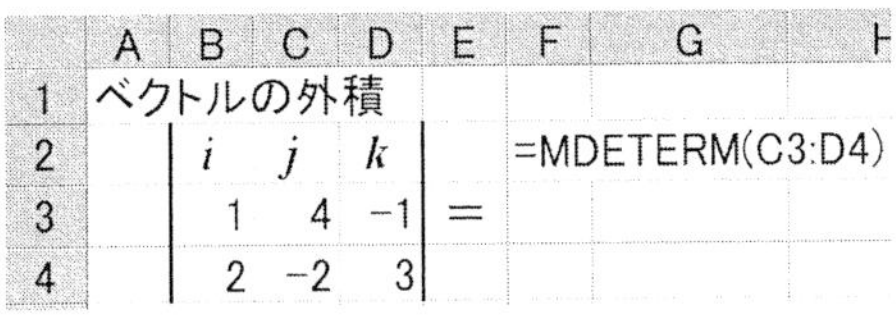

	A	B	C	D	E	F	G	H
1	ベクトルの外積							
2		i	j	k		=MDETERM(C3:D4)		
3		1	4	−1	=			
4		2	−2	3				

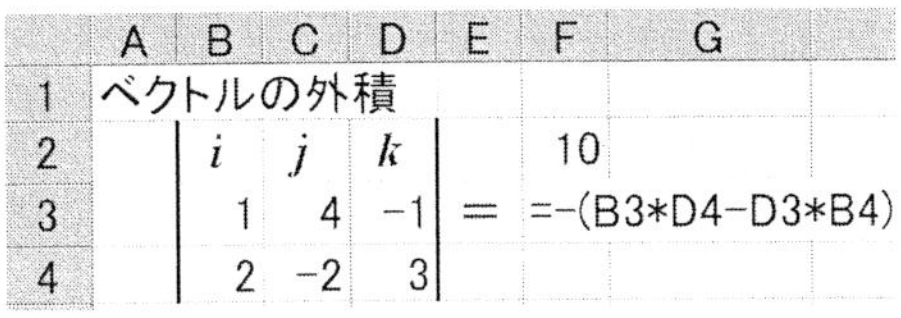

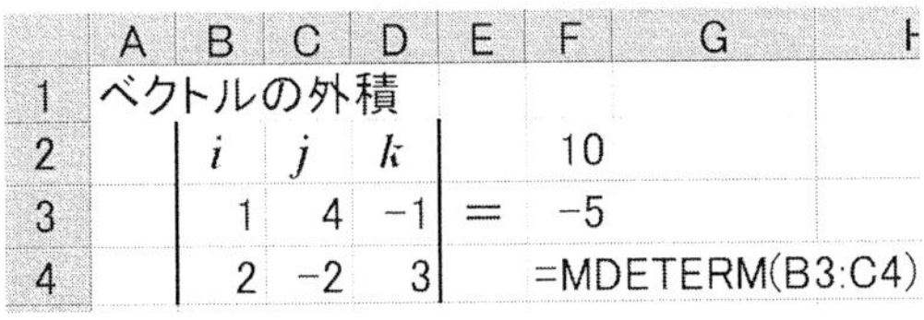

	A	B	C	D	E	F	G
1	ベクトルの外積						
2		i	j	k		10	
3		1	4	−1	=	=-(B3*D4-D3*B4)	
4		2	−2	3			

F4 セルに k 成分の，「＝MDETERM(B3:C4)」の数式を入れます．

	A	B	C	D	E	F	G	H
1	ベクトルの外積							
2		i	j	k		10		
3		1	4	−1	=	-5		
4		2	−2	3		=MDETERM(B3:C4)		

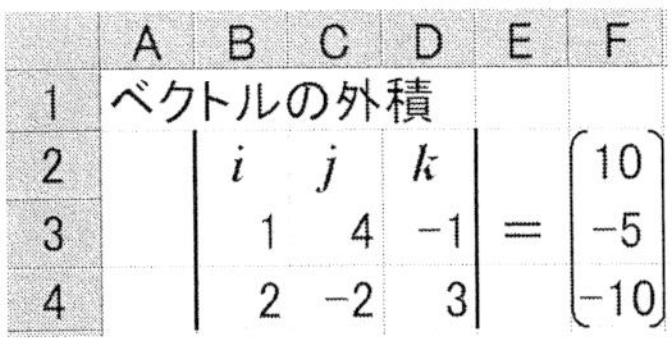

	A	B	C	D	E	F
1	ベクトルの外積					
2		i	j	k		10
3		1	4	−1	=	-5
4		2	−2	3		-10

これでベクトルの外積が計算できました．

14.7　固有値と固有ベクトル

行列 $\boldsymbol{A}$ に対してベクトル $\boldsymbol{u}$ とスカラー定数 λ が，$\boldsymbol{A}\boldsymbol{u}=\lambda\boldsymbol{u}$ の関係があるとき，λ を行列 $\boldsymbol{A}$ の**固有値**，$\boldsymbol{u}$ を**固有ベクトル**といいます．つまり固有ベクトル $\boldsymbol{u}$ は行列 $\boldsymbol{A}$ によって λ 倍のベクトルへ相似変換されます．

(1)　固有方程式

行列 $\boldsymbol{A}$ が 2 次の正方行列で，固有ベクトル $\boldsymbol{u}=\begin{pmatrix} x \\ y \end{pmatrix}$，固有値を λ とするならば，定義から次のような式で表せます．

$$\begin{pmatrix} a & b \\ c & d \end{pmatrix}\begin{pmatrix} x \\ y \end{pmatrix}=\lambda\begin{pmatrix} x \\ y \end{pmatrix}$$

この式から次の連立方程式が出ます．

$$\begin{cases} (a-\lambda)\,x+by=0 \\ cx+(d-\lambda)\,y=0 \end{cases} \tag{14.6}$$

この式を再び行列とベクトルで表すと次のようになります．

$$\begin{pmatrix} a-\lambda & b \\ c & d-\lambda \end{pmatrix}\begin{pmatrix} x \\ y \end{pmatrix}=\begin{pmatrix} 0 \\ 0 \end{pmatrix}$$

ここで消去法を用います．もし行列 $\begin{pmatrix} a-\lambda & b \\ c & d-\lambda \end{pmatrix}$ に逆行列が存在するならば，次の式が成り立ちます．

$$\boldsymbol{u}=\begin{pmatrix}x\\y\end{pmatrix}=\begin{pmatrix}a-\lambda & b\\c & d-\lambda\end{pmatrix}^{-1}\begin{pmatrix}0\\0\end{pmatrix}$$

これは固有ベクトル $\boldsymbol{u}$ が零ベクトル $\boldsymbol{0}$ に定まることを示しています．$\boldsymbol{0}$ は，1 次変換ですべて $\boldsymbol{0}$ に変換されますから，固有ベクトル $\boldsymbol{u}$ が $\boldsymbol{0}$ にならない解を求めなければなりません．従って，逆行列が存在しないこと，言い換えると行列式が 0 であることが条件になります．

$$\begin{vmatrix}a-\lambda & b\\c & d-\lambda\end{vmatrix}=(a-\lambda)(d-\lambda)-bc=\lambda^2-(a+d)\lambda+ad-bc=0 \tag{14.7}$$

この式を行列 $\boldsymbol{A}$ の**固有方程式**といいます．2 次の正方行列の固有方程式は，2 次の方程式になるため，固有値は最大二つ存在することになります．固有方程式を解いて，固有値は求まります．また連立方程式（14.6）は不定になるため，固有ベクトルは一つに定まらず，無数に存在することになります．

次のような行列 $\boldsymbol{A}$ の固有値と固有ベクトルを求めてみましょう．

$$\boldsymbol{A}=\begin{pmatrix}3 & 4\\1 & 2\end{pmatrix}$$

行列 $\boldsymbol{A}$ の固有方程式(14.7)は次のようになります．

$$\begin{vmatrix}3-\lambda & 4\\2 & 1-\lambda\end{vmatrix}=(3-\lambda)(1-\lambda)-8=\lambda^2-4\lambda-5=(\lambda-5)(\lambda+1)=0$$

固有値は $\lambda=5$，-1 の二つになります．

$\lambda=5$ のとき，（14.6）式から次の連立方程式が成り立ちます．

$$\begin{cases}(3-5)\,x+4y=0\\ 2x+(1-5)\,y=0\end{cases}$$

この二つの式は，整理すると，次のように等価であることがわかります．

$$\begin{cases}-2x+4y=0\\ 2x-4y=0\end{cases}$$

この連立方程式の解は 14.5 節の(1)で見たように不定で一つに定まらず，x と y の比だけが求められます．

$$x:y=2:1$$

よって固有ベクトルは次のようになります．

$$\boldsymbol{u}=C\begin{pmatrix}2\\1\end{pmatrix} \qquad \text{（ただし }C\text{ は 0 でない任意定数）}$$

同様に固有値$\lambda=-1$のときの固有ベクトルは次のようになります．

$$\boldsymbol{u}=C\begin{pmatrix}1\\-1\end{pmatrix}\qquad（ただし C は 0 でない任意定数）$$

これを Excel で表しましょう．行列$\boldsymbol{A}$で$\begin{pmatrix}2\\1\end{pmatrix}$のベクトルを１次変換すると，ベクトルが相似変換されて，大きさが５倍になっていることがわかります．

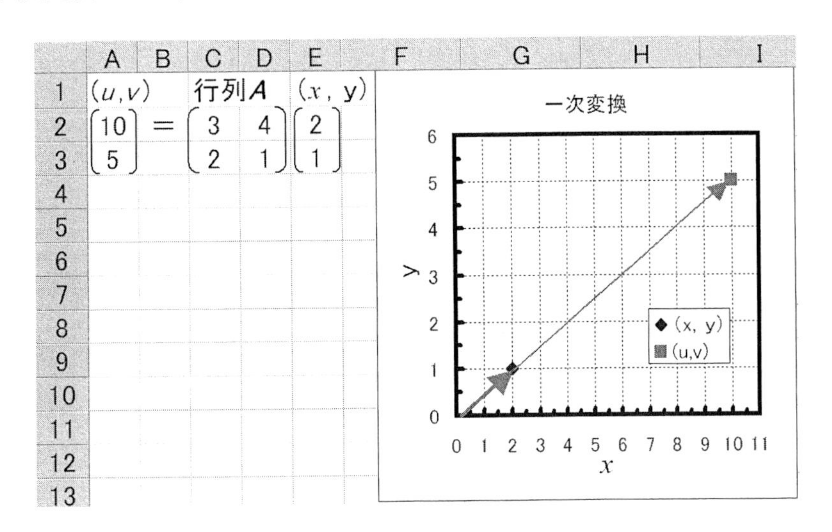

同様に$\begin{pmatrix}1\\-1\end{pmatrix}$のベクトルの行列$\boldsymbol{A}$による，１次変換は次のようになります．

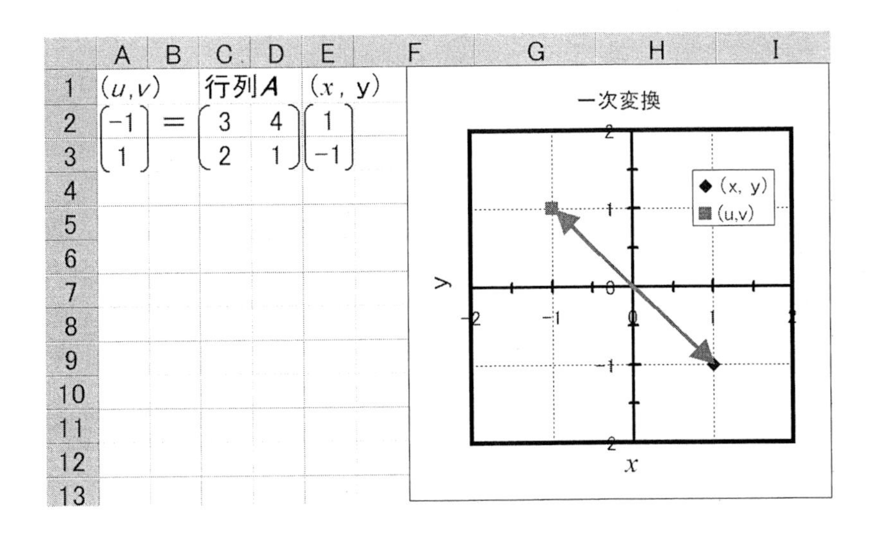

ベクトルが相似変換されて，大きさが−１倍になっていることがわかります．

固有方程式の解が重根で，固有値が一つだけの場合，固有値の**重複**または**縮退**といいます．

練習問題

次の行列の固有値を求め，代表的な固有ベクトルを Excel で表しましょう．

(1) $\begin{pmatrix} 5 & -7 \\ 2 & -4 \end{pmatrix}$　　(2) $\begin{pmatrix} 3 & 2 \\ -1 & 0 \end{pmatrix}$

(2) 行列の対角化

2 次の正方行列 $\boldsymbol{A}=\begin{pmatrix} a & b \\ c & d \end{pmatrix}$が，二つの実数の固有値，$\lambda_1$，$\lambda_2$ を持つとします．このλ_1，λ_2 に対応する固有ベクトルをそれぞれ $\boldsymbol{h}_1=\begin{pmatrix} x_1 \\ y_1 \end{pmatrix}$，$\boldsymbol{h}_2=\begin{pmatrix} x_2 \\ y_2 \end{pmatrix}$ とします．すると次の二つの式が成り立ちます．

$$\boldsymbol{A}\boldsymbol{h}_1=\lambda_1\boldsymbol{h}_1$$

$$\boldsymbol{A}\boldsymbol{h}_2=\lambda_2\boldsymbol{h}_2$$

この固有ベクトル $\boldsymbol{h}_1$, $\boldsymbol{h}_2$ を並べて 2 次の正方行列を作り，$\boldsymbol{H}=[\boldsymbol{h}_1\quad \boldsymbol{h}_2]=\begin{pmatrix} x_1 & x_2 \\ y_1 & y_2 \end{pmatrix}$ とします．すると行列の積 $\boldsymbol{AH}$ は次のようになります．

$$\boldsymbol{AH}=\begin{pmatrix} a & b \\ c & d \end{pmatrix}\begin{pmatrix} x_1 & x_2 \\ y_1 & y_2 \end{pmatrix}=\begin{pmatrix} ax_1+by_1 & ax_2+by_2 \\ cx_1+dy_1 & cx_2+dy_2 \end{pmatrix}$$

$$=[\boldsymbol{A}\boldsymbol{h}_1\quad \boldsymbol{A}\boldsymbol{h}_2]=[\lambda_1\boldsymbol{h}_1\quad \lambda_2\boldsymbol{h}_2]=[\boldsymbol{h}_1\quad \boldsymbol{h}_2]\begin{pmatrix} \lambda_1 & 0 \\ 0 & \lambda_2 \end{pmatrix}=\boldsymbol{H}\begin{pmatrix} \lambda_1 & 0 \\ 0 & \lambda_2 \end{pmatrix}$$

従って，上の式の最初と最後から次の式が出ます．

$$\boldsymbol{H}^{-1}\boldsymbol{AH}=\begin{pmatrix} \lambda_1 & 0 \\ 0 & \lambda_2 \end{pmatrix} \tag{14.8}$$

つまり固有ベクトルの行列 $\boldsymbol{H}$ とその逆行列 $\boldsymbol{H}^{-1}$ を用いて，行列 $\boldsymbol{A}$ を，固有値を対角要素とする対角行列にすることができます．これを**行列の対角化**といいます．対角行列は，計算が非常に簡単になるため，行列の対角化は行列計算において，とても重要です．

前の 14.7 節の(1)で求めた固有ベクトルを使って，行列の対角化を Excel で計算してみましょう．

$$\boldsymbol{A}=\begin{pmatrix} 3 & 4 \\ 2 & 1 \end{pmatrix}$$

のときの固有値は，5 と -1 で，固有ベクトルの行列 $\boldsymbol{H}$ は次のようになります．

$$\boldsymbol{H}=\begin{pmatrix}2 & 1\\ 1 & -1\end{pmatrix}$$

C2 から D3 セルに行列 $\boldsymbol{A}$ の要素を，E2 から F3 セルに行列 $\boldsymbol{H}$ の要素を入れておきます．逆行列 $\boldsymbol{H}^{-1}$ を計算するために A2 から B3 セルまでを選択します．「数式」リボンの「関数の挿入」を選びます．数式バー横の関数の貼り付けボタン f_x を押してもかまいません．**「MINVERSE」関数**を選択して，「OK」を押します．「配列」には「E2:F3」を入れます．Ctrl と Shift キーを押しながら，同時に Enter キーを押します．

	A	B	C	D	E	F
1	H^{-1}		A		H	
2			3	4	2	1
3			2	1	1	−1

	A	B	C	D	E	F
1	H^{-1}		A		H	
2	0.33	0.333	3	4	2	1
3	0.33	−0.67	2	1	1	−1

この三つの行列の掛け算を行いますが，Excel の MMULT 関数では，三つの行列の掛け算を一度に行うことはできません．そこで二つずつの行列の掛け算を 2 回計算します．H2 から I 3 セルをドラッグで選択します．関数の貼り付けボタン f_x を押し，**「MMULT」関数**を選択して，「OK」を押します．「配列 1」に「A2:B3」，「配列 2」に「C2:D3」の範囲を選択します．Ctrl と Shift キーを押しながら，同時に Enter キーを押します．すると次のような値が得られます．

	A	B	C	D	E	F	G	H	I
1	H^{-1}		A		H			$H^{-1}A$	
2	0.33	0.333	3	4	2	1	=		
3	0.33	−0.67	2	1	1	−1			

	A	B	C	D	E	F	G	H	I
1	H^{-1}		A		H			$H^{-1}A$	
2	0.33	0.333	3	4	2	1	=	1.7	1.7
3	0.33	−0.67	2	1	1	−1		−0	0.7

さらに行列 $\boldsymbol{H}$ を J2 から K3 セルにコピーして貼り付け，MMULTI 関数で掛け算すると，次のようになります．

	A	B	C	D	E	F	G	H	I	J	K	L	M	N
1	H^{-1}		A		H			$H^{-1}A$		H			$H^{-1}AH$	
2	0.33	0.333	3	4	2	1	=	1.7	1.7	2	1	=	5	−0
3	0.33	−0.67	2	1	1	−1		−0	0.7	1	−1		0	−1

結果は対角行列となり，対角要素は 5 と −1 の固有値になっていることがわかります．

練習問題

次の行列の固有値を求め，代表的な固有ベクトルを Excel で表しましょう．また固有ベクトルを使って，対角化しましょう．

(1) $\begin{pmatrix} 5 & -7 \\ 2 & -4 \end{pmatrix}$　　(2) $\begin{pmatrix} 3 & 2 \\ -1 & 0 \end{pmatrix}$

(3) 対称行列の対角化

対称行列の対角化はかなり簡単になります．しかも実際の応用において，対称行列が出てくる場合は多いものです．次のような対称行列 $\boldsymbol{A}$ を考えます．

$$\boldsymbol{A}=\begin{pmatrix} a & b \\ b & c \end{pmatrix}$$

この対称行列 $\boldsymbol{A}$ の固有方程式(14.7)は次のようになります．

$$\begin{vmatrix} a-\lambda & b \\ b & c-\lambda \end{vmatrix}=(a-\lambda)(c-\lambda)-b^2=\lambda^2-(a+c)\lambda+ac-b^2=0$$

この固有方程式の解である固有値は次の式になります．

$$\lambda_1,\ \lambda_2=\frac{a+c\pm\sqrt{(a+c)^2-4(ac-b^2)}}{2}=\frac{a+c\pm\sqrt{(a-c)^2+4b^2}}{2}$$

$\sqrt{\ }$の中は正なので，対称行列の固有値は必ず実数となります．$\sqrt{\ }$の中が 0 の場合，固有値は一つだけですが，そもそもこの場合は $a=c$ かつ $b=0$ なので，$\boldsymbol{A}$ は初めから対角行列です．ここでは固有値が重複しない場合を考えます．

固有値λ_1，λ_2に対応する固有ベクトルをそれぞれ $\boldsymbol{h}_1=\begin{pmatrix} x_1 \\ y_1 \end{pmatrix}$，$\boldsymbol{h}_2=\begin{pmatrix} x_2 \\ y_2 \end{pmatrix}$ とします．ただしこれらの固有ベクトルの大きさは 1 であるとします．すると次の二つの式が成り立ちます．

$$\begin{cases} \boldsymbol{A}\boldsymbol{h}_1=\lambda_1\boldsymbol{h}_1 \\ \boldsymbol{A}\boldsymbol{h}_2=\lambda_2\boldsymbol{h}_2 \end{cases}$$

$\lambda_1\boldsymbol{h}_1$ に $\boldsymbol{h}_2$ を内積すると次のようになります．

$$\lambda_1{}^t\boldsymbol{h}_1\boldsymbol{h}_2={}^t(\boldsymbol{A}\boldsymbol{h}_1)\boldsymbol{h}_2={}^t\boldsymbol{h}_1{}^t\boldsymbol{A}\boldsymbol{h}_2={}^t\boldsymbol{h}_1\boldsymbol{A}\boldsymbol{h}_2={}^t\boldsymbol{h}_1\lambda_2\boldsymbol{h}_2=\lambda_2{}^t\boldsymbol{h}_1\boldsymbol{h}_2$$

ただし積の転置行列の法則（14.3）式，${}^t(\boldsymbol{AB})={}^t\boldsymbol{B}{}^t\boldsymbol{A}$ を用いました．従って

$$(\lambda_1-\lambda_2){}^t\boldsymbol{h}_1\boldsymbol{h}_2=0$$

$\lambda_1\neq\lambda_2$ なので結局 ${}^t\boldsymbol{h}_1\boldsymbol{h}_2=0$ となります．ベクトルの内積が 0 なので，対称行列の二つの固有ベクトルは，直交関係にあります．

固有値λ_1，λ_2に対応する固有ベクトルをそれぞれ $\boldsymbol{h}_1=\begin{pmatrix} x_1 \\ y_1 \end{pmatrix}$，$\boldsymbol{h}_2=\begin{pmatrix} x_2 \\ y_2 \end{pmatrix}$ とします．この二つの固有ベクトル $\boldsymbol{h}_1$，$\boldsymbol{h}_2$ を並べて 2 次の正方行列を作り，$\boldsymbol{H}=[\boldsymbol{h}_1 \quad \boldsymbol{h}_2]=\begin{pmatrix} x_1 & x_2 \\ y_1 & y_2 \end{pmatrix}$ とします．すると行列の積 ${}^t\boldsymbol{HAH}$ は次のようになります．

$$
{}^t\boldsymbol{HAH}={}^t\boldsymbol{H}[\boldsymbol{Ah}_1 \quad \boldsymbol{Ah}_2]={}^t\boldsymbol{H}[\lambda_1\boldsymbol{h}_1 \quad \lambda_2\boldsymbol{h}_2]={}^t\boldsymbol{H}\begin{pmatrix} \lambda_1 x_1 & \lambda_2 x_2 \\ \lambda_1 y_1 & \lambda_2 y_2 \end{pmatrix}
$$

$$
=\begin{pmatrix} x_1 & y_1 \\ x_2 & y_2 \end{pmatrix}\begin{pmatrix} \lambda_1 x_1 & \lambda_2 x_2 \\ \lambda_1 y_1 & \lambda_2 y_2 \end{pmatrix}=\begin{pmatrix} \lambda_1 \boldsymbol{h}_1\cdot\boldsymbol{h}_1 & \lambda_2 \boldsymbol{h}_1\cdot\boldsymbol{h}_2 \\ \lambda_1 \boldsymbol{h}_1\cdot\boldsymbol{h}_2 & \lambda_2 \boldsymbol{h}_2\cdot\boldsymbol{h}_2 \end{pmatrix}
$$

ここで $\boldsymbol{h}_1\cdot\boldsymbol{h}_1=\boldsymbol{h}_2\cdot\boldsymbol{h}_2=1$ で，直交関係より内積が 0（$\boldsymbol{h}_1\cdot\boldsymbol{h}_2=0$）の関係を用いると，

$$
{}^t\boldsymbol{HAH}=\begin{pmatrix} \lambda_1 & 0 \\ 0 & \lambda_2 \end{pmatrix} \tag{14.9}
$$

つまり固有ベクトルの行列 $\boldsymbol{H}$ とその転置行列 ${}^t\boldsymbol{H}$ を用いて，もとの対称行列 $\boldsymbol{A}$ を，固有値を対角要素とする対角行列にすることができます．これを**対称行列の対角化**といいます．逆行列の面倒な計算がないだけ，通常の行列の対角化（14.8）式よりも，計算が簡単になります．ちなみに対称行列の固有ベクトルの行列 $\boldsymbol{H}$ は直交行列になっています（14.5 節の(2)参照）．このように直交する単位ベクトルを用いて行列を作ると，直交行列になります．

次の対象行列の対角化を Excel で計算してみましょう．

$$
\boldsymbol{A}=\begin{pmatrix} 2 & 1 \\ 1 & 2 \end{pmatrix}
$$

この行列の固有方程式は次のようになります．

$$
\begin{vmatrix} 2-\lambda & 1 \\ 1 & 2-\lambda \end{vmatrix}=(2-\lambda)^2-1=\lambda^2-4\lambda+3=(\lambda-3)(\lambda-1)=0
$$

固有値は，$\lambda_1=3$，$\lambda_2=1$ です．

$\lambda_1=3$ のときの固有ベクトルは次のようになります．

$$
\boldsymbol{h}_1=\frac{1}{\sqrt{2}}\begin{pmatrix} 1 \\ 1 \end{pmatrix}
$$

$\lambda_2=1$ のときの固有ベクトルは次のようになります．

$$\boldsymbol{h}_1 = \frac{1}{\sqrt{2}}\begin{pmatrix} 1 \\ -1 \end{pmatrix}$$

従って，固有ベクトルの行列 $\boldsymbol{H}$ は次のようになります．

$$\boldsymbol{H} = \frac{1}{\sqrt{2}}\begin{pmatrix} 1 & 1 \\ 1 & -1 \end{pmatrix}$$

C2 から D3 セルに行列 $\boldsymbol{A}$ の要素を，E2 から F3 セルに行列 $\boldsymbol{H}$ の要素を入れておきます．$1/\sqrt{2}$ の値は，「=1/SQRT(2)」の数式で計算するとよいでしょう．転置行列 ${}^t\boldsymbol{H}$ を計算するために A2 から B3 セルまでを選択します．「数式」リボンの「関数の挿入」を選びます．数式バー横の関数の貼り付けボタン *fx* を押してもかまいません．「TRANSPOSE」関数を選択して，「OK」を押します．「配列」には「E2:F3」を入れます．Ctrl と Shift キーを押しながら，同時に Enter キーを押します．

	A	B	C	D	E	F
1	${}^tH$		A		H	
2	0.71	0.71	2	1	0.71	0.71
3	0.71	−0.7	1	2	0.71	−0.7

この三つの行列の掛け算を行いますが，Excel の MMULT 関数では，三つの行列の掛け算を一度に行うことはできません．そこで二つずつの行列の掛け算を 2 回計算します．H2 から I3 セルをドラッグで選択します．関数の貼り付けボタン *fx* を押し，「MMULT」関数を選択して，「OK」を押します．「配列 1」に「A2:B3」，「配列 2」に「C2:D3」の範囲を選択します．Ctrl と Shift キーを押しながら，同時に Enter キーを押します．すると次のような値が得られます．

	A	B	C	D	E	F	G	H	I	J	K
1	${}^tH$		A		H			${}^tHA$		H	
2	0.71	0.71	2	1	0.71	0.71	=	2.12	2.12	0.71	0.71
3	0.71	−0.7	1	2	0.71	−0.7		0.71	−0.7	0.71	−0.7

さらに行列 $\boldsymbol{H}$ をコピーして貼り付け，MMULT 関数で掛け算すると，次のようになります．

	A	B	C	D	E	F	G	H	I	J	K	L	M	N
1	${}^tH$		A		H			${}^tHA$		H			${}^tHAH$	
2	0.71	0.71	2	1	0.71	0.71	=	2.12	2.12	0.71	0.71	=	3	0
3	0.71	−0.7	1	2	0.71	−0.7		0.71	−0.7	0.71	−0.7		0	1

結果は対角行列となり，対角要素は 3 と 1 の固有値になっていることがわかります．

14.8　2 次 形 式

変数の 2 乗だけを含むスカラー関数の式を，**2 次形式**といいます．x と y の 2 変数の 2 次形式は，次のようになります．

$$f(x,\ y)=ax^2+2bxy+cy^2$$

このように 2 次形式には，1 次の項や，定数項を含みません．この式をベクトルと対称行列で表すと次のようになります．

$$f(x,\ y)=ax^2+2bxy+cy^2=(x,\ y)\begin{pmatrix}a & b\\ b & c\end{pmatrix}\begin{pmatrix}x\\ y\end{pmatrix}={}^t\boldsymbol{u}\boldsymbol{A}\boldsymbol{u} \qquad (14.10)$$

(14.10) 式の行列の部分は対称行列なので，(14.9) 式より，固有ベクトルの行列 $\boldsymbol{H}$ とその転置行列 ${}^t\boldsymbol{H}$ を用いて，対角行列にすることができます（14.7 節の(3)参照）．

$${}^t\boldsymbol{H}\begin{pmatrix}a & b\\ b & c\end{pmatrix}\boldsymbol{H}=\begin{pmatrix}\lambda_1 & 0\\ 0 & \lambda_2\end{pmatrix}$$

そこで x と y を次のように x' と y' に変換します．

$$\begin{pmatrix}x\\ y\end{pmatrix}=\boldsymbol{H}\begin{pmatrix}x'\\ y'\end{pmatrix},\ \text{同時に}\quad (x,\ y)=(x',\ y')\,{}^t\boldsymbol{H}$$

これを上の 2 次形式（14.10）式に代入すると次のようになります．

$$(x,\ y)\begin{pmatrix}a & b\\ b & c\end{pmatrix}\begin{pmatrix}x\\ y\end{pmatrix}=(x',\ y')\,{}^t\boldsymbol{H}\begin{pmatrix}a & b\\ b & c\end{pmatrix}\boldsymbol{H}\begin{pmatrix}x'\\ y'\end{pmatrix}$$

$$=(x',\ y')\begin{pmatrix}\lambda_1 & 0\\ 0 & \lambda_2\end{pmatrix}\begin{pmatrix}x'\\ y'\end{pmatrix}=\lambda_1x'^2+\lambda_2y'^2$$

2 種類の変数の，積の項がなくなって，2 次形式が簡単になっていることがわかります．これを**2 次形式の標準化**といいます．

Excel を使って 2 次形式 $f=ax^2+2bxy+cy^2$ のグラフを描いてみましょう．これによって，2 次形式の幾何学的な意味を知ることができます．ただし二つの変数を持つ関数は 2 次元のグラフでは表せないので，x，y，f の三つの変数を表す立体の 3 次元（3D）グラフが必要になります（6 章参照）．

(1)　楕 円 型

次のような 2 次形式のグラフを Excel で描いてみましょう（6 章参照）．

$$f=6x^2+4xy+3y^2 \qquad (14.11)$$

図のようにまず縦方向に x の値，横方向に y の値を変化させて入れます．1行目のB1セルから，右端のT1まで，-0.9 から0.9まで0.1ずつ y の値を入れます．またA列にはA2セルからA20まで，縦へ -0.9 から0.9まで0.1ずつ x の値を入れます．この表の中へ f の値を計算します．x，y の値と，f の値を区別するため，少し違う罫線を引いておくとわかりやすいでしょう．

B2セルに(14.11)式の「=6*$A2^2+4*$A2*B$1+3*B$1^2」の数式を入れます．$とは固定番地という意味です（6章参照）．オートフィルで貼り付けても，$のすぐ後の記号は変わりません．つまり$A2とは，Aは変わらず，2は変化するという意味です．これはA列を表すので，x の値を表します．同様にB$1は，Bは変化しますが1は変化しません．従って，第1行の y の値を表します．

	A	B	C	D	E	F	G	H	I	J	K	L	M	N	O	P	Q	R	S	T
1		-0.9	-0.8	-0.7	-0.6	-0.5	-0.4	-0.3	-0.2	-0.1	0	0.1	0.2	0.3	0.4	0.5	0.6	0.7	0.8	0.9
2	-0.9	=6*$A2^2+4*$A2*B$1+3*B$1^2																		
3	-0.8																			
4	-0.7																			
5	-0.6																			
6	-0.5																			
7	-0.4																			
8	-0.3																			
9	-0.2																			
10	-0.1																			
11	0																			
12	0.1																			
13	0.2																			
14	0.3																			
15	0.4																			
16	0.5																			
17	0.6																			
18	0.7																			
19	0.8																			
20	0.9																			

この式をオートフィルして残りのセルに貼り付けますが，オートフィルは一度に1方向しかできません．そこでまず下方向へオートフィルします．さらにB2セルからB20セルを選択し，横方向にオートフィルします．

	A	B	C	D	E	F	G	H	I	J	K	L	M	N	O	P	Q	R	S	T
1		-0.9	-0.8	-0.7	-0.6	-0.5	-0.4	-0.3	-0.2	-0.1	0	0.1	0.2	0.3	0.4	0.5	0.6	0.7	0.8	0.9
2	-0.9	10.5	9.66	8.85	8.1	7.41	6.78	6.21	5.7	5.25	4.86	4.53	4.26	4.05	3.9	3.81	3.78	3.81	3.9	4.05
3	-0.8	9.15	8.32	7.55	6.84	6.19	5.6	5.07	4.6	4.19	3.84	3.55	3.32	3.15	3.04	2.99	3	3.07	3.2	3.39
4	-0.7	7.89	7.1	6.37	5.7	5.09	4.54	4.05	3.62	3.25	2.94	2.69	2.5	2.37	2.3	2.29	2.34	2.45	2.62	2.85
5	-0.6	6.75	6	5.31	4.68	4.11	3.6	3.15	2.76	2.43	2.16	1.95	1.8	1.71	1.68	1.71	1.8	1.95	2.16	2.43
6	-0.5	5.73	5.02	4.37	3.78	3.25	2.78	2.37	2.02	1.73	1.5	1.33	1.22	1.17	1.18	1.25	1.38	1.57	1.82	2.13
7	-0.4	4.83	4.16	3.55	3	2.51	2.08	1.71	1.4	1.15	0.96	0.83	0.76	0.75	0.8	0.91	1.08	1.31	1.6	1.95
8	-0.3	4.05	3.42	2.85	2.34	1.89	1.5	1.17	0.9	0.69	0.54	0.45	0.42	0.45	0.54	0.69	0.9	1.17	1.5	1.89
9	-0.2	3.39	2.8	2.27	1.8	1.39	1.04	0.75	0.52	0.35	0.24	0.19	0.2	0.27	0.4	0.59	0.84	1.15	1.52	1.95
10	-0.1	2.85	2.3	1.81	1.38	1.01	0.7	0.45	0.26	0.13	0.06	0.05	0.1	0.21	0.38	0.61	0.9	1.25	1.66	2.13
11	0	2.43	1.92	1.47	1.08	0.75	0.48	0.27	0.12	0.03	0	0.03	0.12	0.27	0.48	0.75	1.08	1.47	1.92	2.43
12	0.1	2.13	1.66	1.25	0.9	0.61	0.38	0.21	0.1	0.05	0.06	0.13	0.26	0.45	0.7	1.01	1.38	1.81	2.3	2.85
13	0.2	1.95	1.52	1.15	0.84	0.59	0.4	0.27	0.2	0.19	0.24	0.35	0.52	0.75	1.04	1.39	1.8	2.27	2.8	3.39
14	0.3	1.89	1.5	1.17	0.9	0.69	0.54	0.45	0.42	0.45	0.54	0.69	0.9	1.17	1.5	1.89	2.34	2.85	3.42	4.05
15	0.4	1.95	1.6	1.31	1.08	0.91	0.8	0.75	0.76	0.83	0.96	1.15	1.4	1.71	2.08	2.51	3	3.55	4.16	4.83
16	0.5	2.13	1.82	1.57	1.38	1.25	1.18	1.17	1.22	1.33	1.5	1.73	2.02	2.37	2.78	3.25	3.78	4.37	5.02	5.73
17	0.6	2.43	2.16	1.95	1.8	1.71	1.68	1.71	1.8	1.95	2.16	2.43	2.76	3.15	3.6	4.11	4.68	5.31	6	6.75
18	0.7	2.85	2.62	2.45	2.34	2.29	2.3	2.37	2.5	2.69	2.94	3.25	3.62	4.05	4.54	5.09	5.7	6.37	7.1	7.89
19	0.8	3.39	3.2	3.07	3	2.99	3.04	3.15	3.32	3.55	3.84	4.19	4.6	5.07	5.6	6.19	6.84	7.55	8.32	9.15
20	0.9	4.05	3.9	3.81	3.78	3.81	3.9	4.05	4.26	4.53	4.86	5.25	5.7	6.21	6.78	7.41	8.1	8.85	9.66	10.5

3D 等高線グラフでグラフをつくります（6 章参照）．グラフは次の図のようになります．

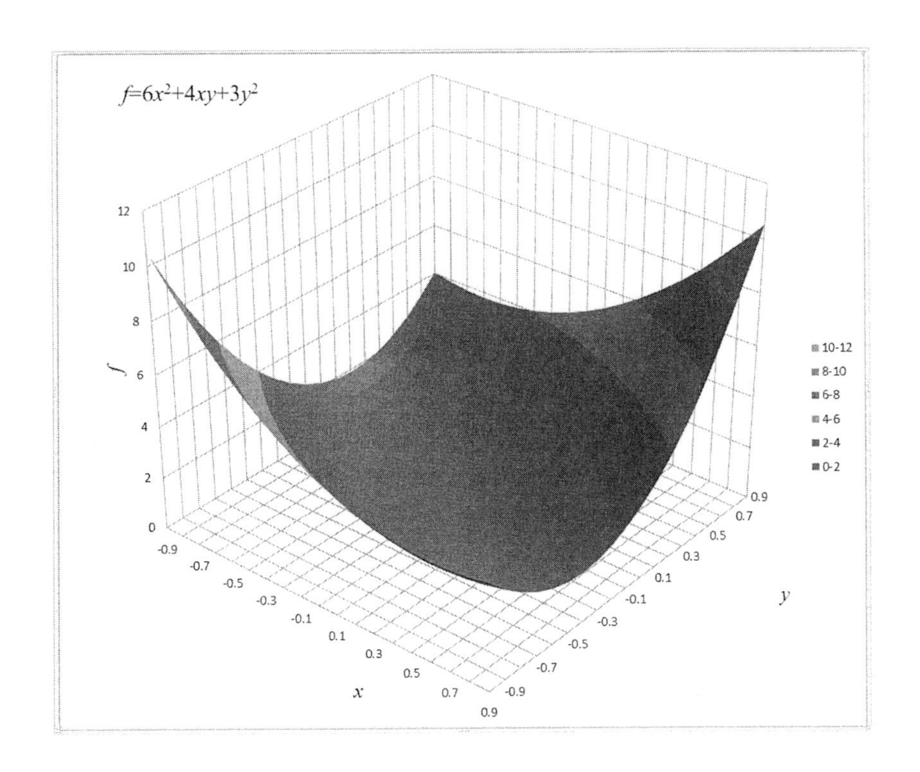

水平方向の断面が楕円の底のようなグラフになっていることがわかります．楕円の軸は x 軸や y 軸に対して斜めになっていて，この関数を解析することは，かなり複雑です．

そこで（14.11）式を標準化することを考えます．（14.11）式を行列の形で表すと次のようになります．

$$f=6x^2+4xy+3y^2=(x,\ y)\begin{pmatrix}6 & 2\\ 2 & 3\end{pmatrix}\begin{pmatrix}x\\ y\end{pmatrix}$$

対称行列の，固有方程式（14.7）は次の形になります．

$$(6-\lambda)(3-\lambda)-4=0$$

$$(\lambda-7)(\lambda-2)=0$$

従って固有値は 7 と 2 の二つです．このことから f は次の形に標準化できます．

$$f=7x'^2+2y'^2 \tag{14.12}$$

このグラフを描くと次のようになります.

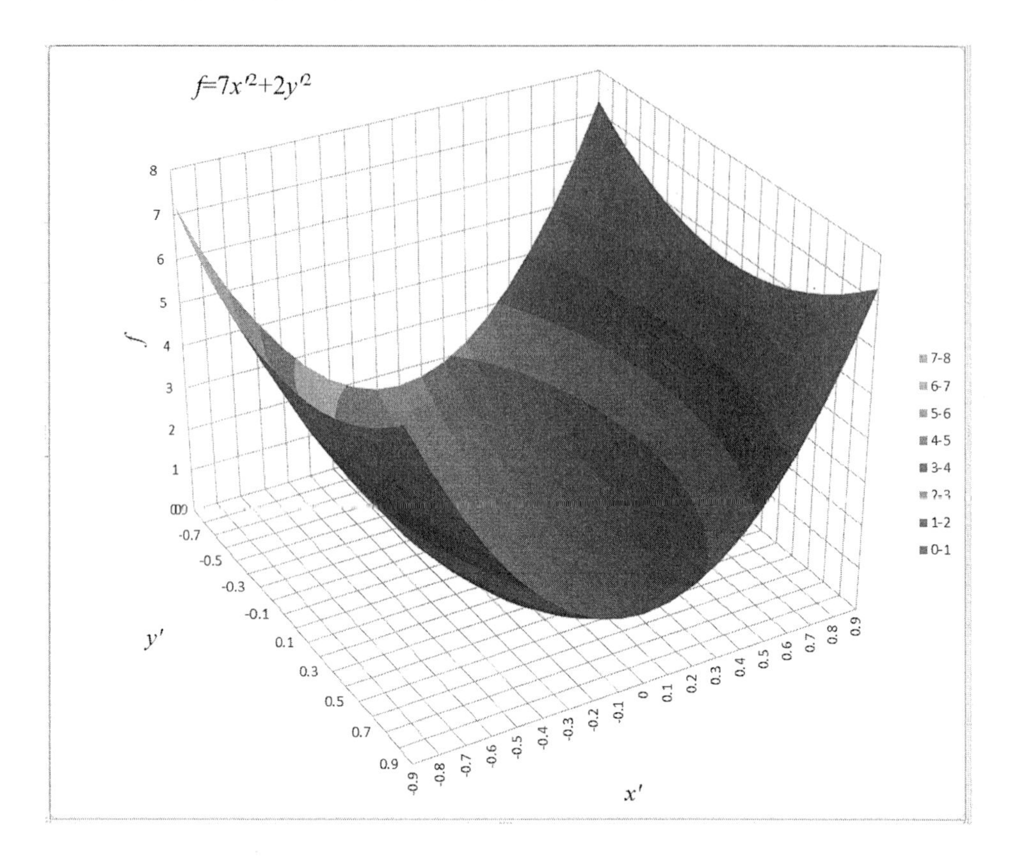

このグラフは水平方向の断面の，楕円の長軸が y' 軸に，短軸が x' 軸に平行になっており，解析が簡単です．例えば変数が一定値変化したとき，f の変化を最大にする方向は x' 軸方向，最小にする方向は y' 軸方向となります．また f が定数ならば，(14.11) と (14.12) 式は，直径が 7 : 3 の楕円を表し，これは図の水平方向の断面に相当します．楕円の長軸と短軸を合わせて**主軸**といい，この主軸に座標軸を合わせる変換を**主軸変換**といいます．つまり 2 次形式の標準化は，主軸変換に相当します．(14.11) と (14.12) 式から，2 次形式は $x'=y'=0$ ($x=y=0$ でも同じ) において f は最小の 0 になり，その他のすべての x' と y' の値に対して f は正の値をとります．つまり，固有値がすべて正の場合，2 次形式の値はすべて 0 以上になります．このようなものを**正値 2 次形式**といい，そのときの対称行列を**正値対称行列**といいます．従って，正値 2 次形式であることと，その行列が正値対称行列であることは，同じことです．このとき f の値は常に 0 以上になります．

逆に固有値が二つとも負の場合，水平方向の断面が楕円の，山のような形となります．この場合，2 次形式は $x=y=0$ において，f は最大の 0 になり，その他の値はすべて負になります．このようなものを**負値 2 次形式**といい，そのときの対称行列を**負値対称行列**といいます．このとき f の値は常に 0 以下になります．

このように固有値がすべて正の場合，またはすべて負の場合，この 2 次形式を**楕円型**といいます．

練習問題

次の 2 次形式のグラフと，標準化した 2 次形式のグラフを描きましょう．

$$f=-2x^2+2xy-2y^2$$

(2) 放 物 型

次のような 2 次形式のグラフを Excel で描いてみましょう．

$$f=4x^2+4xy+y^2 \tag{14.13}$$

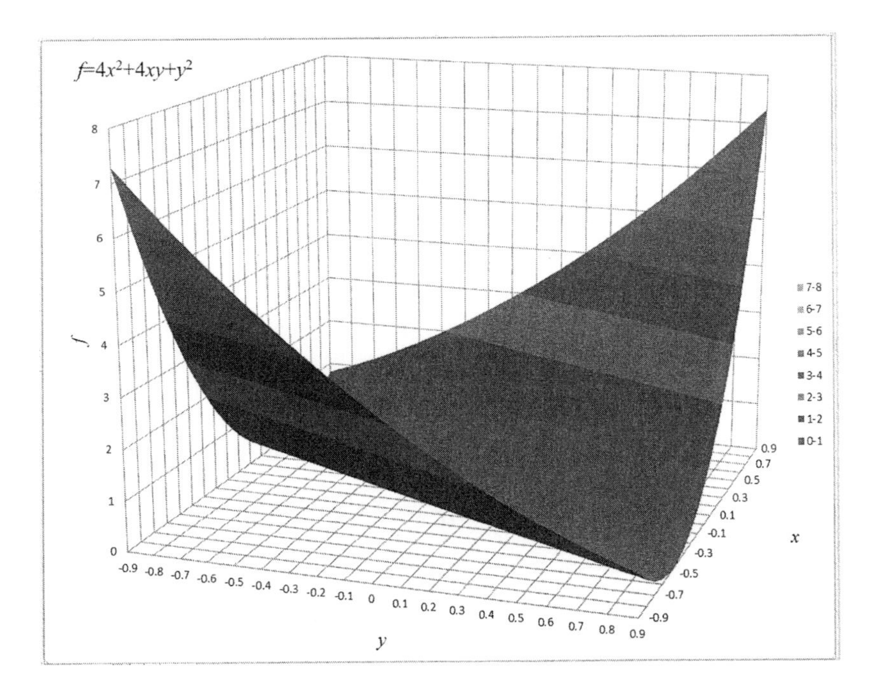

グラフは平面を折り曲げたような形となって，縦の断面は放物線となります．

そこで（14.13）式を標準化することを考えます．（14.13）式を行列の形で表すと次のようになります．

$$f=4x^2+4xy+y^2=(x,\ y)\begin{pmatrix}4 & 2\\ 2 & 1\end{pmatrix}\begin{pmatrix}x\\ y\end{pmatrix}$$

行列の固有方程式（(14.7) 式参照）は次の形になります．

$$(4-\lambda)(1-\lambda)-4=0$$

$$\lambda(\lambda-5)=0$$

従って固有値は 5 と 0 の二つです．このことから f は，変数 x' か y' どちらか一方を使って，次の形に標準化できます．

$$f=5x'^2 \tag{14.14}$$

このグラフを描くと次のようになります．

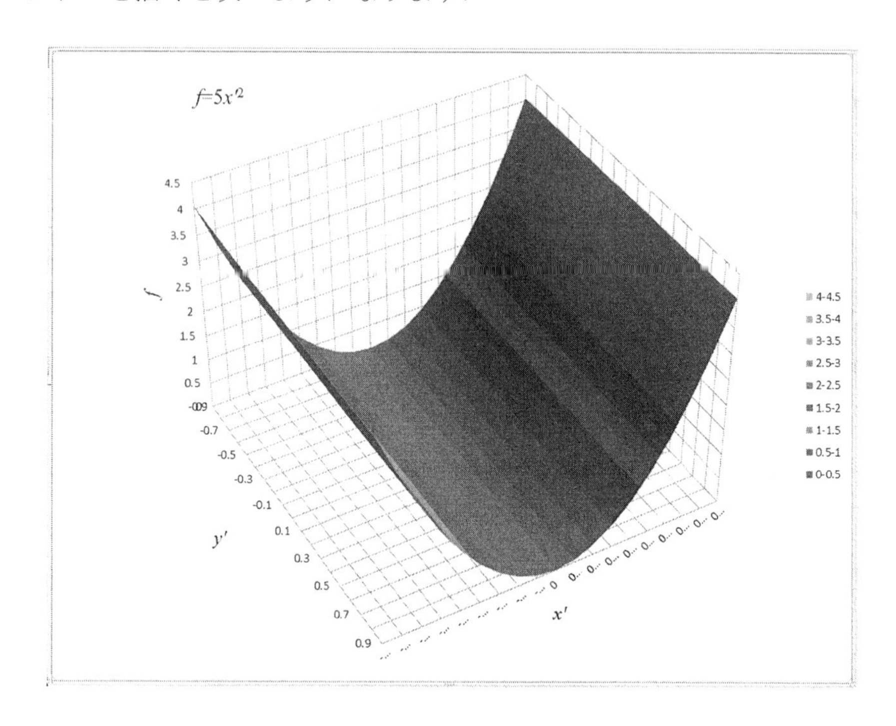

これは変数 x' か y' どちらかに無関係な，一方の変数に対する放物線のグラフになります．固有値に少なくとも一つ，0 がある場合，この 2 次形式を**放物型**といいます．また f が定数ならば，(14.13) と (14.14) 式は二つまたは一つの直線を表し，これは図の水平方向の断面に相当します．

固有値に 0 および正の値だけがある場合，これを**非負 2 次形式**または**半正値 2 次形式**といい，このときの対称行列を**非負対称行列**または**半正値対称行列**といいます．従って，非負 2 次形式であることと，その行列が非負対称行列であることは，同じことです．このとき f の値は常に 0 以上になります．

同様に固有値に 0 および負の値だけがある場合，このようなものを**非正 2 次形式**または**半負値 2 次形式**といい，そのときの対称行列を**非正対称行列**または**半負値対称行列**といいます．このとき f の値は常に 0 以下になります．

(3)　双 曲 型

次のような2次形式のグラフをExcelで描いてみましょう.

$$f=3x^2+8xy-3y^2 \tag{14.15}$$

このグラフを描くと次のようになります.

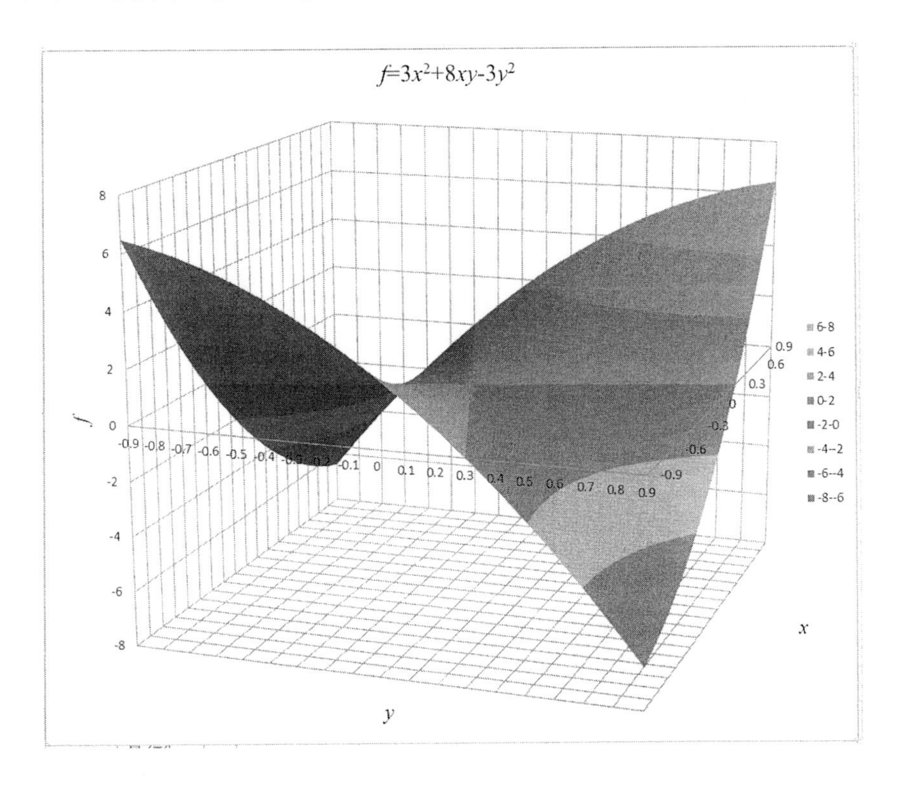

グラフは平面をねじったような複雑な形となります.

そこで(14.15)式を標準化することを考えます.(14.15)式を行列の形で表すと次のようになります.

$$f=3x^2+8xy-3y^2=(x,\ y)\begin{pmatrix}3 & 4\\ 4 & -3\end{pmatrix}\begin{pmatrix}x\\ y\end{pmatrix}$$

行列の固有方程式((14.7)式参照)は次の形になります.

$$(3-\lambda)(-3-\lambda)-16=0$$

$$(\lambda+5)(\lambda-5)=0$$

従って固有値は5と−5の二つです.このことからfは次の形に標準化できます.

$$f=5x'^2-5y'^2 \tag{14.16}$$

このグラフを描くと次のようになります.

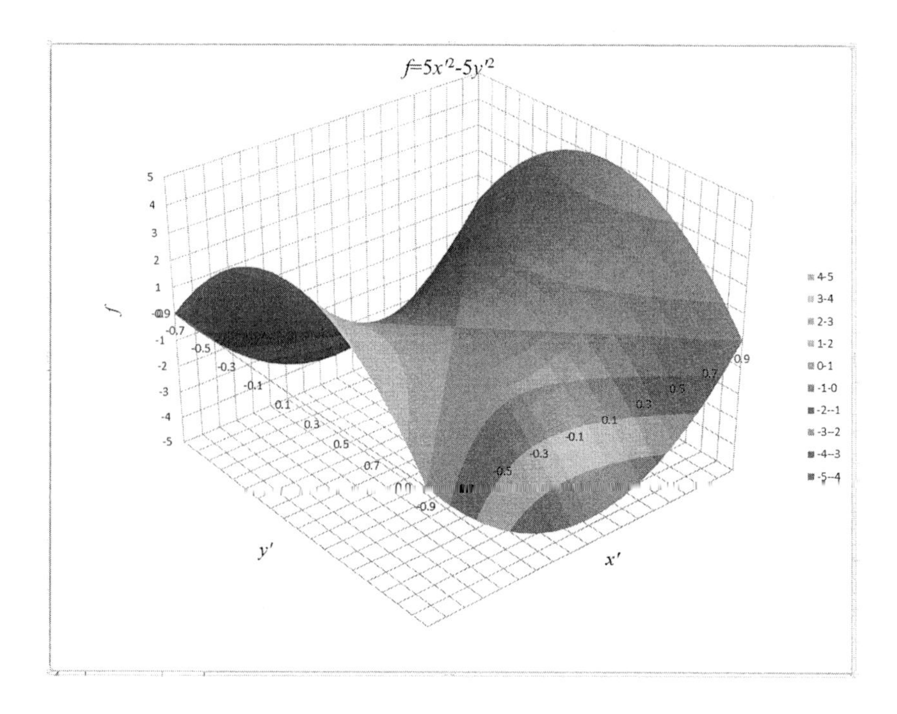

このグラフは x' 軸方向には凹型に, y' 軸方向には凸型で, 水平断面が双曲線になっています. つまり f が定数ならば, (14.15) と (14.16) 式は二つの双曲線を表し, これは図の水平方向の断面に相当します.

固有値が正負の異符号になる場合, この 2 次形式を**双曲型**といいます. 馬に乗せる鞍に似ていることから**鞍型**ともいい, その峠にあたる点を**鞍点** (あんてん) といいます.

練習問題

次の 2 次形式のグラフと, 標準化した 2 次形式のグラフを描きましょう.

(1) $f=xy$

(2) $f=x^2+4xy-2y^2$

付録. 作　図

A.1　正 n 角形

極座標を用いると，Excel で正 n 角形（n は 3 以上の自然数）を簡単に作ることが出来ます．半径 r は一定で，角度 θ に 2π を n で割って，0，1，2，3，…を掛けて，頂点を計算します．

例として正三角形を Excel で計算して描いてみましょう．A 列に頂点の番号を 0 から 3 まで 1 ずつ入れておきます．B2 セルに「＝A2＊2＊PI()/3」の数式を入れて角度 θ を計算します．C2 セルには「＝COS(B2)」，D2 セルには「＝SIN(B2)」の数式を入れてオートフィルします．

	A	B	
1	n	θ	
2	0	=A2*2*PI()/3	
3	1		
4	2		
5	3		

	A	B	C
1	n	θ	x
2	0	0	=COS(B2)

	A	B	C	D
1	n	θ	x	y
2	0	0	1	=SIN(B2)

x と y のみを選択して，「挿入」リボンの「散布図」の「散布図（直線）」で図を描くと次のようになります．

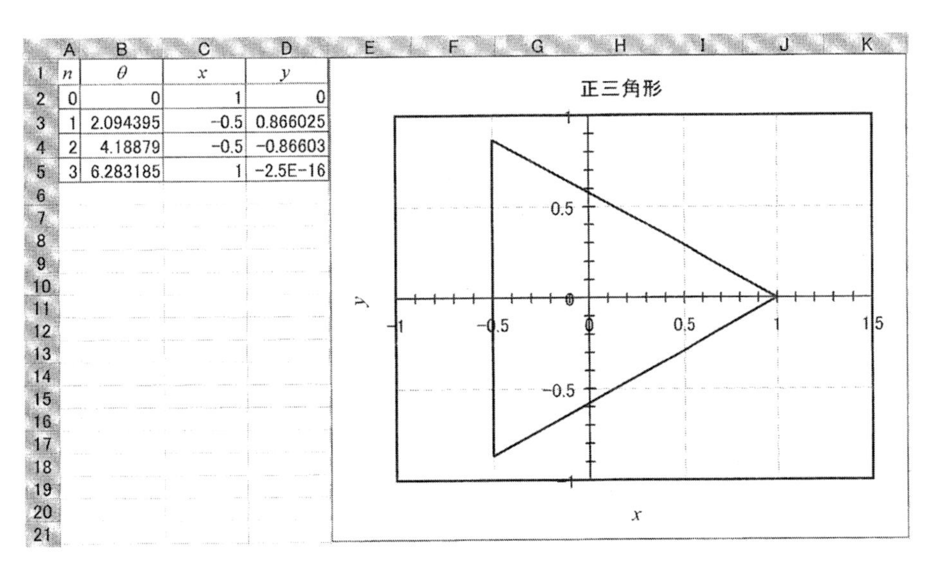

	A	B	C	D
1	n	θ	x	y
2	0	0	1	0
3	1	2.094395	−0.5	0.866025
4	2	4.18879	−0.5	−0.86603
5	3	6.283185	1	−2.5E−16

Excel で次のような図をつくってみましょう．正五角形は対角線を引いています．また正 12 角形には，正三角形，正方形，正 6 角形が重ねて描いてあります．

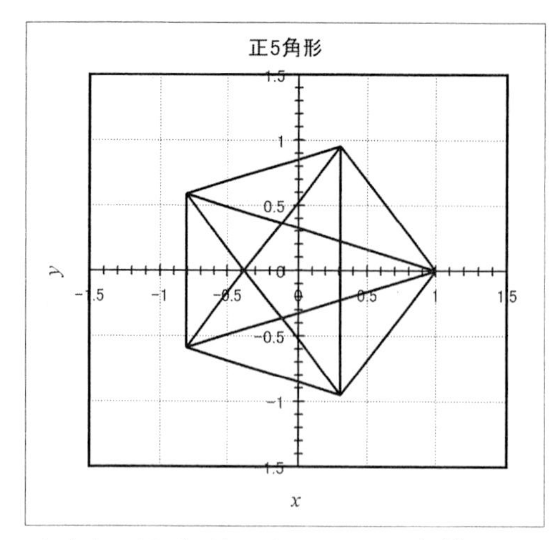

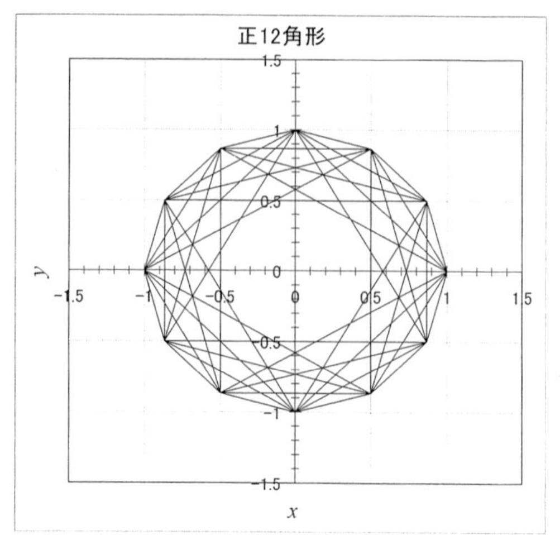

さらに12角形のすべての対角線を引くと，次の図のようになります．

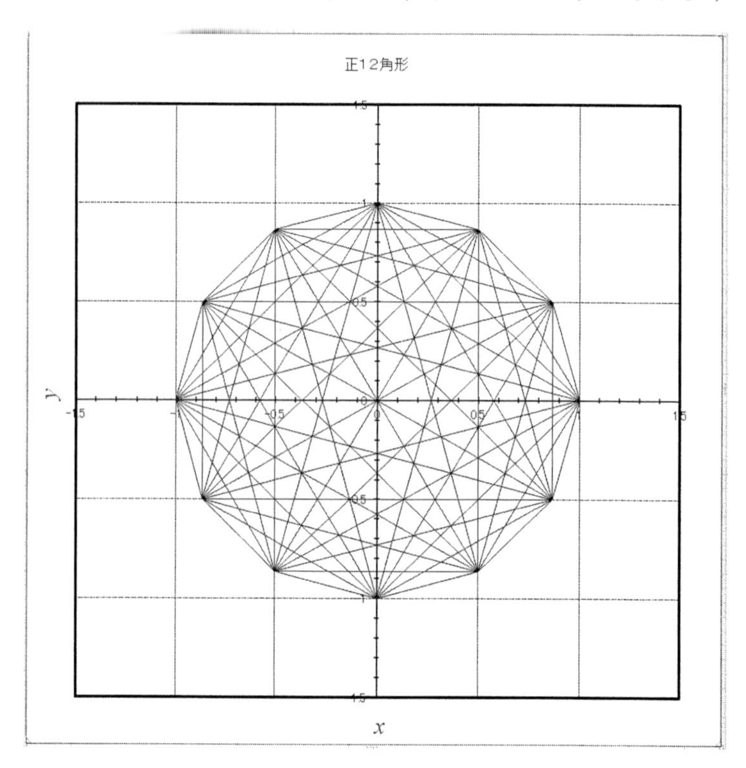

極座標を用いて，Excelで正24角形を作りましょう．同時に24の約数である正12角形，正8角形，正6角形，正方形，正三角形も重ねて描くと，次のような美しいグラフになります．

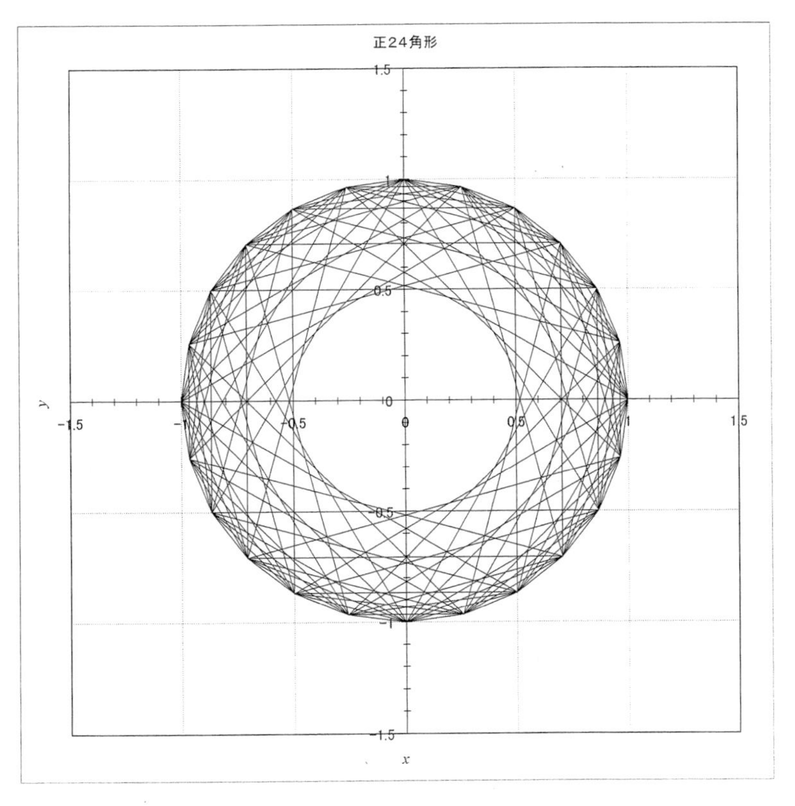

さらに 24 角形のすべての対角線を引くと，次の図のようになります.

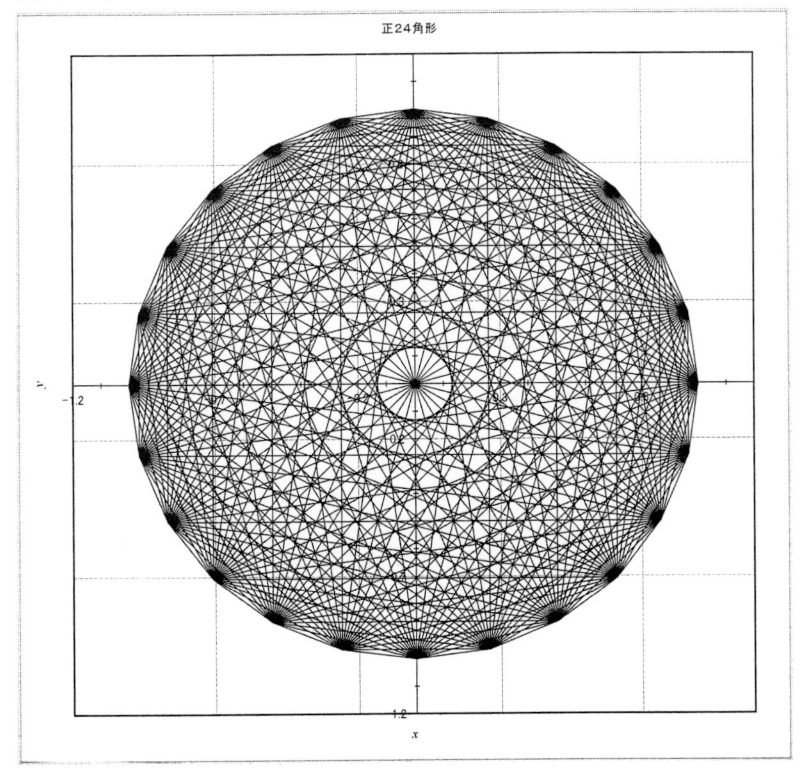

さらに正 48 角形のすべての対角線を引くと，次の図のようになります.

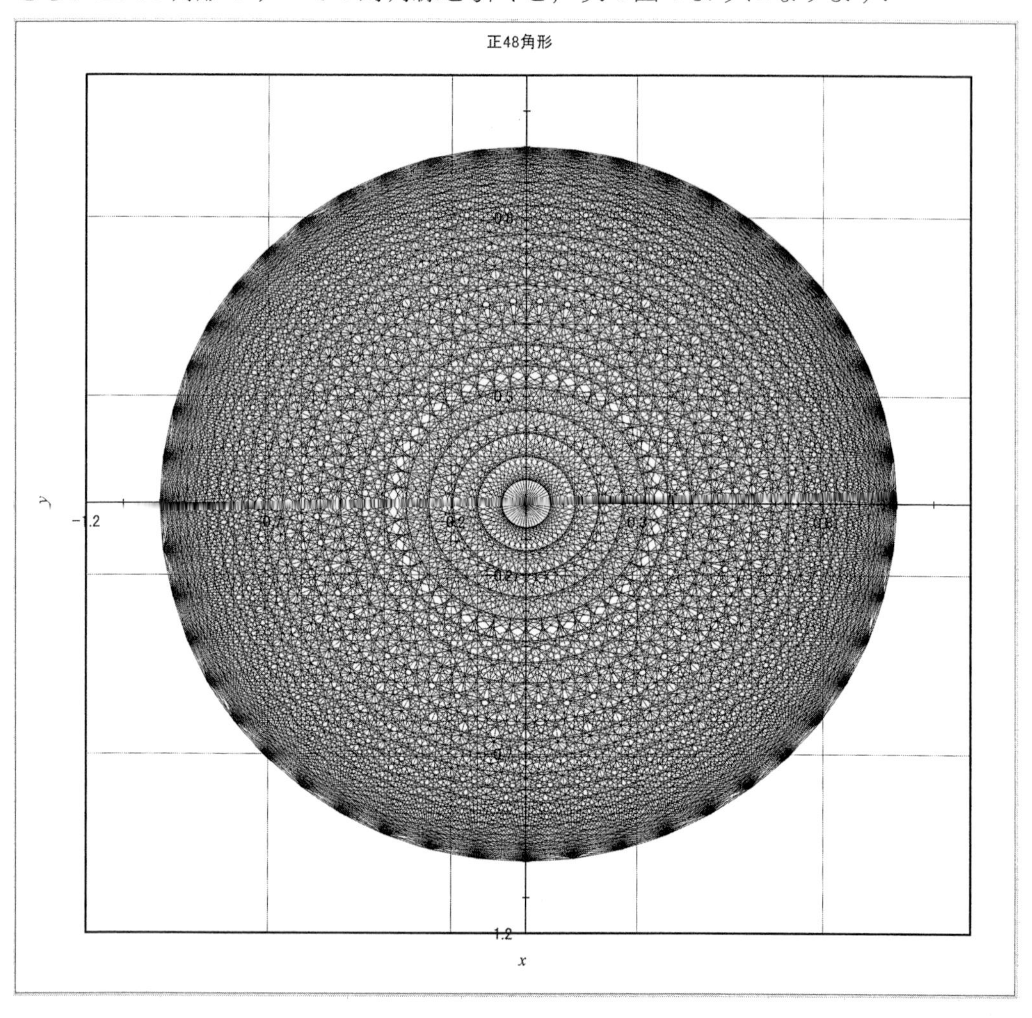

A.2

Excel の「挿入」リボンの「散布図」の「散布図（直線)」で，正方形の 2 辺を等分し，座標をずらしながら直線を引くと，次のようなきれいな模様が出来ます．これを 4 辺について，さらに細かく行うと，次のような美しい幾何学模様になります．

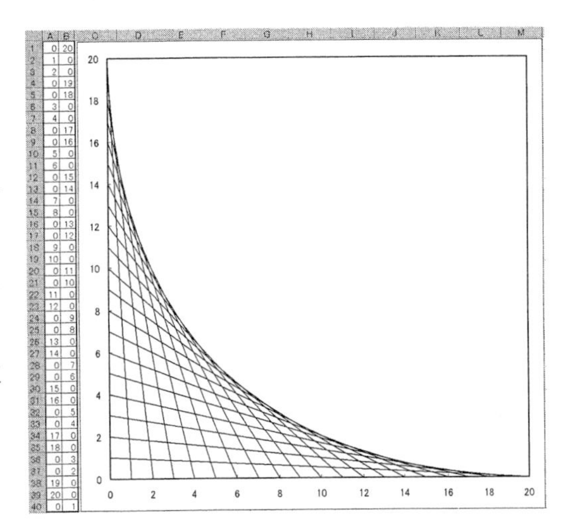

	A	B
1	0	20
2	1	0
3	2	0
4	0	19
5	0	18
6	3	0
7	4	0
8	0	17
9	0	16
10	5	0
11	6	0
12	0	15
13	0	14
14	7	0
15	8	0
16	0	13
17	0	12
18	9	0
19	10	0
20	0	11
21	0	10
22	11	0
23	12	0
24	0	9
25	0	8
26	13	0
27	14	0
28	0	7
29	0	6
30	15	0
31	16	0
32	0	5
33	0	4
34	17	0
35	18	0
36	0	3
37	0	2
38	19	0
39	20	0
40	0	1

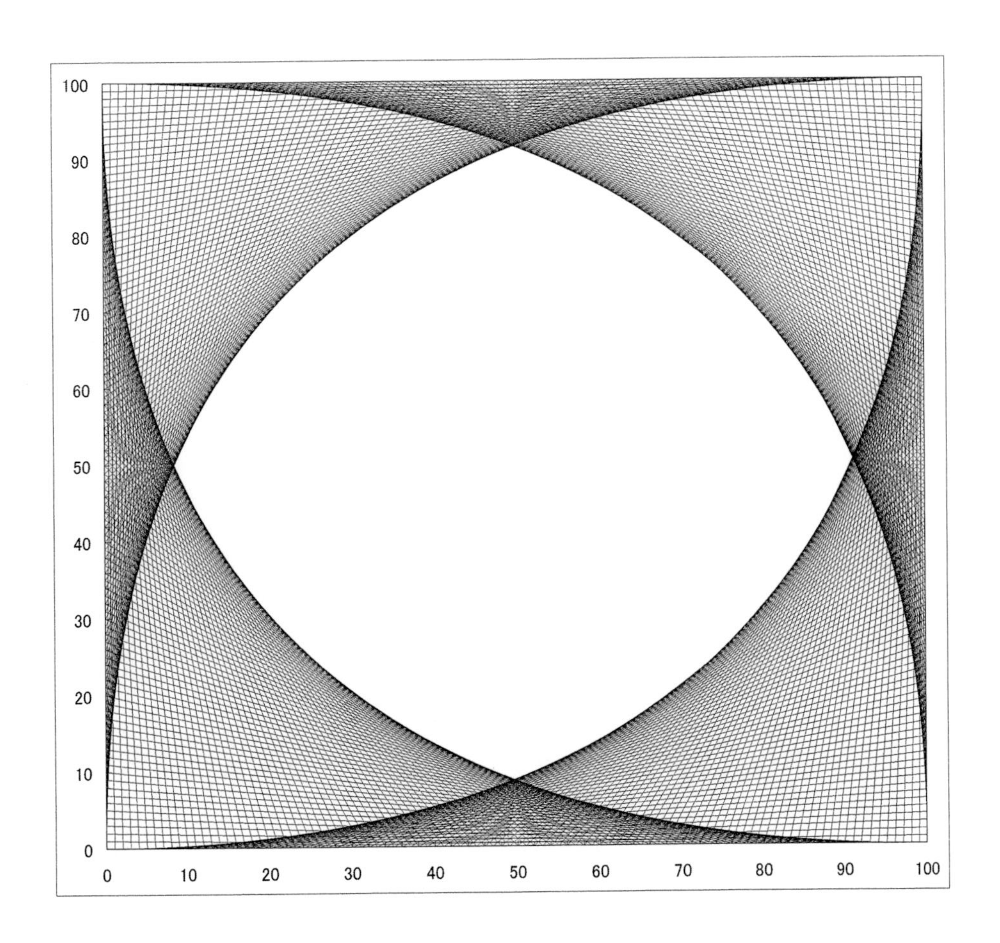

A.3

Excelの「挿入」リボンの「散布図」の「散布図（直線）」で，正方形の1辺を等分し，頂点と直線を引きます．これを4辺すべてに細かく行うと，次のような不思議な模様が浮かび上がります．

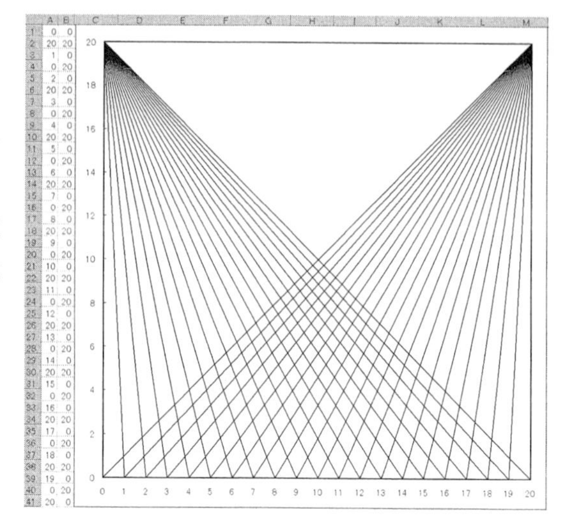

	A	B
1	0	0
2	20	20
3	1	0
4	0	20
5	2	0
6	20	20
7	3	0
8	0	20
9	4	0
10	20	20
11	5	0
12	0	20
13	6	0
14	20	20
15	7	0
16	0	20
17	8	0
18	20	20
19	9	0
20	0	20
21	10	0
22	20	20
23	11	0
24	0	20
25	12	0
26	20	20
27	13	0
28	0	20
29	14	0
30	20	20
31	15	0
32	0	20
33	16	0
34	20	20
35	17	0
36	0	20
37	18	0
38	20	20
39	19	0
40	0	20
41	20	0

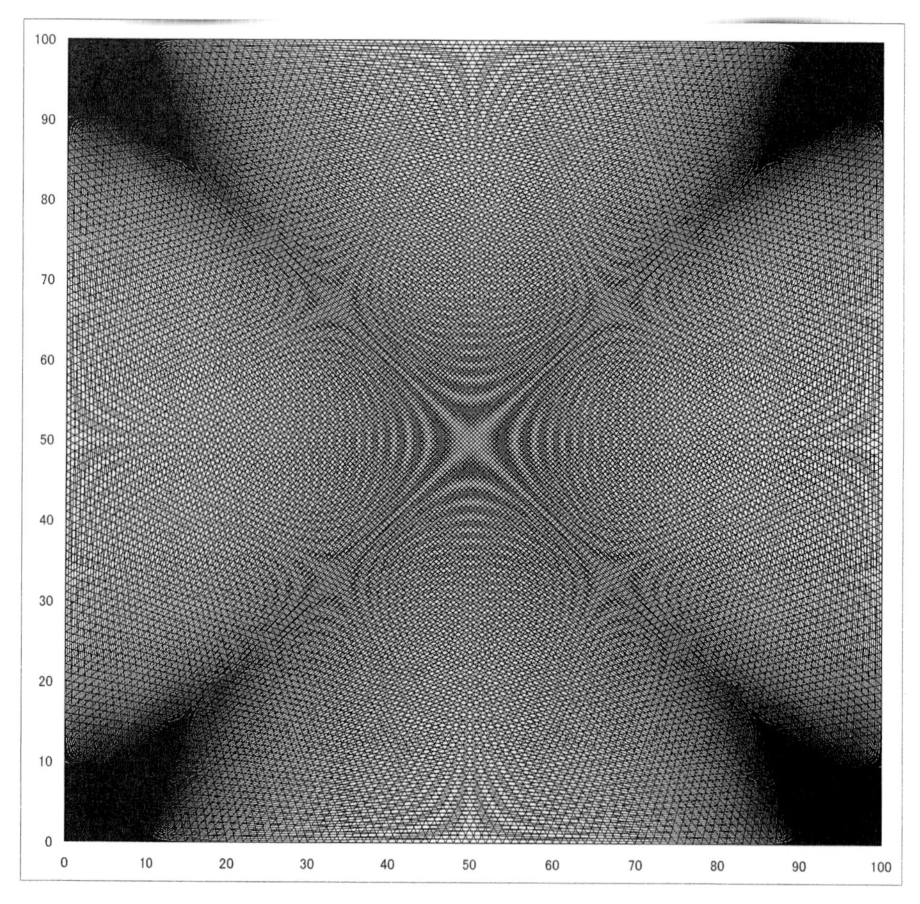

索　　引

【あ行】

【か行】

【さ行】

【た行】

【な行】

■ 著者紹介

酒井　恒（さかい　ひさし）

1984 年　鳥取大学大学院卒業
1984 年　広島電機大学（現在広島国際学院大学）助手
1987 年　同大学講師
1994 年　博士（工学）取得
1995 年　広島電機大学（現在広島国際学院大学）助教授
2005 年　広島国際学院大学（旧広島電機大学）教授

著　書　Excel でわかる応用数学（日本理工出版会）

- 本書籍は，日本理工出版会から発行されていた『Excel でわかる 数学の基礎（新版）』をオーム社から発行するものです．

Excel でわかる 数学の基礎（新版）

2022 年 9 月 10 日　第 1 版第 1 刷発行
2024 年 4 月 20 日　第 1 版第 3 刷発行

著　者　酒井　恒
発行者　村上和夫
発行所　株式会社 **オーム社**
郵便番号　101-8460
東京都千代田区神田錦町 3-1
電話　03(3233)0641(代表)
URL　https://www.ohmsha.co.jp/

印刷・製本　デジタルパブリッシングサービス
ISBN978-4-274-22938-1　Printed in Japan